国家林业和草原局普通高等教育“十三五”规划教材

# 人造板机械

罗　斌　刘红光　王明枝　主编

中国林業出版社
CFPH China Forestry Publishing House

## 内 容 简 介

本教材主要介绍了人造板机械的发展现状，以及人造板生产线上目前常用的主要机械，包括削片机、刨片机、热磨机、旋切机、铺装机、成型机、热压机。本教材侧重于阐述人造板机械的工作原理、典型结构、主要参数、控制与操作。力求反映我国人造板机械的发展状况，兼顾介绍国际人造板机械的先进技术。

本教材主要针对木材科学与工程专业，并兼顾机械设计制造专业的高职高专院校的学生使用，还适用于人造板生产、人造板机械生产企业和相关研究设计单位工程技术人员和管理人员学习参考。

**图书在版编目(CIP)数据**

人造板机械 / 罗斌，刘红光，王明枝主编. -- 北京 : 中国林业出版社，2024. 8. --（国家林业和草原局普通高等教育"十三五"规划教材）. -- ISBN 978-7-5219-2806-8

Ⅰ. TS64

中国国家版本馆 CIP 数据核字第 2024C51R70 号

策划编辑：杜　娟　田夏青
责任编辑：田夏青
责任校对：苏　梅
封面设计：周周设计局

出版发行：中国林业出版社
（100009，北京市西城区刘海胡同 7 号，电话 010-83223120）
电子邮箱：jiaocaipublic@163.com
网址：https://www.cfph.net
印刷：北京中科印刷有限公司
版次：2024 年 8 月第 1 版
印次：2024 年 8 月第 1 次
开本：787mm×1092mm　1/16
印张：10.25
字数：256 千字
定价：39.00 元

# 前言

近些年，我国人造板工业发展迅速，人造板企业规模和产能逐年提高，产品种类、产品结构和新技术的应用方面也发生了重大的变化。为适应人造板产业发展，满足实际教学需求，根据相关院校各专业教学大纲的要求，重新修订了本教材。

本教材是国家林业和草原局普通高等教育“十三五”规划教材，由罗斌、刘红光、王明枝主编。

本教材由北京林业大学教师团队和相关生产企业技术人员共同编写完成，第1章由北京林业大学李黎编写；第2章由山东百圣源集团公司宋修财，北京林业大学刘红光、罗斌编写；第3、4章由北京林业大学李黎、王明枝、罗斌，镇江中福马机械公司林启平、沈锦桃编写；第5、6章由北京林业大学王明枝、罗斌、李黎，浙江农林大学张健，中国林业科学研究院李伟光编写；第7章由北京林业大学李黎、罗斌，云杉擎天(北京)科技有限公司朱长庆编写。

本教材由东北林业大学花军教授主审，对书稿进行了认真细致的审阅，并提出了极为宝贵的修改意见，为教材编写质量提高给予了很大的帮助，在此谨致以衷心的感谢！

本教材在编写过程中还得到了郑妮华、孙萍、杜瑶、田彪、金家鑫、孙鑫淼、柳浩雨、朱镇、王钦悦、杨冲、高宇红和李春瑜的大力支持和帮助，在此一并表示感谢！

由于编者的水平和条件所限，加之时间仓促，书中不妥之处在所难免，欢迎广大同仁和读者批评指正。

编　者

2024年3月

# 目　录

# 第1章
# 概　论

人造板是以植物纤维材料为主要原料制成的板材。它主要包括：胶合板、刨花板和纤维板。

人造板机械是现代木工机械中的一个新的组成部分，是人造板工业体系中加工机械设备的总称。

目前，人造板机械制造业已从产品开发、研究设计、制造创新到销售和售后技术服务，形成完整的专门化机械制造行业。特别是20世纪中叶至今，机械制造技术、计算机数字控制技术的迅猛发展，掀起以信息处理、计算机控制、新型材料的开发应用为中心的技术革命，不断推出新的现代化人造板机械产品。人造板企业现代化的装备为企业生产提供了可靠的技术保证，使企业生产产品质量稳定，大幅提高了企业生产效益和经济效益。

人造板机械与其他木材加工机械一样经历了诞生、应用、完善、提高、发展及现代化等阶段。

## 1.1　人造板机械发展概况

### 1.1.1　国外人造板机械发展概述

19世纪初，欧洲产业处于向资本主义机器大工业生产过渡时期，人造板机械首先出现了旋切机。最早发明旋切机(当时叫薄木刨床)的是俄国人费西尔(Фищер)，也有人认为是美国工程师费维利尔(Fevilear)发明的，此后人造板工业最早的产品——胶合板面世。数十年后，随着液压驱动压力机的诞生，旋切机不断得到改进和完善，从而使人造板工业中起步较早的胶合板制造业步入工业化规模生产阶段。1924年，美国人威廉·梅森(William H. Mason)发明梅松夸脱纤维爆破筒(masonite fibergun)，首开爆破法纤维分解技术的先河。1932年，瑞典人阿斯帕朗特(Asplund)发明了连续式木片磨浆机(热磨机)，纤维分解开始应用磨浆法。20世纪30年代，美国开始生产刨花板(碎料板，crumble board)，经20多年的应用、研究、开发，刨花板生产工艺和机械设备发展很快，形成了具有削片机、刨切机、干燥机、铺装机、多层热压机以及连续式热压机的成套设备。20世纪50年代，第一台双钢带连续式热压机巴尔特列夫(Bartrev)在美国投产使用。自此，刨花板生产实现了机械化、连续化、输送管道化和自动化程度较高的流水线生产。

近几十年来，随着计算机技术的高速发展，世界人造板工业发展迅猛，生产率大幅度上升。与此相适应的人造板机械及其技术装备，基本上实现了更新换代，产品品种和规格更齐全系列化，设备精密性、可靠性和成套性大大提高，生产规模迈向大型化、机械化、自动化乃至机电一体化。现代人造板企业普遍采用计算机控制和信息处理技术，实现自动流水线生产。

目前胶合板生产方面，国外规模普遍为5万~10万 $m^3$/年，美国、芬兰等新建胶合板厂生产规模达22万 $m^3$/年。主机旋切机除机械夹紧卡轴外，还相继推出了液压单卡轴、双卡轴夹紧和无卡轴旋切机。新型旋切机采用直接电动机驱动恒线速旋切，包括单板厚度预选和交换机构、液压双卡轴夹紧装置、刀床进给、压尺和压尺调整数控装置、木段防弯装置等功能，并普遍配置木段三维扫描、自动定心上木机，有湿黏胶纸带封边装置的新型网带(辊筒)喷气式单板干燥设备，具有计算机图像自动缺陷扫描装置的电(气)动高速单板剪板机和可实现芯板整张化的全自动拼板机，形成上木、旋切、封边、卷筒、输送、干燥、剪切等生产工段的高效自动流水线。

而非单板型人造板生产，则以小径材、劣等材为原料的刨花板、中密度纤维板发展较为迅速。定向刨花板(OSB)在20世纪70年代末进入美国商品市场。目前，定向刨花板、刨花制备机械门类齐全系列化，欧美多应用制备形态好的薄片刨花的短材或长材刨片机。刨花干燥有滚筒式干燥机、转子式干燥机、单通道或三通道旋转式悬浮干燥机。铺装成型机有机械式、多头混合型、定向铺装等。中密度纤维板(MDF)生产线于1966年首先在美国建成并投产，普遍生产规模10万~20万 $m^3$/年，最大40万 $m^3$/年。主机热磨机磨盘直径不断增大，一般有914.4mm(36″)、1016mm(40″)，最大1828.8mm(72″)，普遍采用高位立式蒸煮罐，料位自动控制检测装置，采用计算机数控的液压伺服装置调节磨片间距。纤维干燥有管道式、喷气式气流干燥机，其设有纤维含水率自动检测系统，红外线火花控制及灭火系统。真空气流纤维铺装成型机设有纤维计量称重自动控制系统，红外线含水率测定自动检测系统，板坯厚度测量装置或板坯密度检控系统。

定向刨花板(OSB)和中密度纤维板(MDF)热压工序中中小型企业大都采用多层热压机，层数为10~18层，热压板幅面范围为1.25m×2.5m~10m×2.5m。新建厂则趋向于选用双钢带连续式平压热压机，如德国Siempelkanp公司的Contiroll型双钢带连续式热压机，年产刨花板30万 $m^3$。

此外，适用于石膏刨花板、水泥刨花板等非木质人造板生产的机械设备相继开发成功。如由Sunds Defibrator和Sprou-Bauer两个公司研制成功用于分离甘蔗渣的热磨机。

人造板二次加工设备随着人造板饰面加工技术的不断发展和规模化生产，也获得较快发展。如各种立式、卧式单板刨切机，纵向薄木刨切机，立式、卧式浸渍纸干燥机，低压短周期贴面热压机组、气垫贴面热压机、后成型封边设备等。

### 1.1.2 我国人造板机械发展概述

我国胶合板生产始于20世纪20年代，刨花板、纤维板生产始于50年代，较国外而言起步较晚，但发展迅猛。特别是80年代后，先后从国外引进上百条技术先进的人造板及二次加工生产线，辅以加快消化吸收的步伐，提高研制开发新一代国产人造板机械的起点，使相应的国产人造板机械及二次加工设备迅速发展。2007年我国人造板年产量已跃居世界第一位。

我国现已拥有上海人造板机器厂有限公司、苏州苏福马机械有限公司、镇江中福马机械有限公司、敦化亚联机械制造有限公司、山东百圣源集团有限公司等100多家从事人造板机械及二次加工设备的生产厂家。我国林业高等院校、林业科研院(所)与国外厂商的合作、共同开发，提高了国产人造板机械制造的整体水平。目前，我国生产人造板机械设备可达近千种，其中胶合板、刨花板、中密度纤维板、二次加工生产线先后投产，将逐步替代进口设备。

当前，国内成功消化吸收引进技术并能自主研发新一代国产人造板机械的重点厂家有：镇江中福马机械有限公司生产鼓式削片机、刀环式刨片机、双鼓轮打磨机等系列产品，开发了$\Phi$1200盘式削片机和B×445、B×446型刀轴式长材刨片机；磨盘直径从914.4mm(36″)到1828.8mm(72″)系列热磨机。苏州苏福马机械有限公司引进技术生产的BSG系列宽带砂光机，独立研发制造首套国产连续热压中密度纤维板生产线；上海人造板机器厂有限公司与德国Dieffenbacher公司合资，研发了中密度纤维板连续式热压机生产线，整机性能接近世界工业发达国家同类产品水平。

非木质人造板生产设备已采用国产成套设备，生产出甘蔗渣碎料板、竹胶合板、竹刨花板、竹纤维板、麦秸秆刨花板、烟秆刨花板及亚麻秆碎料板等多种产品。有些企业正在引进成套设备生产棉秆刨花板、中密度纤维板。

20世纪60年代，我国开始研制人造板二次加工，并开始生产三聚氰胺树脂装饰板，至今已开发几十种饰面产品。70年代开始引进德国木纹直接印刷的成套设备和技术。近年还引进板件曲线封边技术和设备，后成型加工技术和设备，柔性贴面技术和设备等。现已研制成功多种国产人造板加工设备，技术性能符合装饰贴面工艺要求，有的可达国际同类产品水平，替代部分进口装备。

近年来，我国人造板机械工业的发展呈以下趋势。

加快对传统产品的技术改造，提升技术含量。改造途径可以通过消化吸收新技术新设备或引进新技术新设备的关键主机改造为途径；也可以通过新研究工艺，完善原设备的设计制造功能；还可以通过改善和提高配套件的技术和质量，以提高主机或整体制造水平。

极力推广节能技术和环保技术，努力降低设备能耗和减少或消除人造板工业的环境污染。这一方面是技术改进，提高自身竞争能力的需要；另一方面也是可持续发展的需要。

努力吸收和利用国际新技术、新材料开发新产品，不断提高人造板成套设备的整体水平。

### 1.1.3 人造板机械设备研究热点

目前，在人造板设备方面，已引进多种具有发展前景且为时下研究热点的技术，具体如下：①利用连续热压技术，开发连续式平压热压机。进口连续平压式热压机主要来自德国的Siempelkamp公司、Dieffenbacher公司；国产连续平压式热压机主要来自上海人造板机器厂有限公司、苏州苏福马机械有限公司、敦化亚联机械制造有限公司，这些公司相继独立研发制造成功国产连续热压中密度纤维板、刨花板生产线。双钢带连续式热压机虽然造价昂贵，但生产出的板材具有质量好、厚度精确、原材料消耗低、生产率高等优点，综合效益优于多层热压机，是热压机的先进机种和先进生产线的关键主机。虽然其设计、制造难度大、材料品种多、金属零件热处理工艺复杂。但我们仍以开发连续平压热压机为契机，缩小了我国人造板机械与国际先进水平的差距。②研制用真空喷蒸技术的喷蒸热压机。该种热压板工艺具有在板坯厚度方向受热均匀特性，特别适用于厚板的压制，可缩短胶的固化时间，提高生产率。因国际应用技术已日趋成熟，所以我国要抓紧研制，尽早开发出高水准的喷蒸热压机。③紧跟世界热磨机发展潮流，努力开发符合国情、具有先进水平的热磨机。④与人造板生产工艺技术紧密结合，研发计算机工艺信息采集、存储、处理和控制技术，实现刨花板、纤维板生产过程智能控制管理和自动生产，实现胶合板旋切、单板分选剪裁和拼接自动化、智能化生产，组坯、热压成型连续化生产。宜集中优势技术，走专业、集团化生产道路。联合行业内和行业外技术力量，共同提高人造板生产技术的整体技术水平。

加快非木质(竹材、秸秆等)人造板机械的开发研制和应用。

## 1.2　人造板设备的组成

人造板设备是为满足各种形式、规格、用途的人造板生产要求而建立和发展的。

人造板的生产因板种不同，其设备组成有很大的差别，但部分设备是相近的，有的甚至可以同用一种设备。三大板种生产工艺主要由以下部分组成：备料工序、干燥工序、施胶工序、铺装(组板)工序、热压工序、裁板工序及砂光工序。

在胶合板的备料工序中使用的主要设备是旋切机(或刨切机)；干燥工序的主要设备是箱式干燥机；施胶工序的主要设备是涂胶机(或淋胶机)；铺装(组板)工序的主要设备是拼板机；热压工序的主要设备是热压机；裁板工序的主要设备是纵横锯；砂光工序的主要设备是砂光机。

而刨花板的备料工序中使用的主要设备是削片机、再碎机；干燥工序的主要设备是圆筒干燥机；施胶工序的主要设备是施胶施蜡系统；铺装工序包括刨花定量系统和铺装系统，其主要设备是铺装机；热压工序的主要设备是热压机；裁板工序的主要设备是纵横锯；砂光工序的主要设备是砂光机。

中密度纤维板备料工序则包括木片预处理(洗涤、软化)和热磨两个部分，其主要设备是热磨机；干燥工序的主要设备是气流干燥系统；施胶工序的主要设备与刨花板生产线相似，为施胶施蜡系统；裁板工序、砂光工序的设备基本上与刨花板的生产设备相同。

## 1.3　人造板机械分类和型号编制办法

### 1.3.1　人造板机械的分类

人造板机械的分类方法，通常按照加工中使用的刀具或按照工艺用途和加工方法来分类。人造板机械按照所使用的刀具来分类时，一般可分为切削类型和非切削类型两大类，其中非切削类型占绝大部分。而当按其工艺用途和加工方法的不同来分类时，可将人造板机械分为 39 类(表 1-1)。这种分类方法具有分类直观方便、与生产工艺联系紧密等优点。

表 1-1 人造板机械设备分类与类代号

| 序号 | 类别 | 代号 | 序号 | 类别 | 代号 | 序号 | 类别 | 代号 |
|---|---|---|---|---|---|---|---|---|
| 1 | 削片机 | BX | 14 | 刨切机 | BB | 27 | 料仓 | BLC |
| 2 | 铺装成型机 | BP | 15 | 剪板机 | BJ | 28 | 分离器 | BFL |
| 3 | 干燥机 | BG | 16 | 挖孔补节机 | BK | 29 | 电磁振动器 | BZD |
| 4 | 热压机 | BY | 17 | 拼缝机 | BPF | 30 | 磁选装置 | BCX |
| 5 | 裁边机 | BC | 18 | 组坯机 | BZP | 31 | 升降台 | BSJ |
| 6 | 砂光机 | BSG | 19 | 磨浆机 | BM | 32 | 堆拆垛机 | BDD |
| 7 | 施胶机 | BS | 20 | 后处理设备 | BH | 33 | 计量称 | BJL |
| 8 | 专用运输机 | BZY | 21 | 横截机 | BHJ | 34 | 浸渍干燥机 | BJG |
| 9 | 分选机 | BF | 22 | 装卸机 | BZX | 35 | 磨刀机 | BMD |
| 10 | 削皮机 | BBP | 23 | 分板机 | BFB | 36 | 容器 | BR |
| 11 | 定心机 | BD | 24 | 冷却翻板机 | BLF | 37 | 浓度调节器 | BTJ |
| 12 | 旋切机 | BXQ | 25 | 垫板处理设备 | BCL | 38 | 拼接板机 | BPB |
| 13 | 卷板机 | BJB | 26 | 木片清洗机 | BQX | 39 | 其他 | BQT |

### 1.3.1.1 人造板机械的技术规格

人造板机械的技术规格是指表示人造板机械工作能力和尺寸的数据，主要有下列几个方面。

①主参数 表示人造板机械的工作能力和人造板机械基本构造的主要参数，通常以所能加工的最大尺寸、主要工作部件的主要尺寸、或以人造板幅面值(宽×长)来表示。有的还有第二主参数，以便更完整地表示其工作能力和尺寸大小。表 1-2 为人造板机械主参数和第二主参数的示例。

②人造板机械主要工作部件的运动范围等。

③切削类型人造板机械主运动的变速范围及级数，进给运动的进给量范围及级数，

表 1-2 人造板机械主要参数和第二主参数

| 设备名称 | 主参数 | 第二主参数 |
|---|---|---|
| 盘式削片机 | 刀盘直径 | — |
| 铺装成型机 | 成型宽度 | — |
| 单板干燥机 | 最大工作宽度 | — |
| 框架式热压机 | 加工幅面 | 总压力 |
| 砂光机 | 加工宽度 | — |
| 旋切机 | 木段最大长度 | 木段最大直径 |
| 刨切机 | 毛方最大长度 | 毛方最大宽度 |
| 热磨机 | 磨盘直径 | 主轴转速 |
| 拌胶机 | 生产能力 | — |

快速移动速度等。

④人造板机械主电动机功率和转速、进给电动机功率和转速。

⑤人造板机械轮廓尺寸(长×宽×高)。

⑥人造板机械质量。

人造板机械的技术规格是了解、选用人造板机械的基本依据，也是对人造板机械进行改进和设计的重要技术参数。

### 1.3.1.2 人造板机械型号的编制办法

人造板机械型号是指用来表示其类型、主参数、技术性能及结构特性等的具体代号。这个代号应该简单、明确和完整，可以避免某些人造板机械名称冗长、书写和称呼不便的情况出现，便于使用部门的选用和管理、制造部门按型号系列发展产品、科研部门分析研究以及贸易部门的业务洽谈和技术交流。

若想将品种繁多的人造板机械设备按照同一标准赋予每台产品一个具体代号，需要按一定的编制方法(规则)来确定其型号。我国国产的人造板机械设备都采用了统一的型号编制办法，其基本准则是将人造板机械设备按类、组、型代号及主参数等顺序组成产品的型号。

按 GB/T 18003—1999《人造板机械设备型号编制方法》规定，人造板机械设备型号是由汉语拼音字母及阿拉伯数字组成，用以表示人造板机械设备的名称、类、组、型代号及主参数等，表示方法如下。

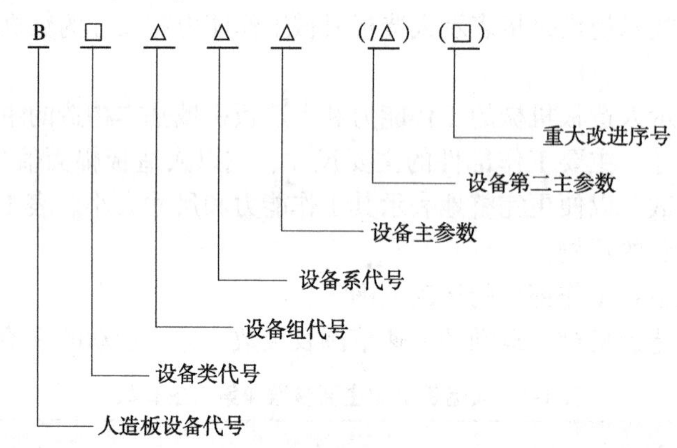


注：①有“□”符号者，为汉语大写的拼音字母。

②有“△”符号者，为阿拉伯数字。

③有“( )”的代号或数字，当无内容时，则不表示。若有内容时，应不带括号。

为了便于区分，用汉语拼音字母 B 来表示人造板机械设备代号。在这个代号之后，用一个或两个汉语拼音字母表示人造板机械设备的分类代号。至于人造板机械设备组、型代号，则分别用一位阿拉伯数字来表示，并位于人造板机械设备分类代号之后。型号中的主参数是用折算值来表示，位于组、型代号的后面。折算位采用四舍五入取整数，当小于 1 时取 1；折算值由标准中规定的折算系数来求得。第二主参数用一位或两位阿拉伯数字来表示，折算系数可适当选取。当人造板机械设备的性能或结构布局等有重大改进，并按新产品重新试制和鉴定时，才可以在原型号之后按汉语拼音字母 A、B、C 等顺序选用(但“I”“O”两个字母不允许选用)，加于主要参数之后，以区别原产品的型号。

人造板机械设备型号示例如下：

①刀盘直径为2200mm的立式多刀圆盘削片机，其型号为BX1122。

②旋切木段长度为2700mm，直径为1300mm的液压双卡轴单板旋切机，其型号为BXQ1627/13。

③磨盘直径为1070mm，主轴转速为1500r/min经第一次重大改进的单转磨盘热磨机，其型号为BM1111/15A。

④铺装宽度2490mm的刨花板移动式气流铺装机，其型号为BP3725。

⑤成型宽度1460mm机械式干纤维板坯铺装成型机，其型号为BP2115。

⑥加工人造板幅面915mm×2135mm，总压力1250t，框架式多层热压机，其型号为BY113×7/13。

⑦加工幅面1220mm×2400mm，总压力900t，低压短周期单层贴面热压机，其型号为BY6612×24。

⑧最大加工宽度1300mm四砂架宽带式砂光机，其型号为BSG2713。

⑨浸渍纸最大宽度为1400mm的立式浸渍干燥机，其型号为BJG1114。

# 第2章 旋切机

## 2.1 概述

旋切工序是胶合板生产中的关键工序之一。旋切机用于将一定长度和直径的木段加工成连续的单板带，经剪切后成为一定规格的单板。旋切机的性能和操作对胶合板的产量和质量有着直接的影响。

图2-1所示为旋切机基本原理。木段1由左卡轴2和右卡轴3夹紧，木段1随卡轴旋转。其运动由主电机4驱动。带有旋刀6和压尺7的刀床5向木段1做进给运动，借此旋切出连续的单板带。刀床5的进刀丝杆8由右卡轴3通过传动链14、进给箱9和两对锥齿轮副15传动控制。单板的厚度取决于卡轴每转的刀床进给量，改变进给箱中齿轮传动的传动比，即可获得不同厚度的单板。卡轴与刀床之间采用刚性传动链的目的，是保证旋切过程中单板厚度一致(不宜皮带传动、摩擦轮传动)。左卡轴2的轴向移动可用手轮10来操纵。右卡轴3的快速移向木段1或退出是由电动机11通过控制皮带(或链)12传动实现。刀床5向木段1快速靠近或退出，由D床快速进给电动机13来驱动(必须先脱开进给箱9的传动链)。

现代化旋切机其基本工作原理未改变，但在结构上进行了大量改进。改进的总趋势是不断提高旋切机的生产效率、改进旋切质量和提高木段出板率。

其中，提高旋切机生产效率的最有效办法是提高旋切速度和实现生产过程的自动化。新型旋切机的卡轴最高转速已提高到300r/min，比老式旋切机卡轴的转速约高10倍，并且实现了恒线速旋切，同时大都配有自动定心上木机构，木芯和碎单板及小规格板运输装置，单板自动卷板装置等，甚至整机实现半自动化及自动化，使辅助时间大为压缩。而改进旋切质量除提高旋切机制造精度这一手段外，还可从结构上加以改进，如采用旋转的辊柱压尺来代替传统的平压尺，可降低旋切功率，防止单板开裂；采用滚珠丝杆代替普通进给丝杆，可保证刀床的进给精度适用于旋切微薄单板等。提高木段出板率则是围绕减小旋切后木芯的直径进行研究。新型旋切机普遍采用液压双卡轴和防止木芯弯曲的压辊装置，木芯直径可旋至55~60mm。无卡轴旋切机在结构上对传统结构的旋切机也有较大的改进：木段的旋转运动靠摩擦辊或齿轮在其外圆上驱动。由于无卡轴，旋切后木芯直径可缩小至40~45mm。

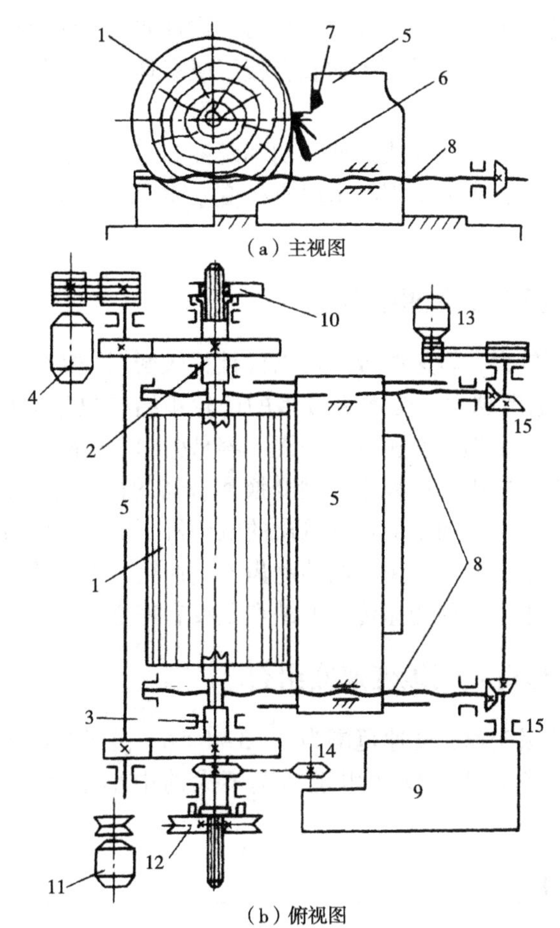


1.木段 2.左卡轴 3.右卡轴 4.主电机 5.刀床 6.旋刀 7.压尺 8.进刀丝杆 9.进给箱 10.手轮 11.电动机 12.皮带 13.刀床快速进给电机 14.传动链 15.锥齿轮副

**图 2-1 旋切机基本原理**

## 2.2 主传动系统

旋切机主传动系统的作用是驱动卡轴做连续回转运动，从而带动木段进行连续旋切操作。主传动系统一般包括主电动机、离合器、中间传动机构以及卡轴的驱动齿轮。旋切过程中，木段直径($D$)不断变小，如果采用单一转速，那么切削速度($V=\pi Dn/60$)将随着木段直径的缩小而降低，从而降低旋切机的生产率。因此，旋切机的主传动系统一般都采用变速传动，常用变速传动方案有以下几种。

### 2.2.1 多速异步电动机

多速异步电动机通过改变磁级对数来调节转速，可获得一系列由电网频率和极对数所决定的有级变速，常用多速异步电动机有双速、三速和四速电动机。例如，实际应用中的四速电动机，常用同步转速(r/min)有如下系列：3000/1500/1000/500；3000/1500/750/350；1500/1000/750/375，其调速范围为 3∶1~8∶1，选用较大调速范围，可基本满足旋切机调速范围的要求，但其缺点为当相邻两级转速差过大时，不能充分发挥机床的效率，在变速时易引起单板断裂。但由于这种调速方法价格低廉，使用与维修方便且占地面积不大，用于年产量不大的胶合板厂或家具工厂旋切贴面用单板时还是可取的。

多速异步电动机调速有恒转矩或近似恒功率两种调速方式。由于旋切机在切削速度一定时，负载是恒功率的，阻力矩则随木段直径变小而变小，故旋切机上应选用恒功率的多速异步电动机。

### 2.2.2 异步电动机和齿轮变速组合

齿轮变速调速范围较大，转速级数亦可以设计得较密(即相邻两级转速之间的转速差可以较小)；但调速范围越大，变速级数多的齿轮箱结构也相应地会变得比较复杂，且旧式变速箱操纵变速较烦琐，变速过程缓慢，容易引起单板断裂，故应用渐少。近年来，在新型旋切机中部分采用自动程序控制变换离合器的齿轮变速箱替代旧式变速箱，这种变速传动的特点是：可以利用恒功率输出的电动机，电动机的效率和功率因素均较高，齿轮的维修也很方便。如果采用回曲传动齿轮变速箱，则齿轮箱和电动机总的占地面积比发电机电动机组小，这种变速传动的缺点是没有完全实现恒线速旋切。

### 2.2.3 异步电动机和链式无级变速器组合

可以实现自动的无级变速，变速范围为1：3~1：6。由于变速元件有相对滑动，机械磨损较严重，维修工作量大，仅适用于功率不大的中小型旋切机。目前国内尚未应用。

### 2.2.4 整流子电动机

依靠移动电动机上碳刷的位置来改变电动机的转速，调速范围一般不大于3：1。由于调速范围小，电动机的结构复杂、体积庞大、价格高、维修费时，而且在转速下降时输出功率也成比例地减小，故应用较少。这种电动机具有平滑的转速调节特性，比多速异步电动机能较好地发挥机床的效率，故在变速范围不大的小型旋切机中仍有一定的使用价值。

### 2.2.5 液压无级调控

液压无级调控是由变量泵和变量液压马达组成的液压调速系统，通过减少泵的输出量便可导致液压马达转速下降。这种基速调低的速度调节方法，其输出转矩不变，但功率是变化的，功率的变化与液压马达的转速成正比。如果泵的流量一定时，减少液压马达的比容(即减小液压马达的每转排量)，则液压马达的转速将增加。这种基速调高的速度调节方法，其输出功率不变，而转矩是变化的。液压无级调速系统具有较大的调速范围，而且可以实现连续的无级变速。

当功率小于35kW时，液压无级调速系统的效率比发电机电动机组调速系统高，质量也小，但当功率大于上述数值时，由于油压增高，容积损失增加，效率则较低。又因油压增高，不能采用叶片式液压泵和液压马达组合，而须改用柱塞式液压泵和液压马达，故总质量反而比发电机-电动机组大。此外，相对于电力传动而言，液压传动系统使用寿命较低，维修工作量也大，故实际生产中很少采用。

### 2.2.6 发电机-电动机组

这一调速系统主要由一台直流发电机和一台直流电动机组成，简称 F-D 机组。发电机和励磁机由一台交流电动机拖动，机组的主要功能是把交流电能变为直流电能，也是整个调速系统的能量来源。显然，系统中的三个辅助电动机都是为直流电动机服务的，使得整个系统的装机容量就很大，但同时占地面积也会相对较大，初次投资费用高，效率较低(70%~80%)。此外，机组运行时的噪声也很大，这些都是这一调速系统的缺点。但由于其使用可靠，调速性能好，调整范围宽，维护比较容易，且功率可调范围较大，因此目前应用范围较广。

因上述几种传动方式均需空载启动，启动时借助离合器来驱动卡轴，离合器啮合时冲击大，摩擦片易磨损。此外，由于电磁离合器有剩磁现象，造成断电后停车过程缓慢，且停车后电动机仍须空转，耗电较多。

### 2.2.7 晶闸管整流器-直流电动机(SCR-D)系统

由晶闸管整流器供给直流电的直流电动机调速系统，国内已开始将其应用于旋切机的主传动系统。这种系统的特点是可直接启动和制动，无须离合器辅助，无空载损耗，运转时噪声小，调速平滑，调速范围宽，因此这种调速系统有取代 F-D 机组的趋势。

旋切机的主要技术参数是以可加工木段的规格作为衡量标准，即木段的长度和直径。

根据加工木段的规格，旋切机可以分为：重型旋切机，可用于旋切长度为 2250~2700mm、直径为 1500mm 的木段；中型旋切机，可用于旋切长度为 1350~1950mm、直径为 200~800mm 的木段；小型旋切机，可用于旋切长度在 1000mm 以下、直径 400mm 以下的木段。而根据夹持木段并使之产生旋转运动的方法不同，旋切机又可以分为：机械夹紧卡轴旋切机、液压夹紧卡轴旋切机和无卡轴旋切机。

经过 50 多年的努力，我国在旋切机制造方面经历了从无到有、不断发展壮大走向成熟的过程，现在已拥有制造多种规格和型号的旋切机的能力，并且形成了比较完整的系列，基本可以满足国内胶合板生产发展的需要。

## 2.3 卡轴箱

图 2-2 所示为 BQ1626/13 型旋切机传动系统图。

图 2-3 所示为机械夹紧卡轴旋切机，其主要结构包括：机座、卡轴箱、刀床、进给机构、中心架、操纵和控制机构。

旋切机的左、右卡轴箱安装在整体的机座上，箱体通常为一个整体，用铸铁铸造，也有采用厚钢板焊接，具有较高的刚度和稳定性。箱体内装有左卡轴、右卡轴、空心套轴和传动件。

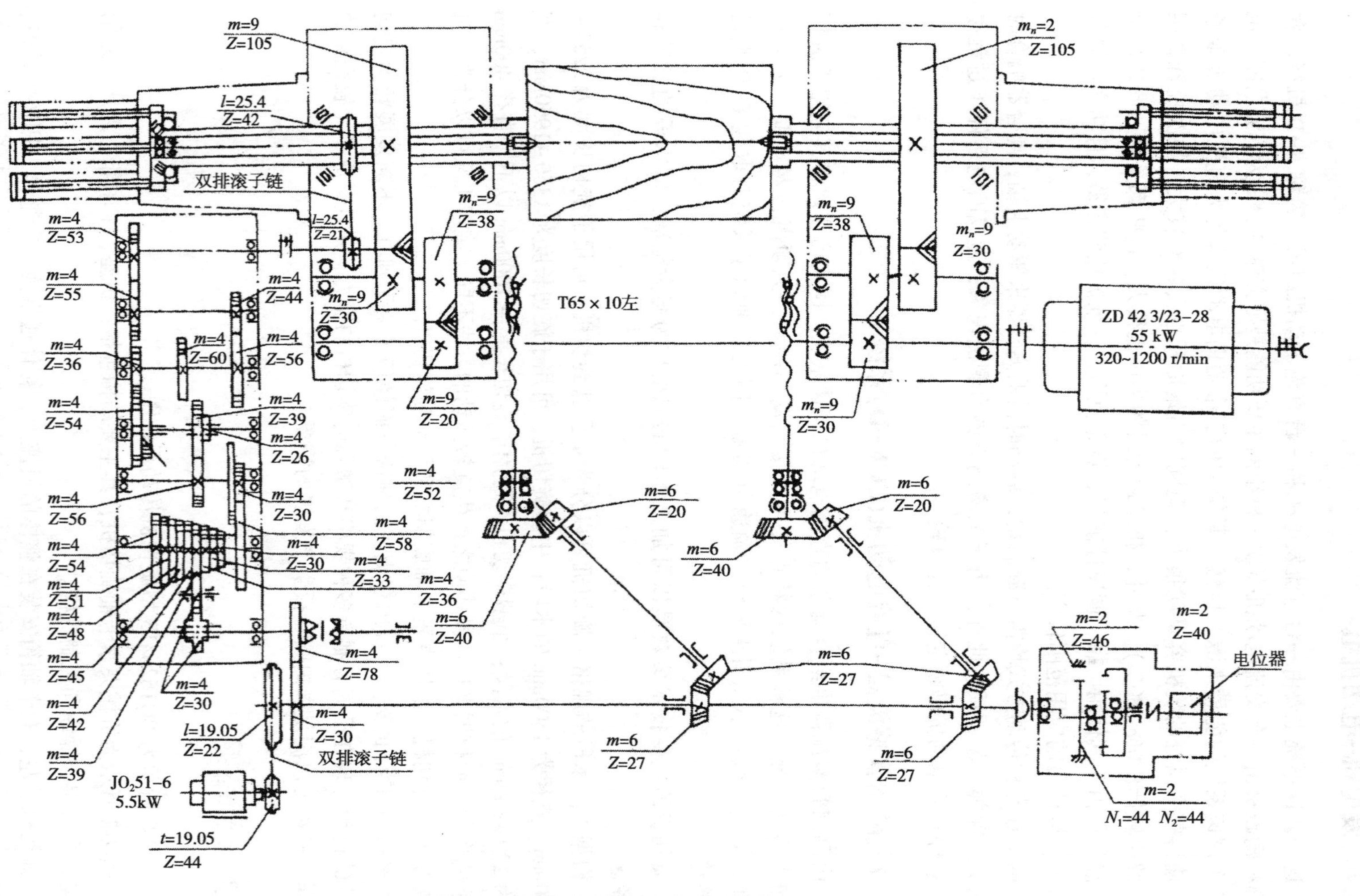


图2-2 BQ1626/13型旋切机传动系统

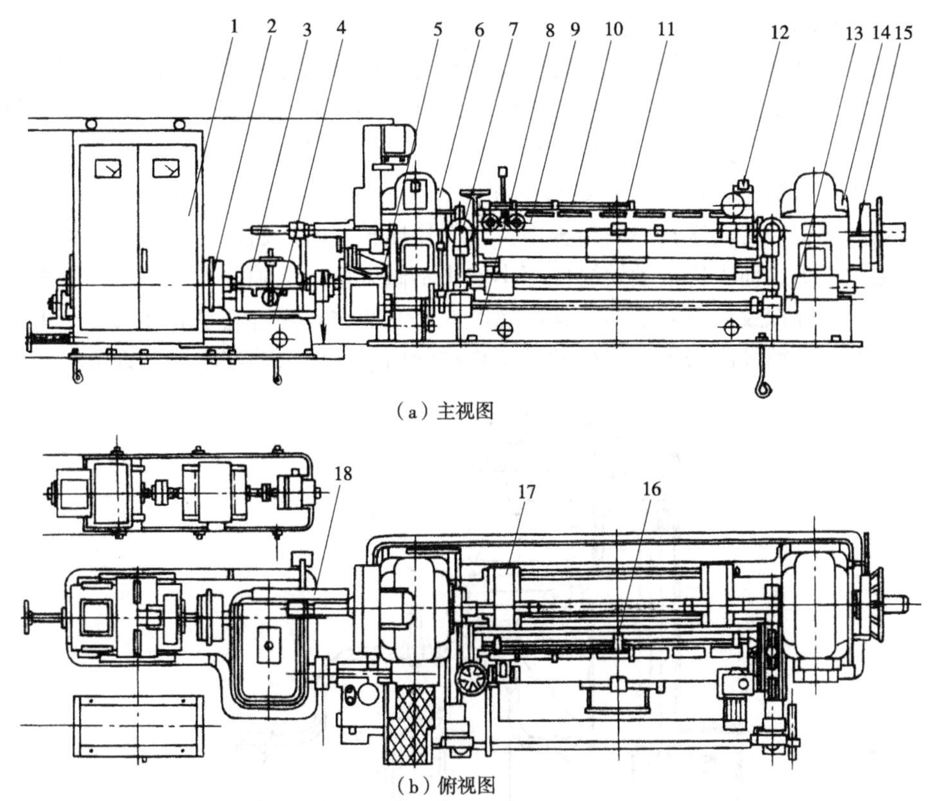


（a）主视图

（b）俯视图

1.电器控制箱　2.离合器　3.变速箱　4.机座　5.进刀箱　6.卡轴箱　7.进刀座　8.底座　9.刀床　10.抬割刀机构　11.微调机构　12.压尺架升降机构　13.发送机构　14.卡轴箱　15.测速机构　16.割刀架　17.中心架　18.制动器

**图 2-3　机械夹紧卡轴旋切机**

## 2.3.1　机械夹紧卡轴箱

机械夹紧卡轴箱的结构如图 2-4 所示。卡轴 1 装在空心套轴 2 内，空心套轴 2 安装在轴承座 3 上。卡轴 1 的回转运动由传动轴 4 通过小齿轮 5、惰齿轮 6 和安装在空心套轴 2 上的大齿轮 7 驱动。传动轴 4 则由主电动机驱动，其传动系统未在图 2-4 中表示。因卡轴 1 和空心套轴 2 之间用滑键连接，故卡轴在做旋转运动的同时又可做轴向移动。

传动轴 4 通过其端部的夹壳联轴节与另一卡轴箱的传动轴连接，以保证左、右卡轴同步旋转。传动轴 4 上的另一小齿轮 13 用于将运动传至进给系统。

卡轴 1 的快速轴向运动是利用电动机 8 通过带传动 9、旋转螺母 10 来实现的。因旋转螺母 10 与卡轴 1 的后半部为螺纹配合，且旋转螺母 10 又通过卡圈 11 与空心套轴 2 尾端扣结，致使旋转螺母 10 不可能产生轴向运动。所以，当旋转螺母 10 旋转时，卡轴 1 即可获得快速的轴向运动。改变旋转螺母的回转方向，可以使卡轴 1 快速伸出或者退回。由于卡轴 1 的运动速度较快，且电动机 8 的功率不大，故产生的轴向夹紧力较小，仅用于初步夹住木段。

卡轴 1 的慢速轴向运动是利用主传动系统使卡轴 1 回转，并用带式制动装置 12 的钢带刹住制动轮（带轮侧面的凸缘用作制动轮）来实现的。由于制动轮被钢带刹住，限制旋转螺母 10 的转动，卡轴 1 即可获得慢速的伸出运动，以较大的轴向力最终夹紧木段。卡轴 1 夹紧木段时的轴向反力经旋转螺母 10、卡圈 11、空心套轴 2 和大齿轮的端面传递到止推轴承 14 上。

卡轴 1 的尾端有一个带外锥面的套筒，它的锥面与固定在带轮上的内锥套相配，其作用是防止卡轴从螺母中脱出。卡轴的前端装有可调换的卡头和顶针。旋切小直径的木段时可采用小卡头，其直径可小至卡轴的直径，以保证最大的出板率。旋切大直径的木段时应使用大卡头，以保证传递足够的扭矩；当木段旋至较小直径时，再调换成小卡头。利用两次旋切可获得较高的出板率，但操作比较费时。通常为了便于操作，只更换夹紧卡轴的卡头。而支持卡轴始终使用小卡头不做更换。卡轴的螺纹约占卡轴全长的一半，左、右卡轴螺纹的方向不同，是右螺纹或是左螺纹，要看它是装在哪一个卡轴箱而定。采用左、右螺纹的卡轴，其目的是防止在旋切过程中卡轴产生松动现象。

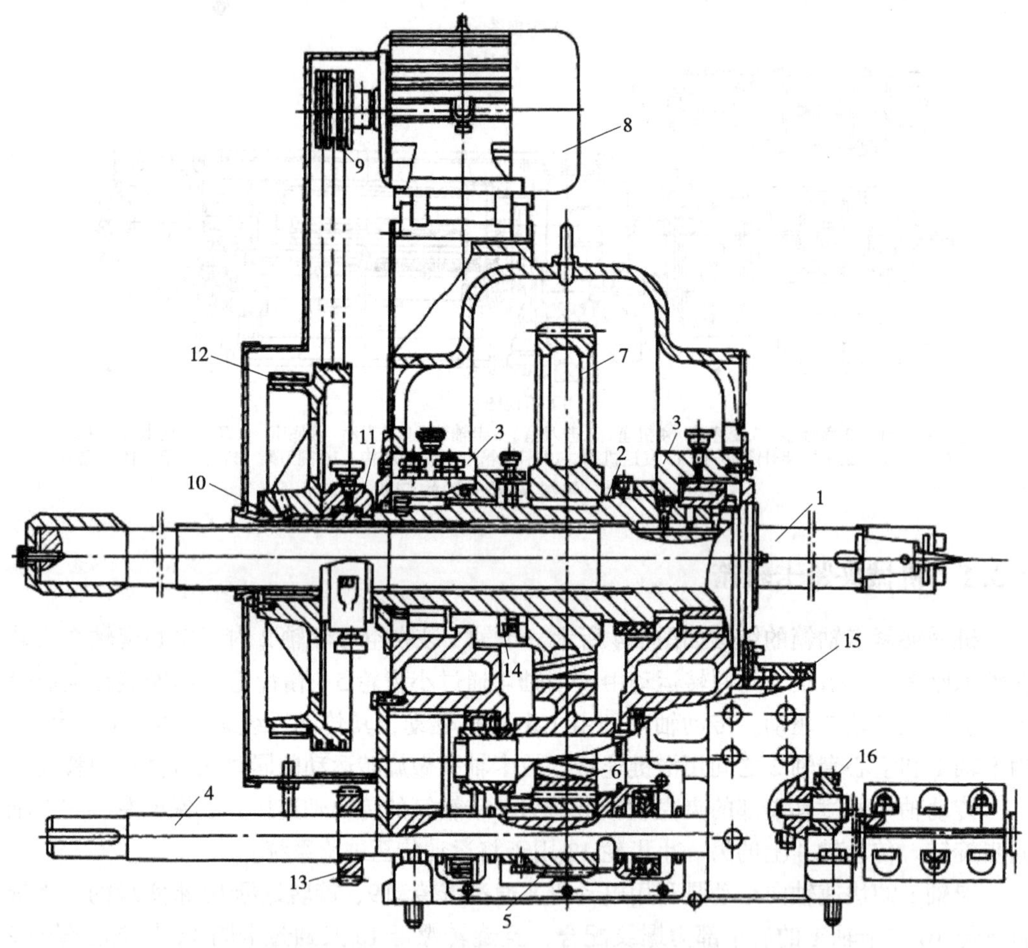


1.卡轴　2.空心套轴　3.轴承座　4.传动轴　5~7、13. 齿轮　8.电动机　9.带传动　10.旋转螺母
11.卡圈　12.带式制动装置　14.止推轴承　15.主滑道　16.辅助滑道

**图 2-4　机械夹紧卡轴箱**

驱动空心套轴 2 和卡轴 1 的大齿轮 7 通常采用斜齿轮，其倾斜方向根据安装在左或右卡轴箱而定。利用斜齿轮传动的轴向推力，可以减轻止推轴承 14 的负荷。

卡轴箱的内侧有主滑道 15 和辅助滑道 16。刀床的主滑块安置在主滑道 15 上。旋切时的作用力主要由主滑道 15 承受，故主滑道 15 通常比辅助滑道 16 要宽，以保证足够的耐磨性。辅助滑道 16 在旋切过程中具有调整旋刀切削后角的作用。

辅助滑道 16 的一端用销轴与卡轴箱箱体连接，另一端搁置在螺钉上（图中未示出）。调节螺钉的高度，可以改变辅助滑道16的倾斜度，以适应旋切过程中随着木段直径变小而改变切削后角的需要。

### 2.3.2 液压夹紧卡轴箱

液压夹紧卡轴箱利用液压缸驱动卡轴做轴向运动，并在液压力的作用下夹持被旋切的木段。

液压夹紧卡轴箱按其结构可分为单卡轴和双卡轴两种。在单卡轴旋切机中，如果采用较小的卡轴直径，也可以使旋切后的木芯直径较小，达到较大的出板率，但往往不能满足旋切大径级木段时所需传递的最大扭矩；如果采用较大的卡轴直径，虽可满足传递最大扭矩的需要，但旋切后的木芯直径亦较大，出板率受到限制。因此，在新型旋切机中均采用由内、外卡轴组成的液压双卡轴箱。通常小卡头的外径与内卡轴的直径相同，而大卡头的外径则大于外卡轴的直径。当开始旋切木段时，内外卡轴同时夹紧木段，以传递最大的扭矩；当木段被旋切至接近大卡头直径的尺寸时，外卡轴带着大卡头自动退出，由内卡轴夹紧木段继续旋切，直至旋切到与小卡头直径相近的木芯直径为止。由于使用内卡轴夹紧木段进行旋切时木段的直径已经很小，所需扭矩不大，所以液压双卡轴箱的内卡轴直径往往比单卡轴的卡轴直径小得多，一般可以小至55~65mm。

由于木段经旋切后直径减小，刚度减弱，为避免木段产生弯曲变形而影响旋切单板的质量，新型液压双卡轴旋切机一般备有防弯压辊装置。

液压夹紧双卡轴箱的结构类型有多种。图2-5为串联液压缸式液压夹紧双卡轴箱。大链轮1通过阶梯键2使空心套轴3和外卡轴4一起旋转。由于外卡轴4尾部与活塞5相连，并插入液压缸6中，因此当液压缸6的不同油口进、排油时，外卡轴4即可实现伸出或退回。内卡轴7的旋转运动由外卡轴4通过两个键8驱动。内卡轴7的尾端与活塞9相连，并插入液压缸10中，因此内卡轴7和外卡轴4在同步旋转的同时可分别产生轴向运动。这种结构的主要缺点是：内卡轴比较细长，加工困难；内、外卡轴与大、小液压缸的同心度要求较高，给加工和装配带来困难；活塞杆（即卡轴）与液压缸端盖之间的液压密封比较困难，容易漏油。

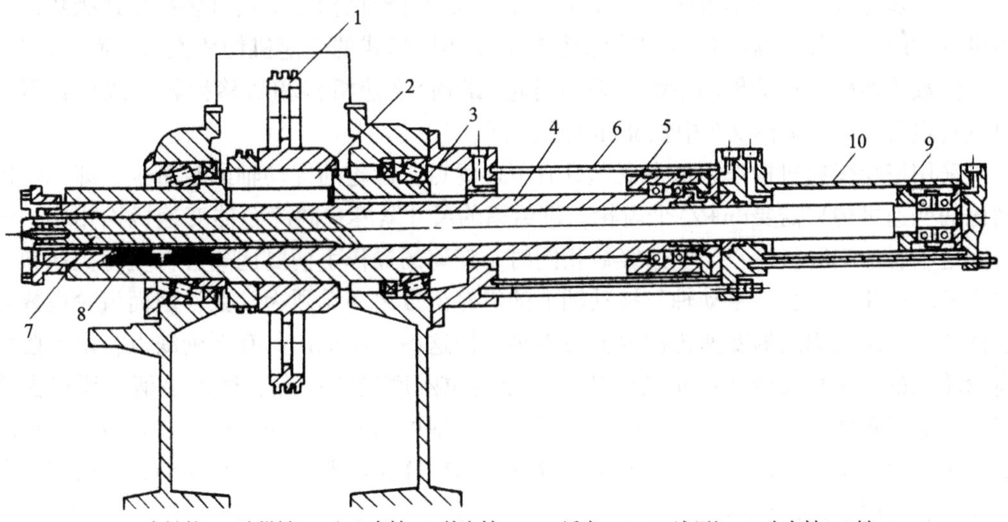


1.大链轮 2.阶梯键 3.空心套轴 4.外卡轴 5、9.活塞 6、10.液压缸 7.内卡轴 8.键

图2-5 串联液压缸式液压夹紧双卡轴箱

图 2-6 为三缸并联式液压夹紧双卡轴箱结构示意图，这种结构的轴向尺寸较小，且可承受较大的轴向推力，适用于大、中型的旋切机。但这种结构对三个并列液压缸的平行精度有一定的要求。

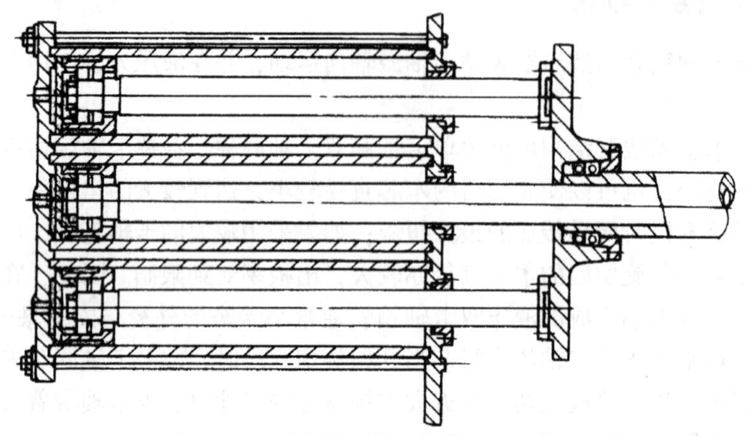

图 2-6 三缸并联式液压夹紧双卡轴箱结构

在国产 BQ1626/13 型旋切机上，采用三缸并联式液压夹紧双卡轴箱，利用液压缸驱动内、外卡轴做轴向运动并夹紧木段，中间的液压缸用于实现内卡轴的轴向运动，对称布置的另外两只液压缸用于使外卡轴实现轴向运动。

## 2.4 进给机构

旋切机的进给机构由进给箱和进刀座等部分组成。旋切机的进给运动和主运动一般由同一个电动机驱动，以保证进给运动和主运动之间维持严格的运动联系，即当卡轴的转速改变时，每转的进给量仍保持不变，从而保证单板的厚度不变。

### 2.4.1 进给箱

为了适应旋切各种单板厚度的需要，旋切机的进给机构通常具有多种变速级数，最多可达 60 种。因此，旋切机的进给箱往往是由不同形式的变速机构依次组合而成。

多数旋切机的进给传动系统是采用塔轮(诺顿)变速机构和滑移齿轮块或离合器变速机构组合而成，如图 2-7 中轴Ⅱ和轴Ⅲ之间。

采用塔轮变速机构作为基本变速具有下述优点：齿轮的传动轴的数量少，即 $n$ 种传动比的变速机构只需要$(n+2)$个齿轮，进给箱的尺寸紧凑；同离合器变速机构相比，没有固定啮合的空转齿轮；当变速级数相同时，变速的操作手柄要比离合器变速机构和滑移齿轮块变速机构少；主动轴与被动轴上的齿轮齿数之和无须为常数，因而齿轮齿数的选择比轴间距离固定的变速机构要方便得多。但这种变速机构具有下列缺点：由于摆移齿轮轮架的手柄是靠较弱的定位销固定，故定位刚度较差；为了移动手柄，须挖去箱壁，削弱了箱体的强度，且箱壁挖孔之后难于实现可靠的防尘和润滑。在新型旋切机的塔轮变速机构中，采用两个转动的手轮分别控制摆移齿轮架的摆动和移动，从而克服上述缺点，获得普遍的应用。

为了减少变速操作的辅助时间，提高机床的生产效率，预选式变速操纵的进给箱在旋切机中的应用将日益广泛。图 2-8 所示为具有两种单板厚度预选机构的进给箱，它由双摆移齿轮架 A 和 B 的塔轮变速机构以及两级和四级滑移齿轮变速组组成。根据需要，可以预先选择好 A 和 B，以及两级和四级滑移齿轮变速组所组成的两种传动比，即两种不同的单板厚度的规格。例如，一种为表板的厚度规格，另一种为芯板的厚度规格，在旋切过程中，可根据木段的质量情况随时变换单板的厚度，当不适宜旋制表板时，可按电钮改变离合器 C 的啮合位置，即可改为旋制芯板，无须停车变速；反之亦然。

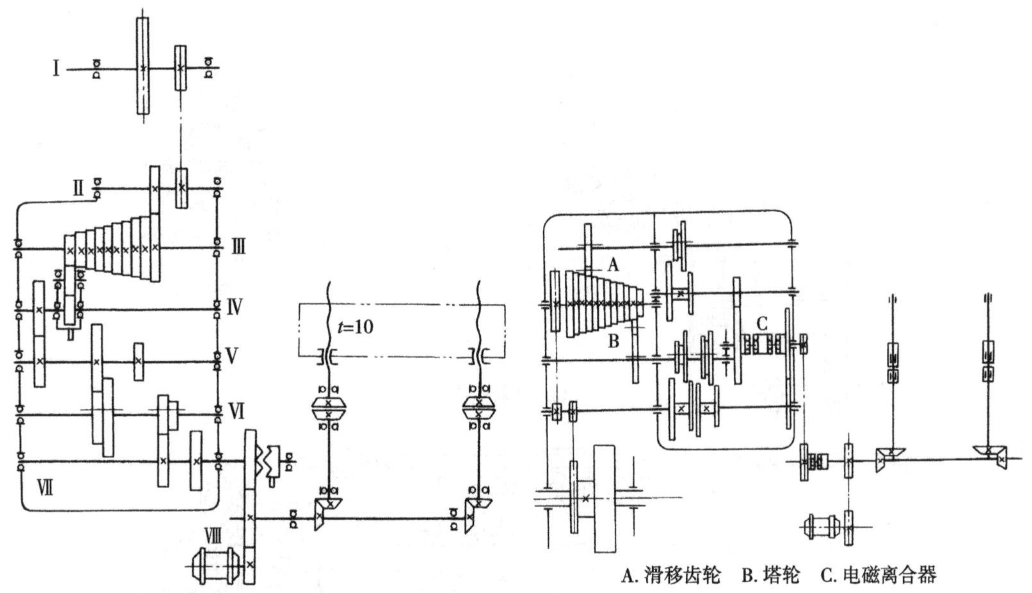


**图 2-7　具有塔轮和滑移齿轮变速机构的进给箱**　　**图 2-8　具有两种单板厚度预选机构的进给箱**

## 2.4.2　进刀座

进刀座的作用是将进给箱的输出轴或刀床快速进退电动机的旋转运动变为直线进刀运动。进刀座由定比传动齿轮、丝杆螺母机构和主滑块等组成。

图 2-9 为进刀座结构图。刀床的快速进退运动是由电动机 1 经圆柱齿轮副 2、相同两组锥齿轮副 3 和 4 以及丝杆螺母机构 5 推动安装在卡轴箱内侧主滑道上的左、右主滑块 6 来实现的。刀床的进给运动是通过离合器操作手柄 7 转动拨叉 8，啮合离合器，使进给箱与进刀座的传动联系起来。当离合器啮合时，拨叉轴上的挡块 9 压住快速电动机的停止按钮。因而在刀床做进给运动时，不可能同时接通快速进退运动；只有当离合器脱开(即挡块 9 不压住停止按钮)时，快速进退刀床的电动机才能启动。在主滑块上固定安装一个撞块 10，当它与挡块 11 相碰时，能自动使离合器脱开啮合，避免因操作疏忽而造成事故。为消除丝杆螺母之间的间隙，保证旋切单板的厚度精度，可采用双螺母结构。调节时松开固定螺钉，拧转调节螺母 12，可使两个螺母分别与丝杆螺纹的两个表面接触，从而消除间隙。实际使用时，因丝杆制造存在节距误差，且丝杆的磨损在全长上不均匀，故只能调整到较小的间隙，不能完全消除间隙。为此，新型旋切机为保证丝杆的传动精度，有的采用耐磨的高精度滚珠丝杆。丝杆螺母机构 5 和主滑块 6 的润滑共用一个滴油杯 13。因滴油杯 13 与主滑块 6 做成一体，故刀床在任何位置时均可进行连续地自动润滑。

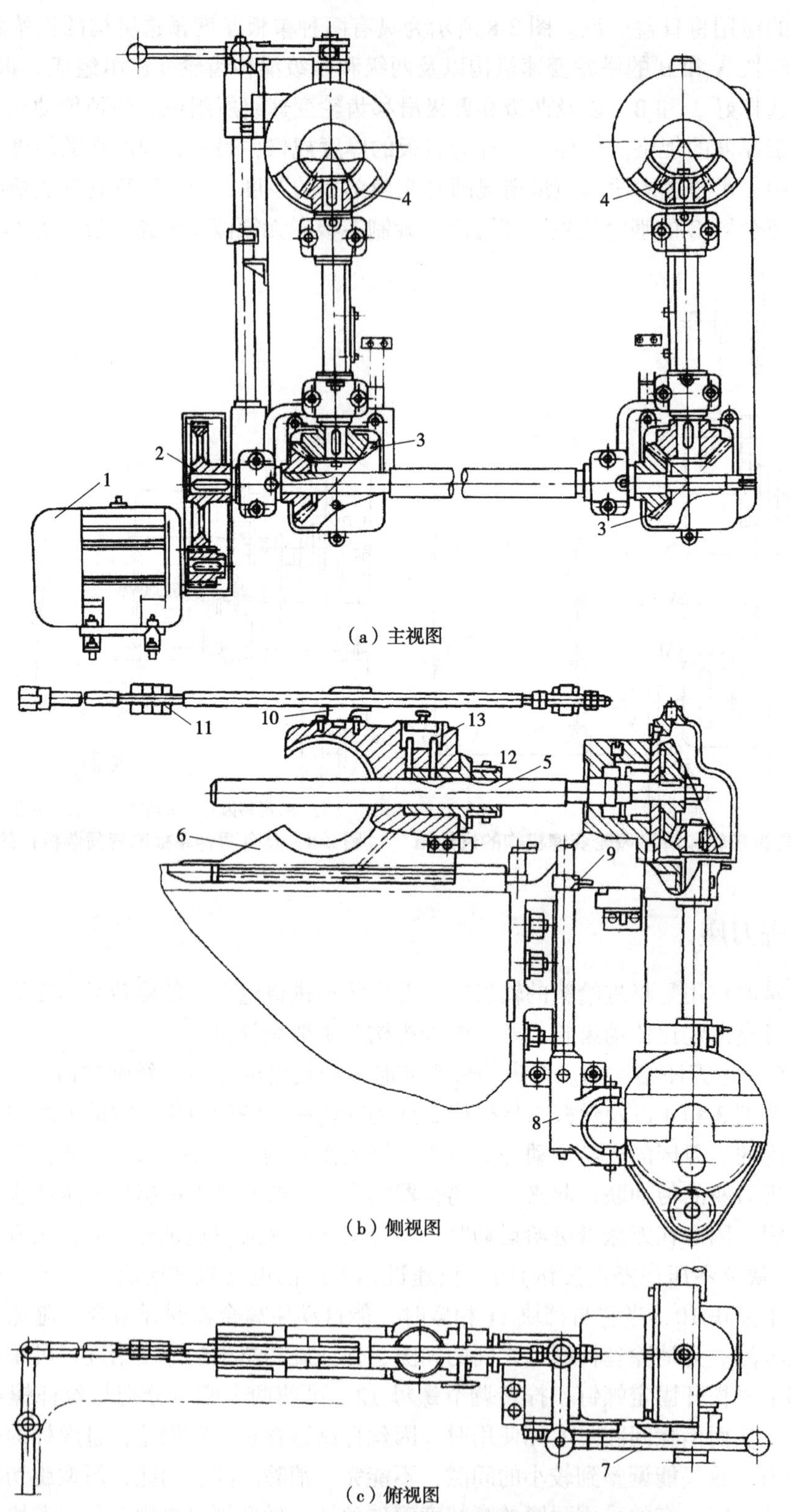


1.电动机 2.圆柱齿轮副 3、4.锥齿轮副 5.丝杆螺母机构 6.主滑块
7.离合器操纵手柄 8.拨叉 9、11.挡块 10.撞块 12.调节螺母 13.滴油杯

**图 2-9 进刀座结构**

## 2.5 刀床

刀床由刀架、压尺架、刀门调整机构和后角调节机构等部分组成。刀床是旋切机的重要部件，刀床部件的精度和刚度对旋切单板质量的影响十分显著。刀床部件的调整是否恰当(如旋刀安装高度、压榨力和旋刀后角等)直接影响旋切单板的质量。

刀床的结构形式较多，但其基本原理相同。图 2-10 所示为手动操作压尺架的旋切机刀床结构图。

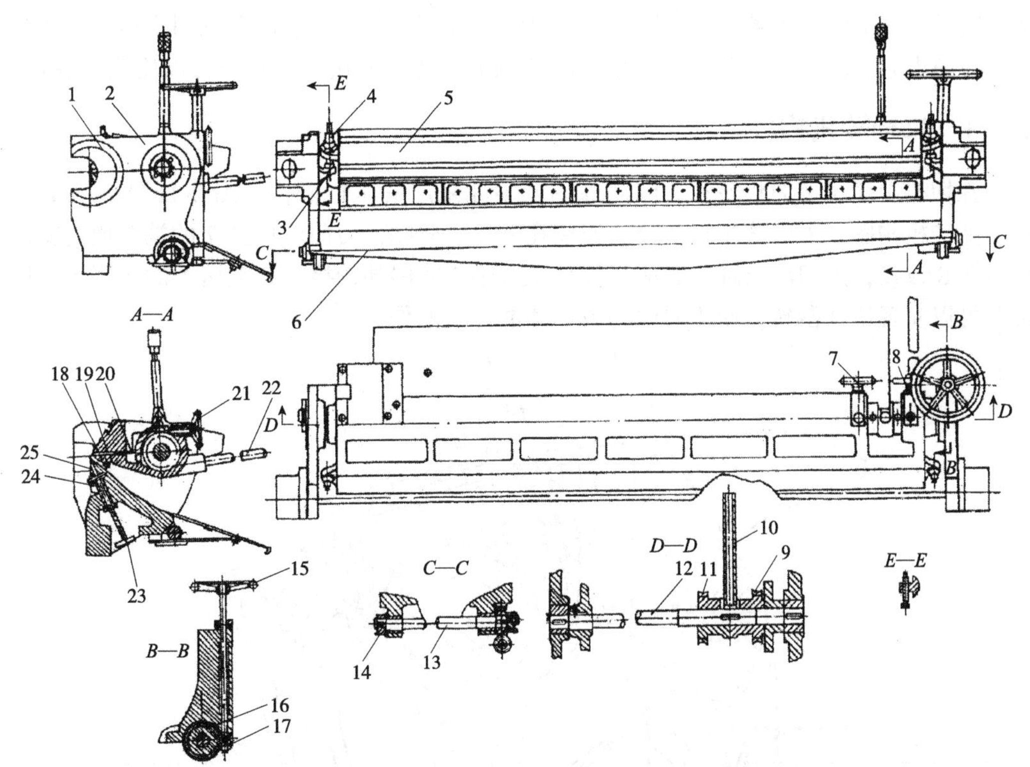


1.半圆形凸耳 2.刀梁侧壁 3.凸台 4.螺钉 5.压尺架 6.刀架 7、8、15.手轮 9、11、16.蜗轮 10.扳手 12、13.偏心轴 14.辅助滑块 17、21.蜗杆 18.压板 19.压尺 20.压尺调整螺钉 22.手柄 23.旋刀调节螺钉 24.压板 25.旋刀

**图 2-10 旋切机刀床结构**

刀架 6 通过刀梁两端的半圆形凸耳 1 和主滑块(参见图 2-9 中 6)的半圆形滑动轴承相扣结，主滑块安置在水平的主滑道上。刀梁的尾部借偏心轴 13 与辅助滑块 14 相连接，辅助滑块安置在可调节倾斜度的辅助滑道上，通常辅助滑道在向着卡轴方向向下倾斜 1°~2°。因此，当进刀丝杆驱动主滑块运动时，刀架(连同安装在刀架上的压尺架)在做直线进给运动的同时又绕着主滑块的半圆形滑动轴承中心线做顺时针方向的回转运动，使旋刀的切削后角随着木材直径的缩小而变小。根据旋切木段的直径大小，初始后角的调整可利用手轮 15 通过蜗轮副使偏心轴 13 转动，借此升高或降低刀架的尾部以改变后角。旋刀是用夹紧螺钉及热压板 24 使之固定在刀架上。旋刀的安装高度可用旋刀调节螺钉 23 调节。旋刀调节螺钉 23 也用于承受切削力，故应有足够的数量以保证旋刀的刚度。压尺架 5 的前端通过两个螺钉儿安置在刀梁的倾斜凸台 3 上，其后端借助偏心轴 12 和偏心套支持在刀梁侧壁的圆孔内，扳手 10 通过键与偏心轴 12 连接。因此，扳

动扳手 10 可以快速移动压尺架 5 向前或后退，以便清理刀门，或者木段旋圆之前需要加大刀门和旋圆后压尺快速复位。转动手轮 15，通过蜗杆、蜗轮和扳手 10 上的离合键，可使偏心轴 12 慢速转动，用于精确调整刀门的间隙，保证旋切时所需要的压榨力。由于蜗杆、蜗轮具有自锁性，故可防止旋切过程中因振动而引起偏心轴 12 的转动，导致压尺 19 的位移，影响旋切质量。由于凸台 3 是倾斜的，通常与水平面的夹角为 15°，因此在调节压尺 19 与旋刀之间水平距离的同时也调整了垂直距离，如果因压尺形状或旋刀安装高度不同需要调整旋刀和压尺的垂直距离时，可以利用压尺调整螺钉 20 来调整。压尺 19 是利用夹紧螺钉及热压板 18 固定在压尺梁上。压尺 19 的压棱与旋刀的刀刃之间的平行度可以用压尺调整螺钉 20 调整。压尺调整螺钉 20 在旋切过程中也用于承受压棱反力。为便于油刀，压尺架 5 可以利用手柄 22 将它掀起，并用垫块托住，以免发生事故。

## 2.5.1 尺翻转机构

旋切机中压尺架的翻转和刀门间隙的调整亦采用液压缸操作。图 2-11 所示为其压尺架翻转机构图。刀门液压缸 7 分别安装在刀床的两端，刀门液压缸 7 的端头通过支座与刀架 8 铰接，刀门液压缸 7 的活塞杆与压尺架 3 的尾部铰接。在液压力的作用下，压尺架可以实现快速翻转，便于刀门的清理和油刀的操作。

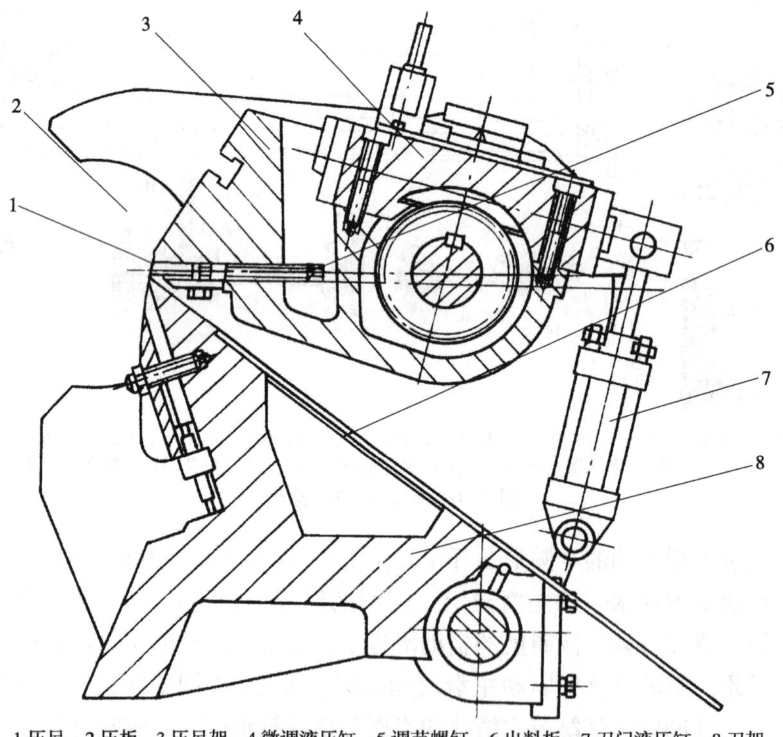


1.压尺 2.压板 3.压尺架 4.微调液压缸 5.调节螺钉 6.出料板 7.刀门液压缸 8.刀架

**图 2-11 液压缸操作的压尺架翻转机构**

## 2.5.2 液压刀门微调装置

图 2-12 为刀门微调液压缸结构图。该液压缸为齿条传动活塞液压缸，活塞 7 与齿条 5 连成一体，齿条 5 则与装在压尺架偏心轴上的齿轮啮合。在油压的作用下，活塞 7 推动齿条 5 移动，带动齿轮转动，从而实现刀门的开启。刀门间隙的大小可由调节螺钉

3调整，并用锁紧螺母2锁紧。调节螺钉3和锁紧螺母2有两组，可分别根据两种不同的预选单板厚度调定。在旋切过程中，如果需要改变单板的厚度规格，操纵相应的进给手柄，并同时操纵刀门调节螺钉3的转换手柄即可，大大简化了操作。

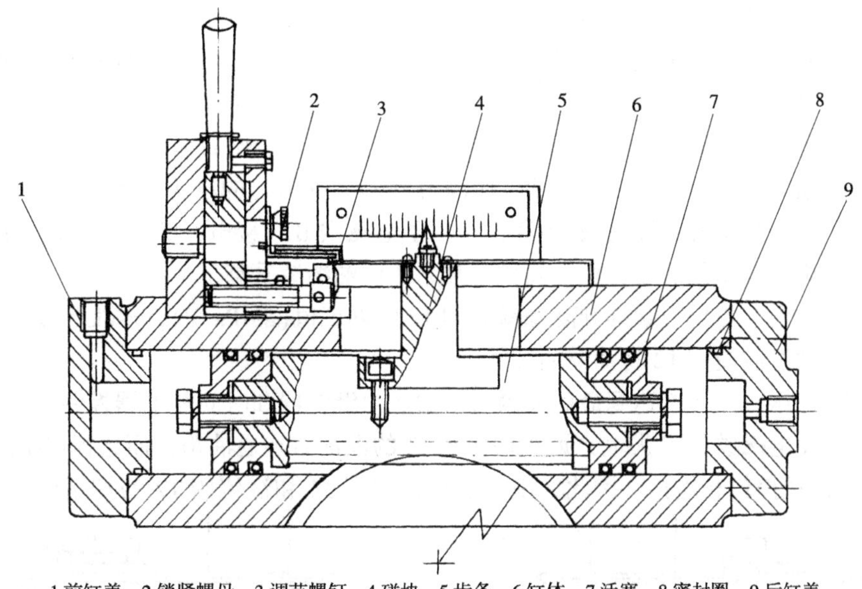


1.前缸盖 2.锁紧螺母 3.调节螺钉 4.碰块 5.齿条 6.缸体 7.活塞 8.密封圈 9.后缸盖

**图2-12 刀门微调液压缸结构**

## 2.6 液压传动系统

各种类型液压夹紧双卡轴旋切机的液压系统，因具体结构和使用条件各异而不完全相同。一般双卡旋切机若采用液压传动来驱动内、外卡轴的伸缩，那么液压系统应满足如下工艺要求：①夹紧木段时，采用较高的液压力使卡头嵌入木段端部，而在旋切时，则将液压力降低，以减少木段的弯曲。②左、右内外卡轴均能沿轴向单独伸缩也能同步一起伸缩，而且轴向移动应具备高速和低速两种运动状态：高速用于当卡轴迅速向木段靠近时，并初步夹紧木段；低速用于进一步夹紧木段。这样可减少辅助时间又可降低功率消耗。③旋切过程中，当旋切接近外卡头时，外卡轴能自动退回，此时内卡轴不松夹继续旋切。

以V26-AB-W型单板旋切机卡轴移动液压系统为例对液压传动系统进行简要介绍。卡轴移动的液压系统(图2-13)主要由低压叶片泵1和高压叶片泵2、左右内卡轴及左右外卡轴的液压缸7、8、9、10和低压泵压力控制阀组34、高压泵压力控制阀组35以及方向控制部分等组成。

①启动液压泵 首先启动电动机3和4，使低压叶片泵1和高压叶片泵2开动，此时由于各电磁阀均未通电，左右内外卡轴均不动作，低压叶片泵1通过卸荷阀11卸荷。在不通电的情况下，电磁阀14使远程控制阀13的出油口与油箱相通，因此，高压叶片泵2的液压油经过单向阀22，按照远程控制阀13所调定的压力值，通过溢流阀12卸荷。

②左内卡轴外伸 按下按钮，使电液阀16的电磁铁3DF得电，此时液压油的油路

如下：低压叶片泵 1→单向阀 21；高压叶片泵 2→单向阀 22→电磁阀→管路 1′→管路 2′，3′，4′→电液阀 16→管路 5′→液压缸 7 左腔，而右腔油液则经电液阀 16、截止阀 30 通油箱，使左内卡轴伸出，至木段合适的夹持位置时停止。此时因高、低压泵同时向液压缸 7 供油，因此左内卡轴伸出速度较快。

③初夹木段　依次使电液阀 18、19、17 及电磁铁 8DF、10DF、5DF 和 1DF 接电，液压油分别经过单向阀 24、25、23 和电液阀 18、19、17 到达液压缸 10、8 左腔和液压缸 9 左腔，各液压缸另一腔经截止阀 32、33 和 31 通油箱，则右内、外卡轴和左外卡轴先后伸出夹紧木段。当压力达到卸荷阀(溢流阀)11 所调定的压力(3MPa)时，该阀开启，使低压叶片泵 1 通过卸荷阀 11 卸荷，由于电磁铁 IDF 接电，关闭了远程控制阀 13 的溢油口，则夹紧木段的压力可由高压叶片泵 2 供油继续升高。

④夹紧木段　当压力继续升高到溢流阀 12 的调定值(8MPa)时，木段已被夹紧，高压叶片泵 2 通过溢流阀 12 将油溢回油箱。

⑤旋切保压　当木段达到最后夹紧时，由压力继电器和时间继电器控制。延续一段短时间后，使电磁铁 1DF 失电，远程调压阀 13 的溢油口连通油箱，而远程控制阀 13 与溢流阀 12 的遥控口相连接，因此，由于远程控制阀 13 和溢流阀 12 的控制使油路压力

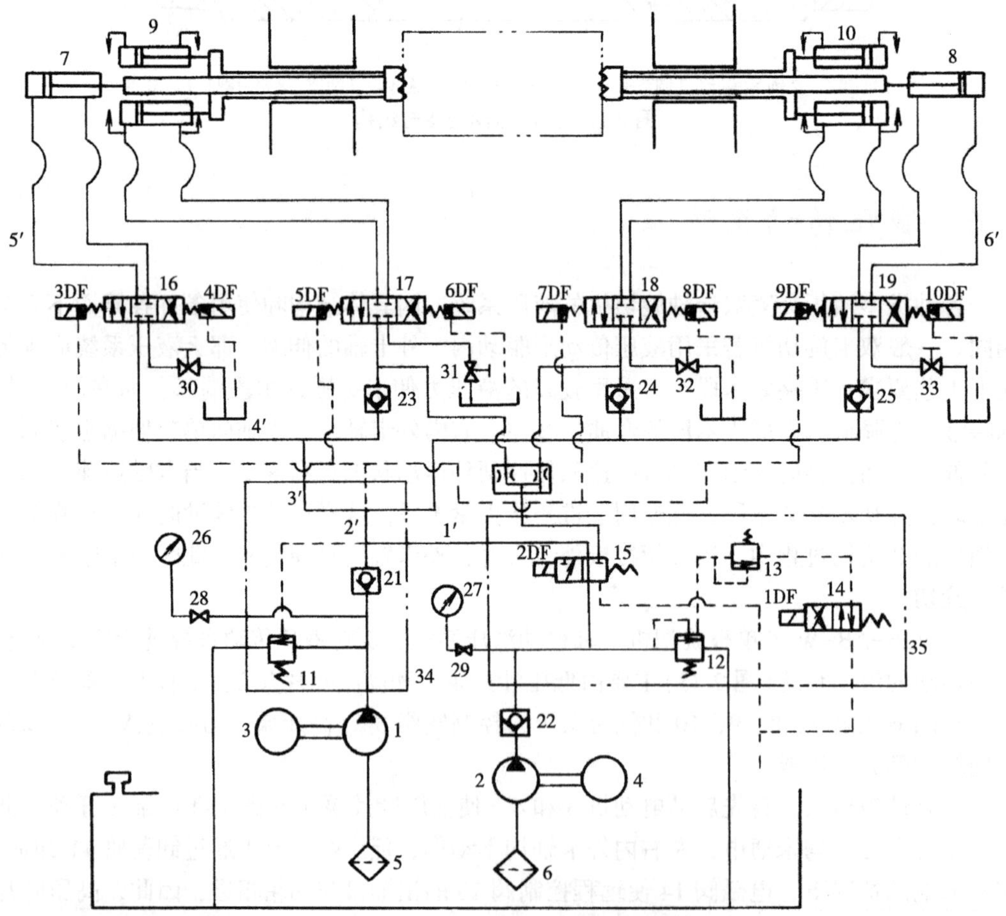


1.低压叶片泵　2.高压叶片泵　3、4.电动机　5、6.滤油器　7、8.左右内卡轴液压缸　9、10.左右外卡轴液压缸　11.卸荷阀　12.溢流阀　13.远程控制阀　14、15.电磁阀　16~19.电液阀　20.分流阀　21~25.单向阀　26、27.压力表　28、29.液压旋转开关　30~33.截止阀　34.低压泵压力控制阀组　35.高压泵压力控制阀组　1′~6′.管路

**图 2-13　V26-AB-W 型单板旋切机卡轴移动液压系统**

由最高夹紧压力(8MPa)降低到远程控制阀13的调定值5MPa；在电磁铁1DF失电的同时，电磁阀15的电磁铁2DF得电，油路改为经由电磁阀15→分流阀20→电液阀17和18(其中电磁铁5DF和电磁铁8DF继续接电)→液压缸9和10，使外卡轴的夹紧压力降为5MPa，并在此压力下保压旋切。

电磁铁2DF得电时，左右内卡轴则只由低压叶片泵1供油，使压力降低到卸荷阀11控制的压力(3MPa)。因为此时只有大卡头保压即可保证旋切。

⑥大卡头退回　当旋刀接近大卡头时，由于刀床上的碰块触及限位开关，使电磁阀15的电磁铁2DF失电，高压油重新沿管路1′、2′、3′、4′、5′、6′和电液阀16和19，供给内卡轴保压油液。同时，使电液阀17和18改为电磁铁6DF和电磁铁7DF接电(电磁铁5DF和电磁铁8DF失电)，大卡轴退回，由小卡轴带动木段继续旋切。

⑦旋切终了　当旋刀接近小卡头时，再由限位开关使电液阀16和19的电磁铁改为电磁铁4DF和电磁铁9DF接电，使小卡轴退回，全部旋切过程结束。

## 2.7　旋切机前后辅助设备

在新型旋切机的前后大都配置有各种类型的定心、上木机构以及单板自动卷板或贮存装置，这些辅助设备与旋切机合理组合，使单板生产中的多道工序得以合并，形成高效率的连续化生产线。

### 2.7.1　定心上木装置

木段旋切前定中心，此工序目的是准确地确定木段在旋切机上的回转中心位置，使获得的圆柱体体积最大，从而出材率最高，机械定中心可比人工定心提高出材率约2%~4%；新型计算机扫描定心可提高出材率5%~10%，且整幅单板比例可增加7%~15%左右，缺点是投资较大。

图2-14所示为机械三点定心上木机工作原理图。三点定心靠三个爪杆构成一组，共两组分置木段两边。三个爪杆均可绕各自的销轴转动，相互之间用连杆链接。在定心液压缸的作用下，三个爪杆同时转动，转角相同，因此不论木段的径级大小如何，所定的中心位置相同。该装置对于直的且断面呈圆形的木段，即使有尖削度，定心效果也较好，但对于几何形状不规则或弯曲的木段，定心误差较大，而且对局部明显缺陷，难以修正。

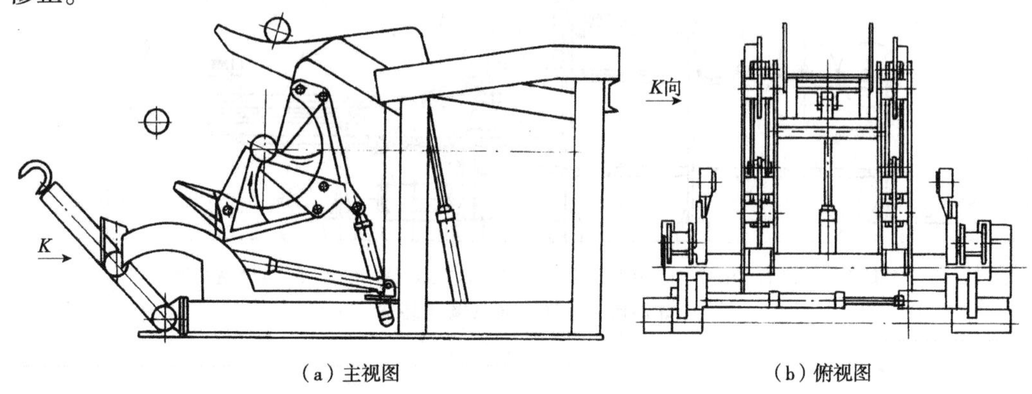


(a) 主视图　　(b) 俯视图

图2-14　机械三点定心上木机工作原理

图 2-15 所示为光环投影定心上木装置。光环投影定心的原理，是利用两组光源和放大镜，将若干同心圆环投影到木段两端面上，两光环中心连线与卡轴中心线平行且处于同一水平面；操纵按钮，通过液压缸的动作调整木段高低，让光环套住木段的端面，该光环与理想的旋切中心重合，从而达到定心的目的。该装置可根据木段的局部缺陷情况进行调整，比较适用于大径级木段定心场合。

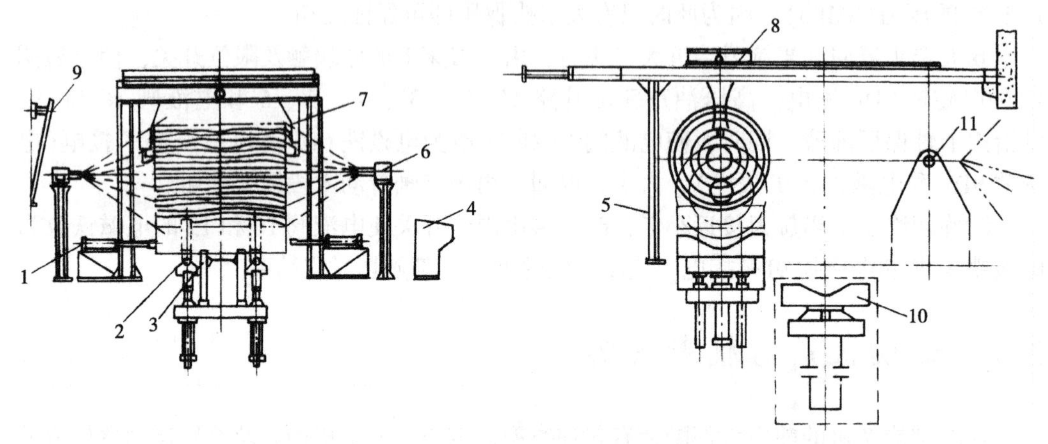

1.定位装置 2.活动钢叉 3.固定钢叉 4.电控台 5.机架 6.光源 7.夹木卡头 8.上木行车 9.反光镜 10.木芯输出装置 11.旋切机卡轴

**图 2-15 光环投影定心上木装置**

### 2.7.2 旋切单板贮存的输送装置

为生产工艺和平衡的需要，旋切后单板需要适当的方法贮存和输送。其基本方法有：①传送带直接运送单板，欧美国家有些工厂采用此种运输方式，可减少单板损失、节省人力，但传送带要求较长、造价高、占地面积大，对于国内工厂不太适用。②单板折叠贮存输送方法，传送带可减小，但因折叠易出现边裂口或拉断，不适用横纹抗拉和抗剪强度低的树种，国内工厂也少用。③单板卷筒贮存输送装置，可适应单板旋切速度快及干燥进料速度慢的不同要求。该装置(图 2-16)可与前旋切机、后干燥机组成连续生产线，极大提高生产率。

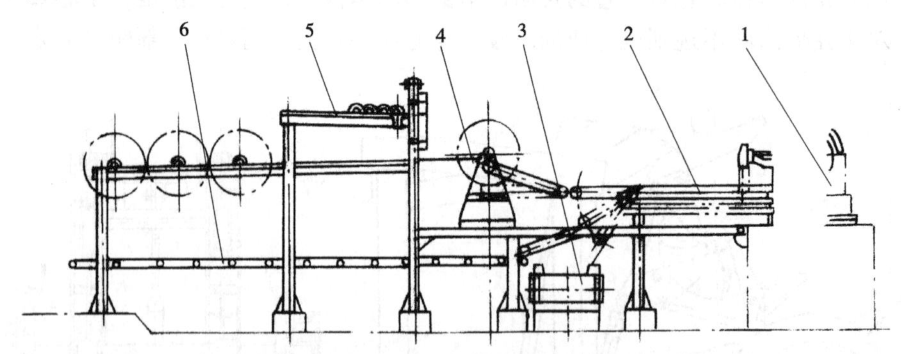

1.旋切机 2.单板运输带 3.废单板运输 4.卷筒装置 5.卷筒贮存架 6.零片单板运输带

**图 2-16 单板卷筒及输送装置**

# 2.8 无卡轴旋切机

与传统结构的机械夹紧卡轴旋切机和液压夹紧卡轴旋切机不同，无卡轴旋切机中没有用于夹紧木段并使之产生旋转运动的卡轴，木段的旋转运动由摩擦辊或齿辊在其外周上驱动。

## 2.8.1 无卡轴旋切机的工作原理

图2-17为无卡轴旋切机的工作原理图。木段由呈三角形布置的三个辊抱住，其中固定辊起辊筒压尺的作用，另外两个摆动摩擦辊起摩擦驱动和进给的作用。

摩擦辊和压尺辊的长度与旋刀的长度相等。旋切时，两只摩擦辊始终沿木段的全长上施加均匀的压力，在驱动木段逆着旋刀刃口旋转的同时，并将木段推向旋刀实现进给实现旋切单板。旋切终了时，两个摩擦辊可以靠得很近，因而旋切后木芯的直径可以很小。例如，BQ1813型无卡轴旋切机，最终木芯直径为45mm。

显然，这种旋切机不能单独使用，但可在胶合板生产线上作为木芯再旋设计，也可与旋圆机相配套作为小径木及竹材的旋切设备。

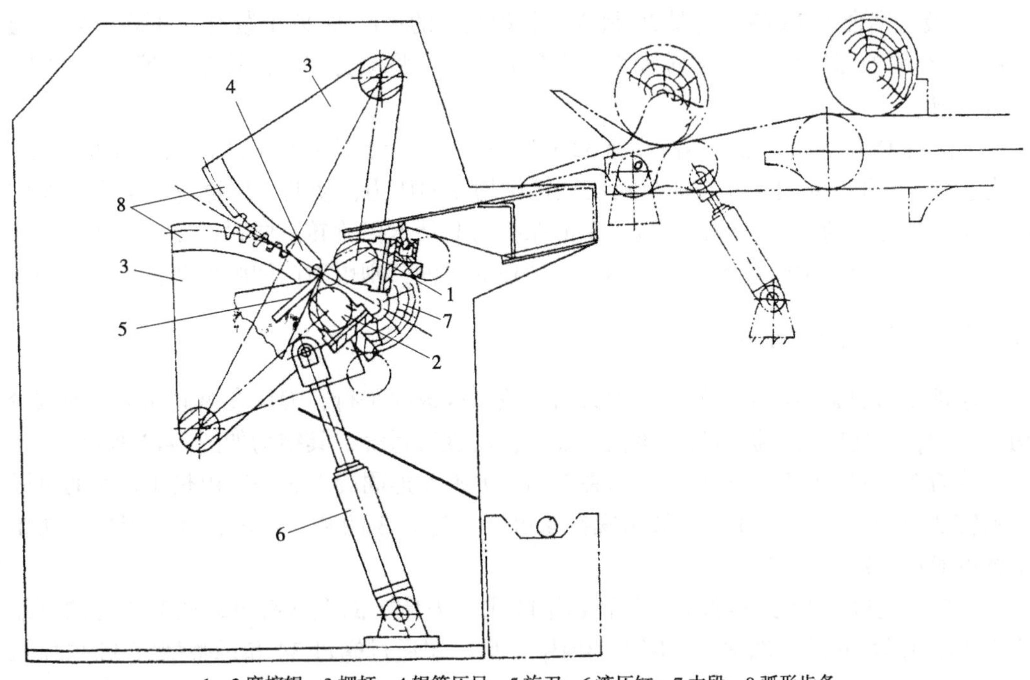


1、2.摩擦辊 3.摆杆 4.辊筒压尺 5.旋刀 6.液压缸 7.木段 8.弧形齿条

**图2-17 无卡轴旋切机的工作原理**

## 2.8.2 BQ1813型无卡轴旋切机结构特点

BQ1813型旋切机由机架、摩擦辊、刀床、压尺架、传动系统及液压系统等部分组成。

### 2.8.2.1 机架及摩擦辊装置

图 2-18 为无卡轴旋切机的机架及摩擦辊装置，机架 2 与底座 1 均采用钢板，焊接结构用螺钉连接，并用销钉定位。机架两侧各有一个侧门 3，便于进行润滑与维修。机架顶部的盖板 4 上开有百叶窗，便于通风。

摩擦辊 A(剖面指示 *A—A*)和 B(剖面指示 *B—B*)分别通过连接梁 5 用螺钉固定在两组扇形摆杆 6 和 7 上，每组扇形摆杆分别用键固定在回转轴 8 的两端，而回转轴 8 的滑动轴承装在机架 2 的孔内。每侧的扇形摆杆上分别装有扇形齿条 10。在液压缸 11 的推拉作用下，由于扇形齿条的啮合作用，带动两个摩擦辊 A、B 分别绕回转轴 8 做同步摆动，靠近或远离旋刀。摩擦辊 A 和 B 相对于旋刀的初始位置，可通过调节扇形齿条 10 的位置精确地定位。

摩擦辊 A 和 B 的摩擦套 14、15 用键安装在传动轴 16、17 上，传动轴 16、17 则利用轴承 18 和轴承座 19 安装在连接梁 5 上。因而，摩擦辊 A 和 B 在长度上为多点支承，这可减少承受外载荷时产生的弹性变形，同时也可使摩擦辊套的直径尽可能减小，保证旋切后木芯直径最小。

每个摩擦辊的左、右两端均由驱动装置分别驱动，保证沿木段的全长上施加均匀的扭矩。该机有两组驱动装置，均通过底板 30 固定在机架 2 上，每组驱动装置均由电动机 27、液力耦合器 28 和减速器 29 组成。驱动装置的输出轴 26 上装有双联链轮 22，通过链条 20 和 21 将动力传给回转轴 8，再通过链条 24 将动力传给链轮 25，带动摩擦辊 *A* 和 *B* 旋转。

液压缸 11 的一端通过液压缸支座 32 固定在底座 1 上，活塞杆 12 的一端与扇形摆杆 7 铰支连接。液压系统对左、右两只液压缸提供均衡的压力，使两个摩擦辊在工作过程中始终压在被旋切的木段表面，并以一定的摩擦力驱动木段旋转，同时，以一定的推力使木段向旋刀进给。进给量的大小，即旋切单板的厚度，则由刀门间隙的调整进行控制。

### 2.8.2.2 振动旋刀系统

通常使用的旋切机中，旋刀的刀刃与木段纤维纵向平行，刀床在纵向固定。为减少切削阻力，提高旋切单板质量，该机设计了振动旋刀系统，其结构如图 2-19 所示。

旋刀 3 由调节螺钉 4 支承放在刀夹 5 内。刀夹 5 连同旋刀 3 一起由热压板 6 通过固定螺钉 7、8 固定在刀床 1 上。调节螺钉 4 可调整旋刀 3 的装刀高度，旋刀刃口的初始位置可通过螺钉 2 调定。

刀床 1 通过 V 形滚柱导轨安装在支座 11 上。刀床 1 的左端有可以调节压力的压缩弹簧 36，弹簧 36 的一端顶住刀床 1 的内壁，另一端通过螺母 34 和调整螺钉 35 顶住机架的侧壁(图中双点划线处)。刀床 1 右侧的凸轮机构由减速电机 30 和通过齿轮 25、27 带动的偏心轴 26 组成。带减速器的电动机 30 通过支架牢固地安装在机架上。偏心轴 26 由一对轴承支承，轴承座 22 用调节螺钉 24 固定在机架侧壁上。偏心轴 26 上还装有一对滚子轴承 19，其外表面与刀床右端的凸台 20 直接接触。

当偏心轴 26 由最低点转至最高点时，将刀床 1 向左推移，并使压缩弹簧 36 受压；当偏心轴 26 由最高点转至最低点时，压缩弹簧 36 将刀床 1 向右推移，依次往复循环，刀床 1 即带着旋刀做纵向振动。

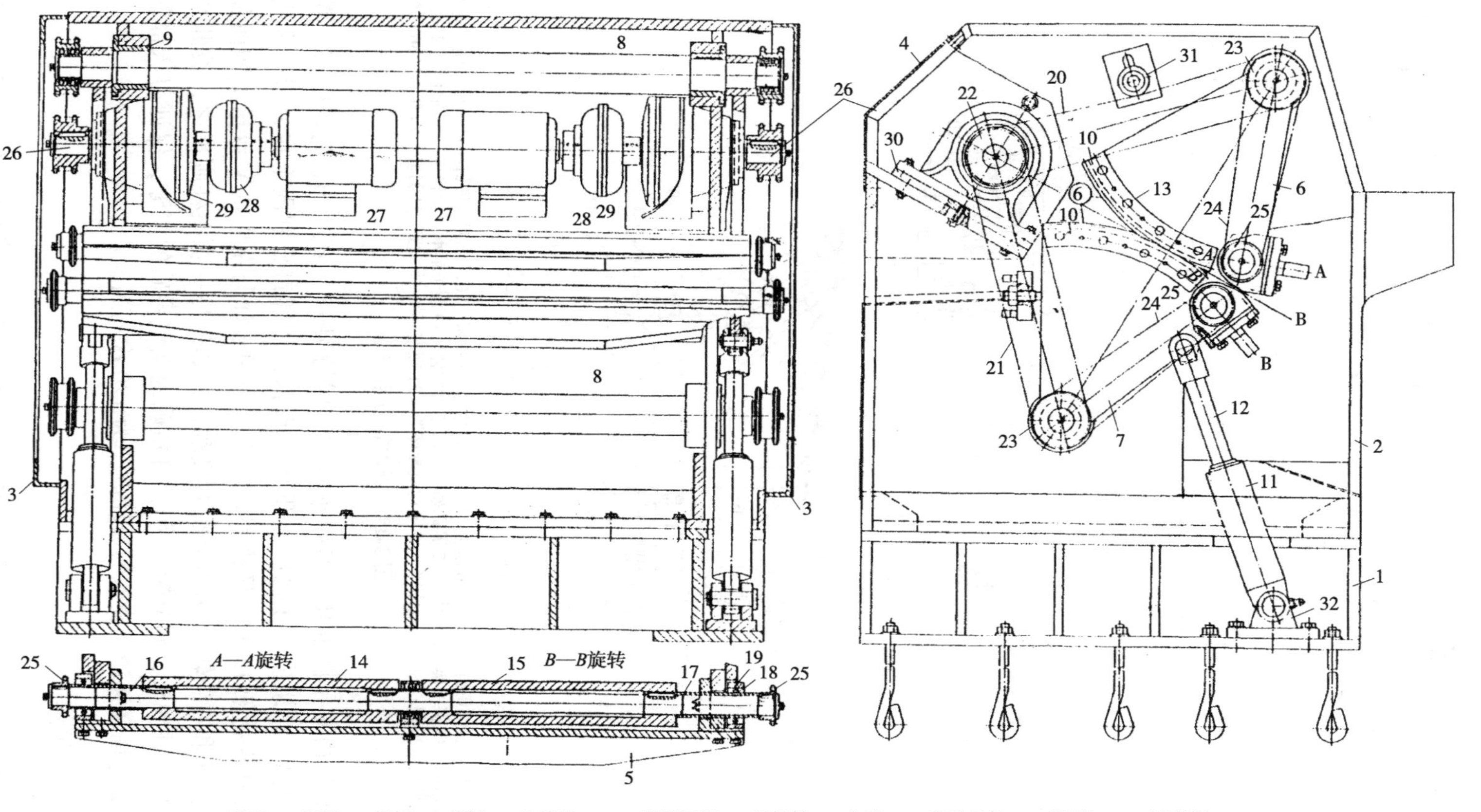


1.底座 2.机架 3.侧门 4.盖板 5.连接梁 6、7.扇形摆杆 8.回转轴 9.支承 10.扇形齿条 11.液压缸 12.活塞杆 13.螺钉 14、15.摩擦套 16、17.传动轴 18.轴承 19.轴承座 20、21、24.链条 22.双联链轮 23、25.链轮 26.输出轴 27.电动机 28.液力耦合器 29.减速器 30.底板 31.张紧轮 32.液压缸支座

**图2-18 无卡轴旋切机的机架及摩擦辊装置**

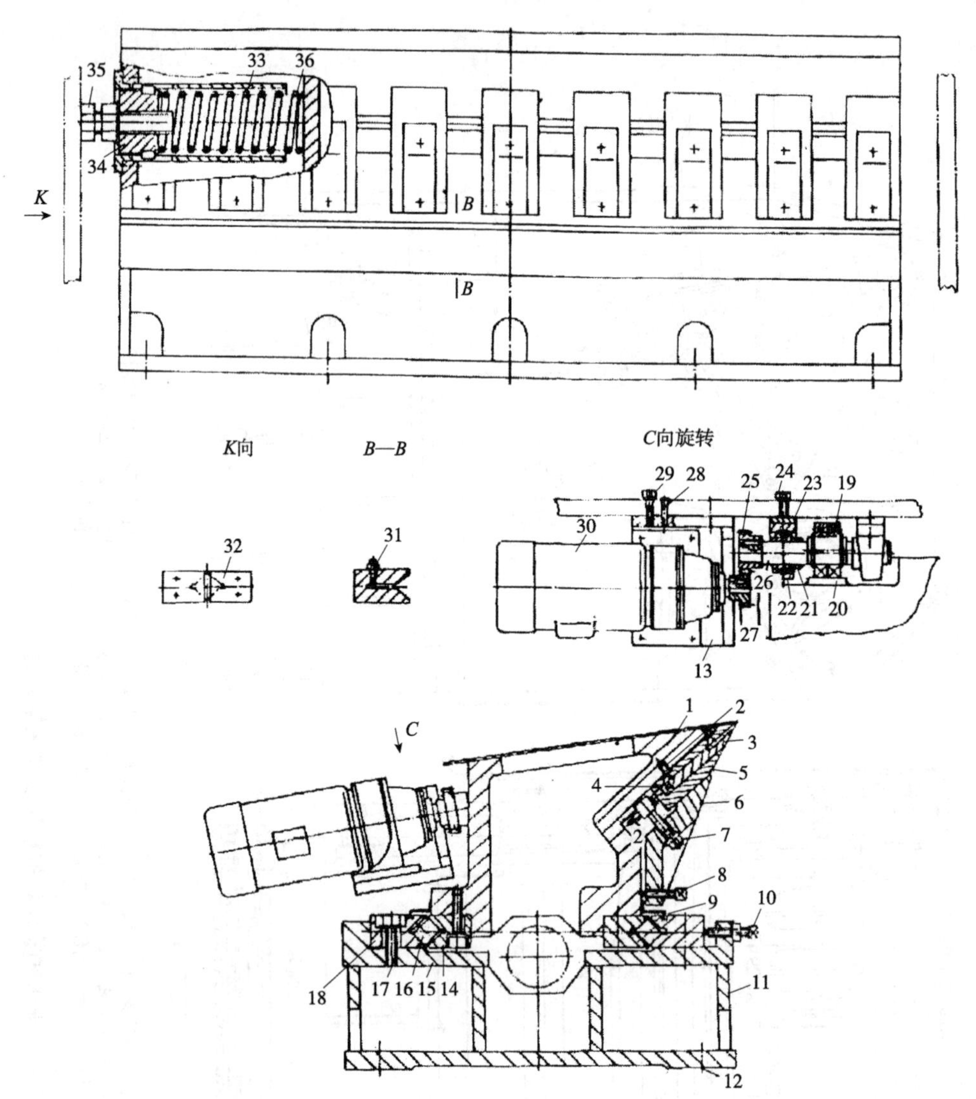


1.刀床 2、29.螺钉 3.旋刀 4.调节螺钉 5.刀夹 6.压板 7、8.固定螺钉 9.挡板 10、35.调整螺钉 11、23.支座 12.地脚螺钉 13.支承块 14.右导轨体 15.保持架 16.滚柱 17.紧固螺钉 18.左导轨体 19.滚子轴承 20.凸台 21.轴套 22.轴承座 24.调节螺钉 25、27.齿轮 26.偏心轴 28.定位销 30.电动机减速器 31.螺塞 32.封口板 33.衬套 34.螺母 36.压缩弹簧

**图 2-19 振动旋刀系统**

V 形滚柱导轨由左导轨体 18、右导轨体 14、保持架 15、滚柱 16、封口板 32、调整螺钉 10 和紧固螺钉 17 组成。导轨体上开有 V 形槽，用螺钉分别固定在刀床 1 和支座 11 上；滚柱 16 在保持架 15 上交叉排列。这样，一颗滚柱与左导轨 V 盘槽下侧面和右导轨 V 形槽下侧面和右导轨 V 形槽上侧面接触，相邻的另一颗滚柱则反之，彼此交错排列，形成 V 形滚柱导轨，调节螺钉 10，可精确地调整导轨的间隙，保证刀床带着旋刀沿纵向高精度地往复移动。旋刀的振动频率为 120 次/min。

### 2.8.2.3 辊筒压尺架

该机辊筒压尺架的结构如图 2-20 所示，压尺架 7 安装在偏心轴 10 上，偏心轴 10 的两端利用滑动轴承装在机架的孔内。压尺辊 9 利用楔形块 8 牢固地装在压尺架 7 上。

摆杆 6 用键与偏心轴 10 连接，其上装有螺母 5。丝杆 4 的一端装有调节手轮 3，与压尺架 7 相连接；另一端与螺母 5 啮合。转动调节手轮 3，可使偏心轴 10 绕摆动轴线 12 摆动，从而控制压尺架 7 带动压尺辊 9 靠近或远离旋刀，导致压尺辊 9 与旋刀刀刃之间的间隙变化，以便旋切不同厚度的单板。

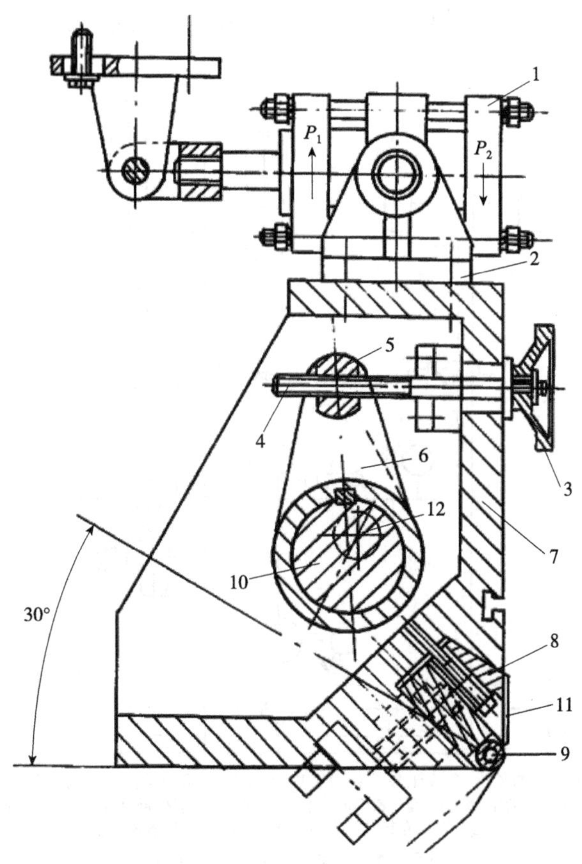


1.压尺架升降液压缸 2.支座 3.调节手轮 4.丝杆 5.螺母 6.摆杆 7.压尺架 8.楔形块 9.压尺辊 10.偏心轴 11.尼龙刮板 12.摆动轴线 $P_1$、$P_2$.油口

**图 2-20 辊筒压尺架的结构**

为使压尺辊与旋刀刀刃之间的间隙在调完之后保持稳定，以防止因旋切过程中的振动等原因使间隙发生变化，摆杆 6 的端头设置有丝杆螺母锁紧装置，用手轮控制(图中 2-20 未示出)。

压尺架 7 的顶部装有液压缸 1，液压缸 1 的活塞杆与机架铰接。在液压缸所产生的推力作用下，固定在压尺架 7 上的可调定位螺钉的端部，紧靠在机架侧壁的平台的上表面，起到压尺架 7 的调整和限制作用。液压缸 1 的作用，使压尺架 7 可带动压尺辊 9 绕偏心轴 10 的轴线 12 摆动。旋切开始前，$P_1$ 处进油，$P_2$ 处排油，压尺辊 9 向上方抬起，此时置于摩擦辊和压尺辊 9 之间的木段不接触旋刀。当摩擦辊对木段的推力达到一定值时，液压缸 1 的进排油口实现换向，即 $P_2$ 处进油，$P_1$ 处排油，此时压尺辊 9 随同压尺架 7 下落至工作位置，木段与旋刀接触，并开始旋切单板。

尼龙刮板 11 固定在楔机形块 8 上，与压尺辊 9 的组套接触，起刮尘作用。

为便于安装、调整与维修，压尺辊分组制造。辊套采用滚针轴安装在芯轴上，可自由旋转。

### 2.8.2.4 液压系统原理

图 2-21 为无卡轴旋切机液压系统工作原理图。整个系统的压力由一个溢流阀 5 调节。摩擦辊工作液压缸由三位四通电磁换向阀 7 控制工作方向，单向节流控制阀 8 可控制液压缸的工作稳定性。压尺架工作液压缸由二位四通电磁换向阀 6 控制工作方向，减压阀 11 可调整其工作压力。

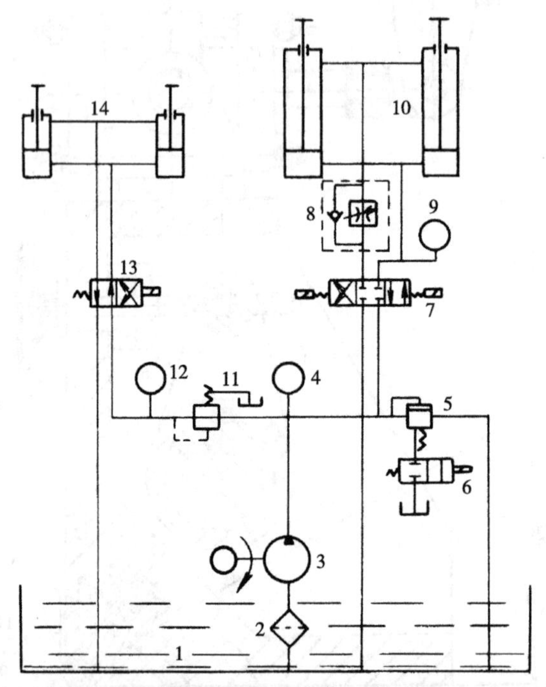


1.油箱 2.过滤器 3.液压泵 4、9、12.压力表 5.溢流阀 6.二位二通电磁阀
7.三位四通电磁换向阀 8.单向节流调速阀 10.摆杆液压缸 11.减压阀
13.二位四通电磁换向阀 14.辊筒压尺起落液压缸

**图 2-21 液压系统工作原理**

# 第3章
# 削片机和刨片机

## 3.1 概述

削片机和刨片机是木质纤维板、刨花板备料工序中生产规格木片和刨花的主要设备。成品板的质量很大程度上取决于半成品木片、刨花的规格和质量。削片机一般将小径级原木、劣等材、采伐和加工剩余物切削成一定规格的木片，经再分离成纤维，用于造纸或纤维板生产；或者经刨片机制成刨花，用于刨花板生产。刨花板生产中还可以直接将小径级原木或旋切木芯等原料，应用短料刨片机或长材刨片机直接刨制成刨花。原料不同，备料工艺也不同，应配备相应的备料设备；为适应多种原料和工艺要求，也可配置多条备料生产线，配备不同规格类型的削片机或刨片专用设备。

削片机的切削特征是刀刃接近垂直于木材纤维，并在接近垂直于纤维平面内进行切削，属于端纵向切削，切削机构大多是刀盘、刀辊等，切削出符合规格木片，要求长度均匀，切口匀整平滑。刨片机的切削特征是刀刃平行或接近于平行木材纤维，并在接近平行纤维平面方向上进行切削，属于横向或接近于横向切削，切削机构大多是鼓轮、刀轴、刀盘等，生产中要用合理的切削参数来保证切削过程的稳定，制得刨花符合规定尺寸，要求刨花厚度控制在工艺允许范围内并保证刨花纤维的完整性。

人造板机械设备型号编制方法规定削片机类的分类代号为“BX”。削片机类分为鼓式削片机、盘式削片机、移动式削片机、再碎机、刨片机、打磨机共6个组别。

## 3.2 削片机

削片机的主要用途是将原木、采伐剩余物(树梢、枝丫等)和木材加工剩余物(板皮、板条、板方材截头、碎单板等)切削成一定规格的木片。通常制造纤维板用的木片长度为20mm左右，制造刨花板用的木片长度为30~40mm。

削片机按其结构可分为鼓式削片机[图3-1(a)(b)(c)]和盘式削片机[图3-1(d)(e)]。盘式削片机加工的木片质量较好，因此造纸企业采用较多，我国较小型人造板企业采用鼓式削片机较多，因为人造板对木片的质量要求低于造纸企业。削片机按用途可分为原木削片机、板皮枝丫削片机和原竹削片机。按进料槽特征可分为斜口进料[图3-1(a)(b)(d)]和平口进料[图3-1(c)(e)]。按进料方式又可分为非强制进料[图3-1(a)(d)]和强制进料[图3-1(b)(c)(e)]两种。一般原木削片机多为非强制进料，而板皮、板条、废单板等削片机和原竹削片机则多为强制进料。削片机按其是否固定安装可分为固定式和移动式。移动式削片机主要用于伐区作业，将枝丫和间伐材等材料在林区直接加工成木片，它有拖挂式(由汽车或拖拉机牵引)和自行式(削片机直接装在汽车或拖拉机上)两种形式。

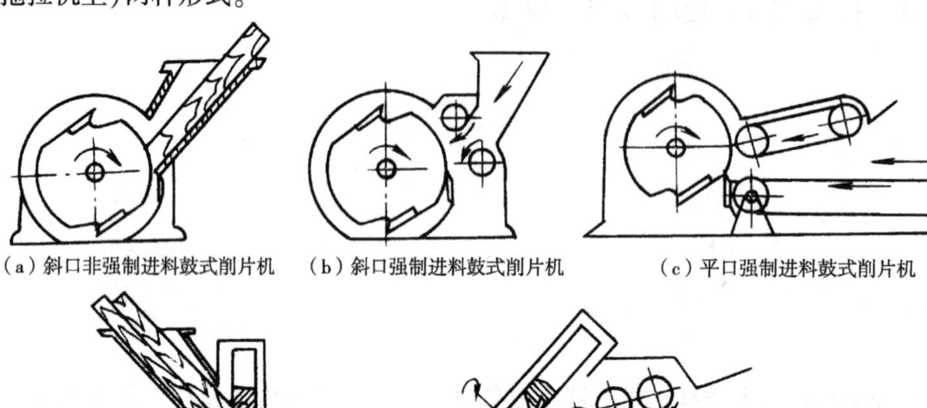

（a）斜口非强制进料鼓式削片机　（b）斜口强制进料鼓式削片机　（c）平口强制进料鼓式削片机

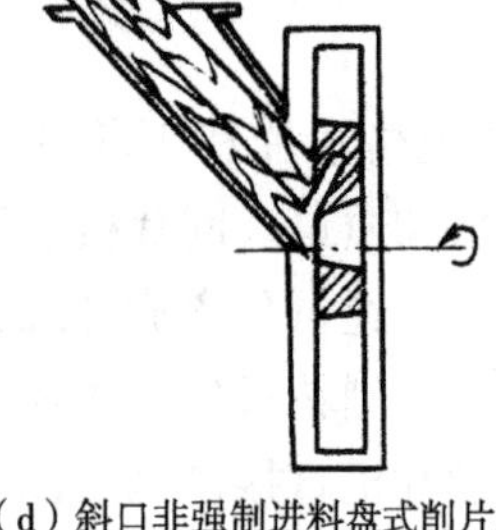

（d）斜口非强制进料盘式削片机

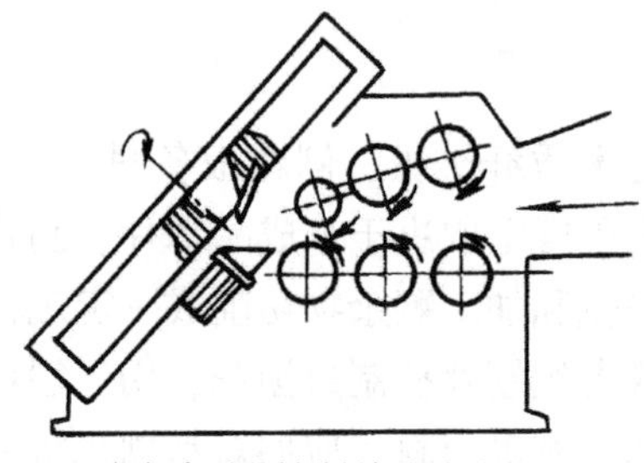

（e）水平强制进料倾斜盘式削片机

**图 3-1　削片机的形式**

## 3.2.1　鼓式削片机

目前国产鼓式削片机型号主要有 BX216、BX218、BX218D、BX2110、BX2113、BX2116 等。

鼓式削片机的主参数是刀辊直径，根据机械的主参数来确定型号，“8”代表主参数——刀辊直径为 800mm。

选取生产所需削片机时，需要根据设备的进料口尺寸和期望的生产能力为条件进行选择。而切削木片的长度是根据木片的最终用途而定。对同一设备而言，木片长度的变化会直接影响其生产能力。而喂料辊、刀辊的转速，以及飞刀的数量是影响木片长度的重要因素。

如图 3-2 所示是 BX218 鼓式削片机的结构图，主要由机座 1、刀辊 2、上喂料机构 3、下喂料机构 4、输送总成 5 等部分组成。

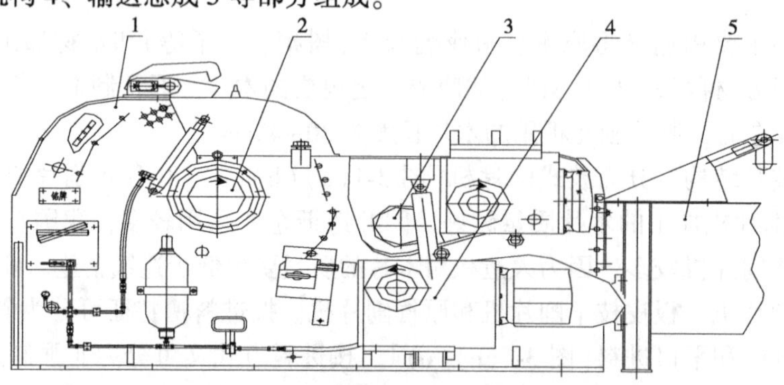


1.机座　2.刀辊　3.上喂料机构　4.下喂料机构　5. 输送总成

**图 3-2　BX218 鼓式削片机**

### 3.2.1.1　机座

机座总成由机座 1、内墙板 2、底刀座支承 4、底刀座 7、底刀 6、底刀热压板 5、下梳板 3、碎料杆 9、筛网 8 等组成，如图 3-3 所示。

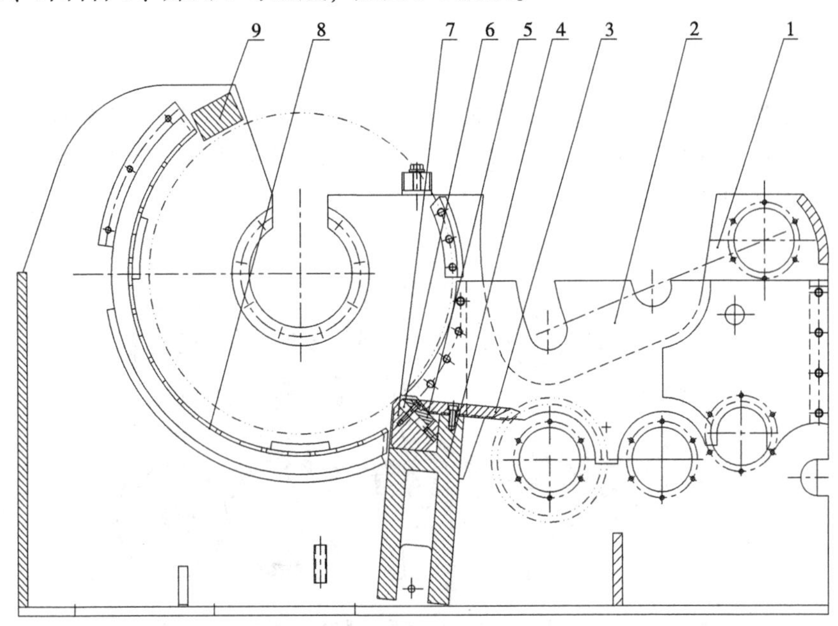


1.机座　2.内墙板　3.下梳板　4.底刀座支承　5.底刀压板　6.底刀　7.底刀座　8.筛网　9.碎料杆

**图 3-3　BX218 机座总成结构**

机座采用高强度钢板焊接而成，是整台机器的支承基础。底刀座支承与机座焊为一体，用于安装底刀座，可更换的底刀用特制的高强度螺栓通过底刀热压板固定在底刀座上。换刀时，松开固定夹键后，底刀座可通过机座墙板侧面的孔自由抽出，它靠两块夹键固定在机座上。即使在非常恶劣的工况下运行，底刀也可保持稳定，不会发生定位偏移。小型削片机的底刀为扁平刀片式设计，而大型削片机的底刀则为方形设计。扁平刀片式设计的底刀在刃磨后有专门的调整装置(图 3-4)，利用调整螺钉按调整尺寸 $b$ 进行调整，保证装入削片机的底刀与刀辊上飞刀的间隙为 0.5～1mm。如用户需要，液压换底刀系统可提供特殊设计。在大型削片机上，一般配置了该系统。

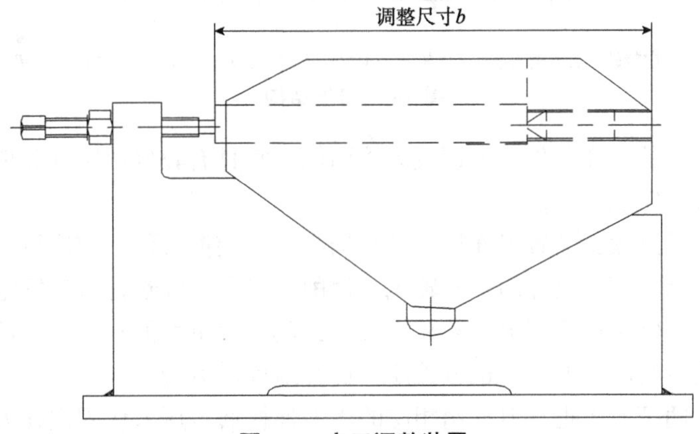


**图 3-4　底刀调整装置**

削出的木片通过筛网的孔落下，由机座底部排出。由于原料末端和锯木短料，不可避免地产生少量的超大碎块。因此，削片机内配置了破碎式筛网，对超大木块进行二次细化。筛网从底刀位置包裹刀辊向上延伸至顶盖位置。过大的木片经装在机座上的碎料杆可再次破碎。

#### 3.2.1.2 切削机构

切削机构如图 3-5 所示，主要由刀辊 2、压刀块 11、飞刀 10、飞刀螺栓 3 和机座上的底刀 6 等组成。刀辊总和由主轴、锁紧装置和大皮带轮等组成，如图 3-6 所示。

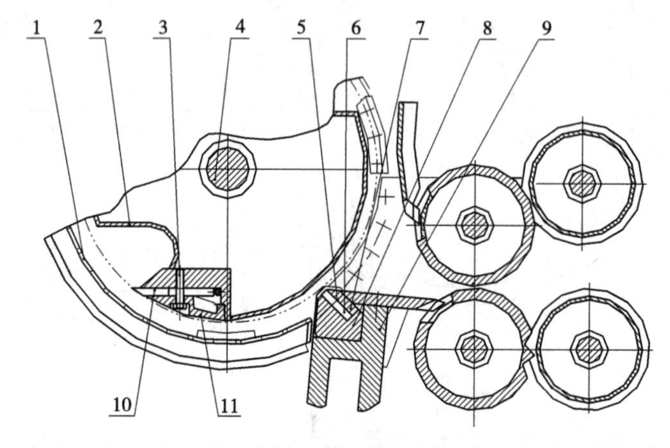


1.筛网 2.刀辊 3.飞刀螺栓 4.主轴 5.底刀螺栓 6.底刀 7.底刀压板 8.底刀座 9.底刀座支撑 10.飞刀 11.压刀块

**图 3-5 切削机构**

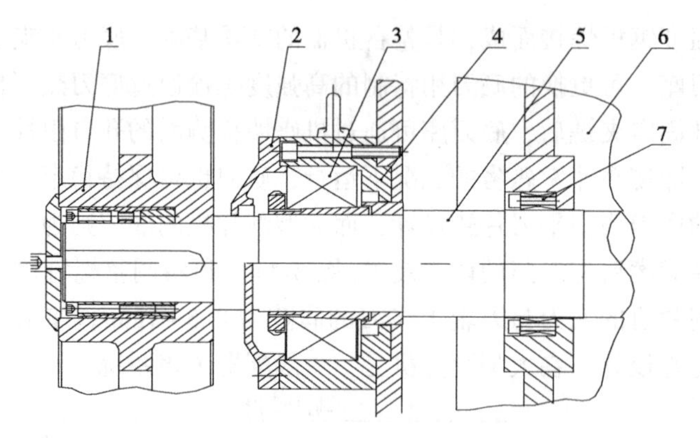


1.大皮带轮 2.主轴承盖 3.主轴承 4.主轴承座 5.主轴 6.刀辊 7.锁紧装置

**图 3-6 刀辊结构**

刀辊是削片机的工作部件，由钢板焊接而成。它具有较好的刚性和惯性矩，并经过动平衡试验具有一定稳定性。

主轴与刀辊通过锁紧装置来连接，其结构简单、装拆方便，使用可靠。主轴两端由调心滚子轴承支承，富余设计的轴和轴承，使削片机在实际运行时，安定无振动。重型的轴承座、自定心轴承被紧固地安装在机架上，其采用重型的自定心轴承，保证即使设备在满负荷连续运行的工况下，也可长期、良好地稳定运行。

刀辊上装有两把或多把飞刀，用相应的飞刀螺栓通过压刀块固定在刀辊上。飞刀采用具有冲击韧性好、耐磨性好的合金工具钢材料制成，打开机座顶罩即可更换刀辊上的飞刀。对于小型削片机，顶罩由手工开启；而大型的削片机则通过液压系统控制顶罩的开启。通过固定插销将刀辊定位于换刀位置。使用一种特殊的齿轮扭力扳手可以省力、适度地拧紧刀片，同时紧固螺栓。刀片的调节都在机外通过配套的飞刀调整装置预先完成(图 3-7)。

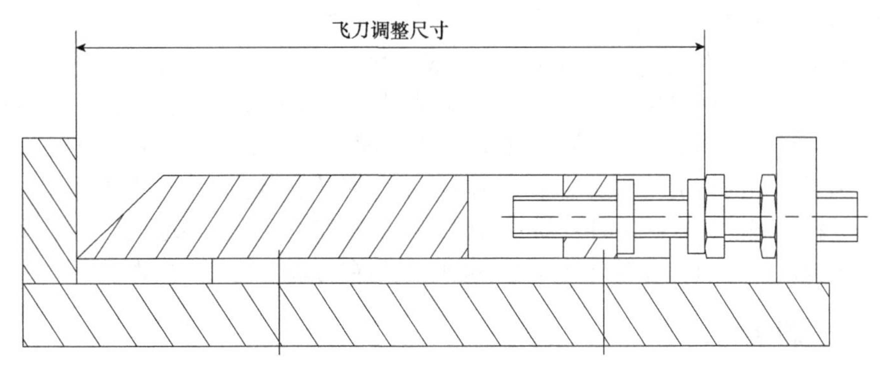


**图 3-7　飞刀调整装置**

刀辊由窄 V 带驱动，刀辊和皮带轮通过锥套联接，具有标准化程度高、定心精度好、结构紧凑、安装拆卸方便、使用寿命长等优点。重型刀辊的运行动能有利于补偿切削时受到的短周期负荷冲击。相应地，对刀辊容屑槽进行堆焊处理，以降低切削硬树种、竹子或其他类似物料时产生的额外磨损。同时，配置特殊设计、可更换的内置耐磨防护板，对刀辊提供进一步的保护。

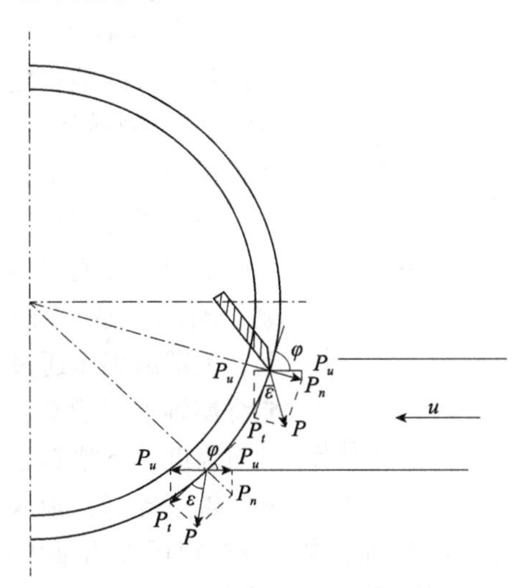


**图 3-8　鼓式削片机切削原理**

图 3-8 为鼓式削片机切削原理图。图中切削力 $P$ 的方向随着飞刀位置的变化而变化，因而由切削力 $P$ 引起的进料方向的分力 $P_u$ 的数值及其方向也有变化，它们之间的关系为：

$$P_u = P(\cos\varepsilon \cdot \cos\varphi - \sin\varepsilon \cdot \sin\varphi) = P\cos(\varepsilon + \varphi) \tag{3-1}$$

式中：$P_u$——切削力在进料方向的分力(N)；

$\varepsilon$——主运动速度和切削速度之间的夹角(°)；

$\varphi$——主运动速度和木材纤维方向(即料槽底面)之间的夹角(°);

$P$——切削力(N)。

由上式知，当$\varphi=90°$时，$P_u=-P\sin\varepsilon$；$\varphi=0°$时，$P_u=P\cos\varepsilon$。即鼓式削片机在切削过程中，切削力在进料方向的分力有时会成为木材进给的阻力(推出力)，或牵引力(拉入力)。当$\varphi$值越大，越接近端向切削，消耗动力大，推出力越大；当$\varphi$值越小，越接近纵向切削，消耗动力越小，牵引力也越大，但$\varphi$值过小，容易产生大块木片，同样影响木片质量。再加上间歇式切削因素，造成切削木料跳动，影响木片质量。当在刀鼓直径一定时，被加工材料越厚，$\varphi$角变化范围越大，剪切作用越差，所以鼓式削片机不适于切削大直径的原木，其进料口大都设计成高度小、宽度大的矩形。但是，当$\varphi$角过小时，则接近纵向切削，切削功耗虽然降低了，同样也容易产生过大木片，影响木片质量。当进料槽底的位置一定时，随着切削厚度的增高，$\varphi$角也将增大，为了保证原料在第四象限内进行切削，进料口的高度一般应限制在刀辊直径的1/4左右。

### 3.2.1.3 进料装置

鼓式削片机的进料装置由上喂料机构(俗称“摆”)和下喂料机构组成，上喂料机构由上喂料辊座、喂料辊、喂料辊轴、摆轴、减速器等组成；下喂料机构由喂料辊、清理辊及喂料辊轴、减速器等组成(图3-9)。

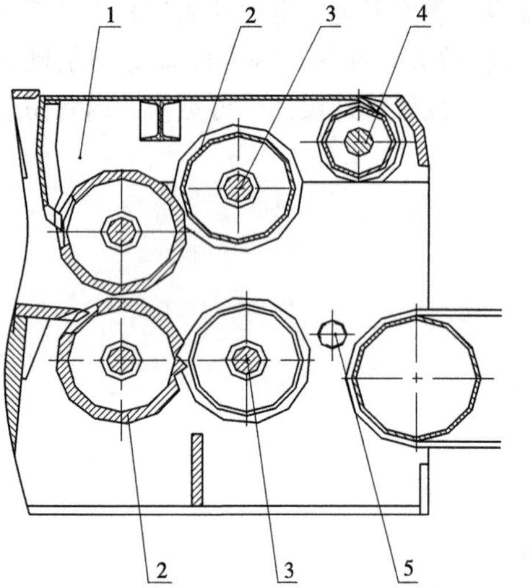

1.上喂料辊座 2.喂料辊 3.喂料辊轴 4.摆轴 5.清理辊

图3-9 进料装置

喂料辊直径较大，重量较重且表面带有锯齿，从而能压紧原料，使之以均匀的速度进入切削位置，保证削片的长度和质量。大直径的喂料辊可保证确定的和连续的进料。锯齿状轮廓的喂料辊交错排列，运行时可自行清洁。喂料辊为特殊的结构设计，整体式喂料辊或齿板可更换，这有利于用户根据原料的粗细进行调整。

上喂料辊通过锁紧装置与轴相连，轴由滚子轴承支承，轴承座固定在上喂料辊座上。上喂料辊座通过摆轴安装在机座上，并能绕摆轴上下摆动，从而保证它能自行适应进料高度。下喂料辊轴和清理辊分别由球面滚子轴承支承，轴承座固定在机座上。

上、下喂料辊轴采用焊接式方轴结构。喂料辊可以为整体式，也可为四块分体式，用螺钉与喂料辊轴联接，具有更换简便、快捷的优点。上、下减速电机分别驱动上、下喂料辊。上喂料辊转动方向与刀辊转动方向相同，下喂料辊转动方向与刀辊转动方向相反。

这种削片机的进料机构对原料的适应性很强，因为它的进料槽开口比较宽大，进料槽相对于刀辊的位置使初始$\varphi$角(切削速度方向与被切木料纤维间的夹角)之值比较合理，避免了木料的跳动，因此它是一种更加有效的强制进料机构，可以切削各种采伐剩余物和制材剩余物，如枝丫、板皮等。此外，还可以切削废单板，并能达到一定的质量要求，从而解决了对废单板条综合利用的难题。

#### 3.2.1.4　液压缓冲系统

鼓式削片机的液压缓冲系统用于开启罩盖和调节上喂料辊压重。图 3-10 所示为液压工作原理。当需要开启罩盖时，待刀辊完全停转后，松开罩盖的二个固定螺栓。打开小油缸油路上的截止阀，关闭大油缸油路上的截止阀。启动油泵将油打入小油缸，直至罩盖打开，吊钩钩住后，再关闭截止阀。罩盖下降的速度可用手油泵的开关手柄或节流阀调节，以缓慢平稳下降。罩盖打开后，触动限位开关，使电路切断，此时主电机不能启动，以确保人身安全。

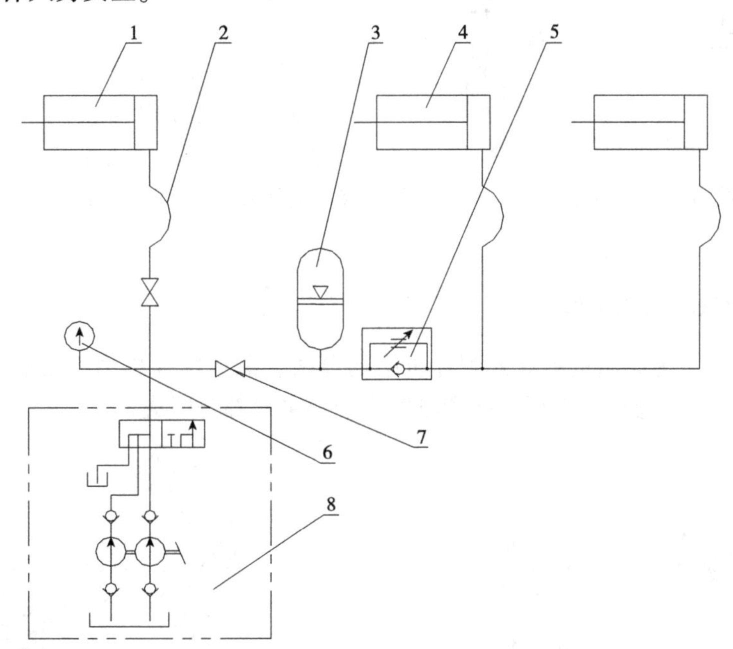


1.小油缸　2.胶管接头　3.蓄能器　4.缓冲缸　5.单向节流阀　6.压力表　7.截止阀　8.手油泵

**图 3-10　液压工作原理**

根据输入的原料不同，需要对上喂料辊的压重作相应的调整，一般切削小径木或大料时，上喂料辊的压重要小些；反之，切削小料、板皮及致废料板时，上喂料辊的压重要调大些。削片机作业时，通过油泵向二只大油缸充入 2.7~3MPa 的油压值。

压力过低需增大压力时，可打开大油缸油路上的截止阀，启动油泵向油缸供油。待压力达到需要值时再关闭截止阀。如压力过高需降低压力时，可打开截止阀，将油泵开关放在回油位置上，油缸内的压力就可降低。

蓄能器起蓄能和缓和冲击作用。削片机作业时，截止阀应处于关闭状态。当上喂料机构抬起时，蓄能器将油放出供给油缸。当“摆”下降时，大油缸内的油流回蓄能器。由于蓄能器皮囊里充有一定压力的氮气，起缓冲作用，使“摆”下降平稳无冲击，“摆”的下降速度由单向节流阀调节，下降速度应较慢但无卡阻现象。蓄能器充入氮气压力按规定为 2MPa。蓄能器只有在蓄能器内油压全部释放的情况下才能拆卸。

### 3.2.2　盘式削片机

盘式削片机分为普通盘式削片机和螺旋面盘式削片机(图 3-11)。普通盘式削片机

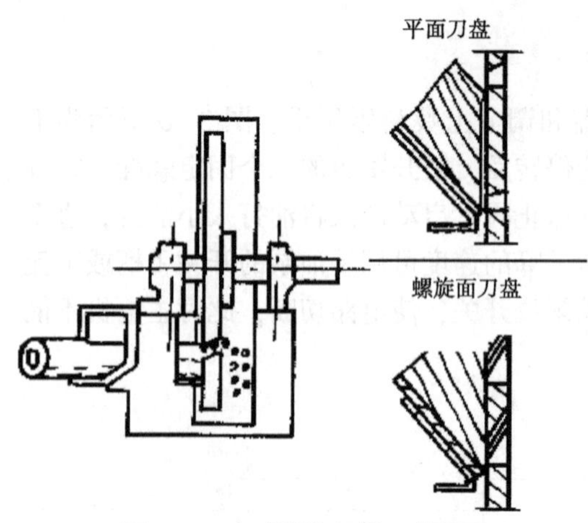

图 3-11 盘式削片机的工作原理

刀盘上飞刀的数量一般为 3~12 片，可以实现连续切削，从而能减少原木的跳动，提高了木片的质量。盘式削片机有平口进料和斜口进料之分，在平口进料的削片机中，原木的进料速度与刀盘旋转速度相适应，加速度较小，送进的原木不会产生反弹和原木端部对刀盘的冲击，因此与斜口进料相比，平口进料所削出的木片长度更加均匀。

刀盘直径是盘式削片机的主参数，根据刀盘直径来确定盘式削片机型号，如 BX1710，“BX”表示人造板机械中削片机类，“1”代表第 1 组为盘式，“7”代表第 7 系为螺旋面，“10”代表主参数刀盘直径 1000mm。

### 3.2.2.1 普通盘式削片机

如图 3-12 所示为倾斜进料盘式削片机结构简图。盘式削片机由机架总成、罩壳总成、刀盘总成、传动总成、液压系统和电气系统等主要部分组成。

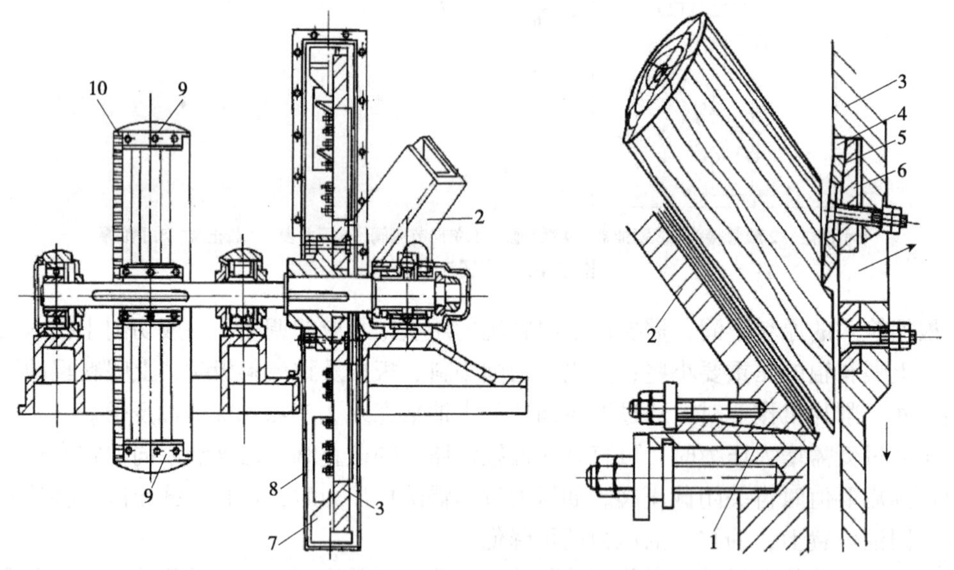

1.喂料槽底刀 2.喂料槽 3.刀盘 4.调整垫块 5.飞刀片 6.楔形垫块 7.叶片 8.机壳 9.皮带轮 10.传动装置

图 3-12 盘式削片机结构简图

机座采用钢板焊接而成，机座上装有进料口、底刀支承座。被切削原木由皮带运输机或辊台运输机输送到削片机喂料通道，通道与刀盘形成一定夹角，原木靠切削时飞刀的牵引力和原料的下滑力(倾斜式进料时)自动进料，切削后形成的木片由上出料或下出料的方式输送到下道工序。喂料通道与刀盘的夹角直接影响到木片的长度、厚度和动力消耗。斜口喂料通道与刀盘间的几何关系如图 3-13 所示，其中 $O$ 为削片刀刃口上某一点；$OA$ 为喂料槽的轴线；$X$-$O$-$Z$ 为刀盘平面；$Y$-$O$-$Z$ 为过刀刃上 $O$ 点且垂直 $O$ 点运动方向的平面。对于斜口喂料削片机，一般只给出投木角 $\varepsilon$ 和投木偏角 $\alpha_2$ 来表示削片机的特征。而实际上原木的被切削状态可以通过木片斜角 $\omega$ 完全反映出来。这三个角的关系就可以从图 3-13 中根据每个角的定义求得，即：

$$\sin \omega = \sin \varepsilon \cdot \cos \alpha_2 = \cos \alpha_1 \cdot \cos \alpha_2 \qquad (3-2)$$

式中：$\omega$——木片斜角，喂料槽轴线与刀盘的夹角；

$\varepsilon$——投木角，即喂料槽轴线 $OA$ 在 $Y-O-Z$ 平面的投影与刀盘的夹角；

$\alpha_1$——虎口角，即投木角的余角；

$\alpha_2$——投木偏角，喂料槽轴线与 $Y-O-Z$ 平面的夹角；

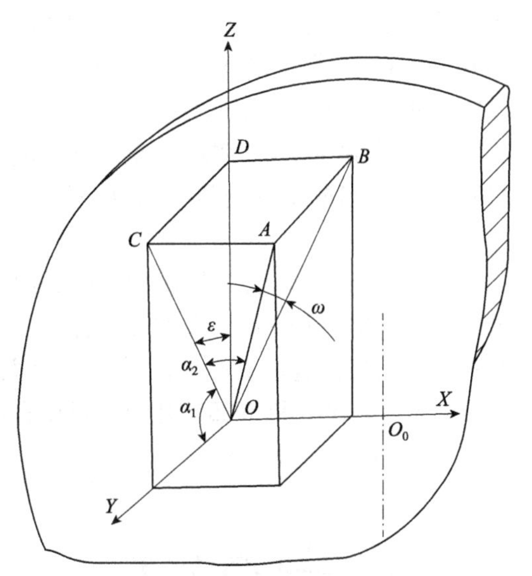


图 3-13　喂料通道与刀盘间的几何关系

如果是水平喂料盘式削片机，$\varepsilon = 30°$，则：$\sin \omega = \cos \alpha_2$。

由式(3-2)可以看出木片斜角只与投木偏角有关。平口喂料通道是用喂料辊组成的喂料槽。喂料槽的位置可以在刀盘轴线以上的位置，也可以在刀盘轴线以下的位置。由于是水平安装，因此，喂料槽与刀盘间只有一个夹角，即投木偏角。倾斜进斜喂料槽的位置一般设置在刀盘轴线上。

喂料通道截面积大小和形状取决于待切削原木的最大直径。在喂料通道的侧面和水平面上分别装有底刀和侧刀(图 3-14)。底刀装在一刀门上。刀门一端有转动支点，另一端在工作时由几个安全销与机座相连，当切削负荷过大时，为保护机器，安全销被剪断，刀门绕转动点退出，同时触动限位开关，使主机断电。

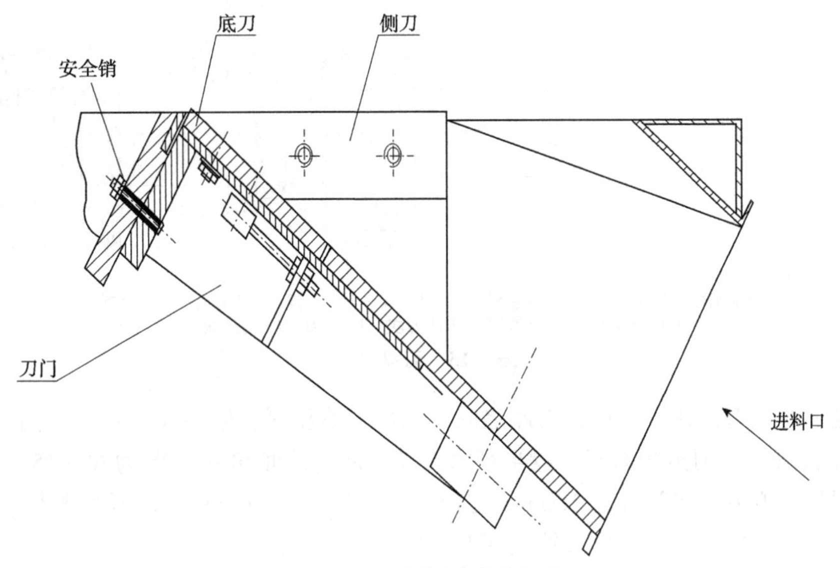


图 3-14　喂料通道结构示意

机盖为焊接件，与出料口采用活节螺栓联接，需要换刀时，松动活节螺栓，将机盖旋转至合适位置并固定好，同时行程开关动作，主电路被切断，从而保证了换刀时的安全性。

刀盘是削片机的主要部件，固定在主轴上，为铸钢圆盘。刀盘除有不断切削木材的作用外，还起着惯性轮的作用，保证切削过程稳定，故刀盘有较大的质量，厚度可达100~150mm。对于大型削片机，往往还单独装有一个与刀盘相平衡的惯性轮，这样可以使削片机振动小、电机负荷均匀、动力容量较小。刀盘直径根据被加工原材料的特征和生产率来确定，通常最小有630mm，国外最大有到4000mm，国内目前最大到3500mm。刀盘的切削速度一般为10~30m/s，其传动可以采用直联或三角皮带减速传动。

由图3-15可看出，刀盘的周边上装有若干个叶片。它能在刀盘转动时产生一定的风压，把削出的木片沿刀盘的切线方向吹出送至旋风分离器，落入木片料仓，此种出料方式为上出料，适用于刀盘低转速削片机。另外，还有一种不需安装叶片的下出料方式——木片由削片机下部敞开的出料口直接落到相应的皮带或其他输送设备上。

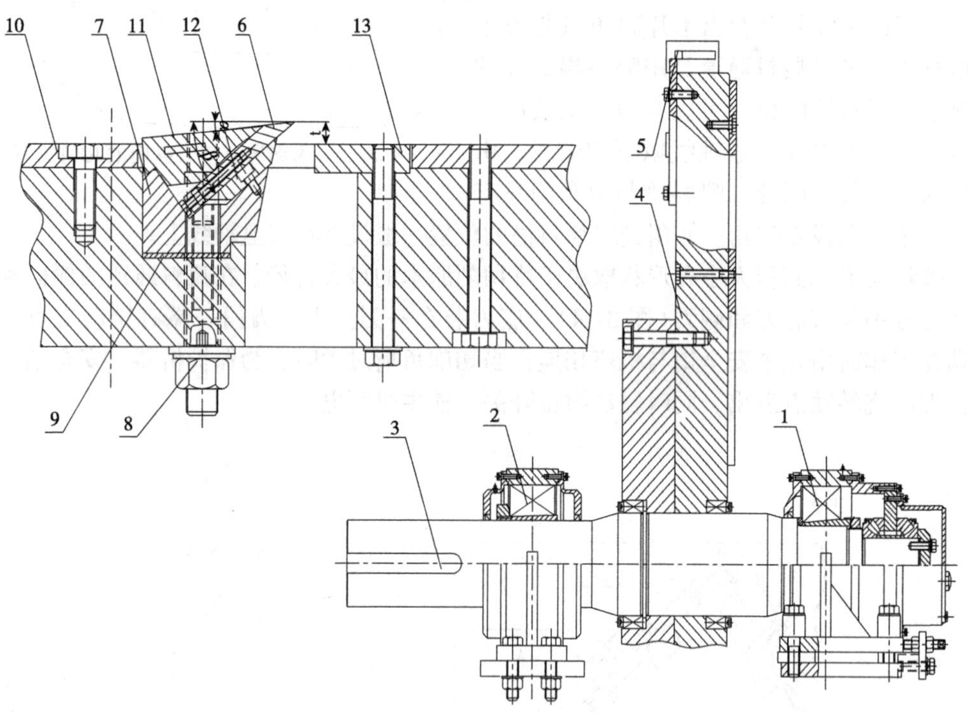


1.前轴承组件 2.后轴承组件 3.主轴 4.刀盘 5.风叶 6.背刀 7.刀座 8.飞刀螺栓 9.调整垫片 10.耐磨块 11.压刀块 12.飞刀 13.耐磨块

**图3-15 刀盘总成**

刀盘上的飞刀装在压刀块和刀座之间，由压刀块压紧，辐射安装在刀盘向着进料槽的一面(图3-16)，刀刃相对于刀盘半径沿转动方向向前倾角 $\alpha$ 一般为6°~15°，在刀盘上，沿削片刀刀刃方向开有宽100mm的长缝，缝的长度与削片刀的长度相同，为了调整削片刀刃口的位置，在削片刀的底面有一块楔形垫块，它们一起被一组埋头螺钉固定在刀盘上，在长缝的另一侧装有一块定位板，又称为下刀，供保护缝口之用。从原木削下的木片通过长缝至刀盘的后面，其把数随刀盘的直径增大而增加。

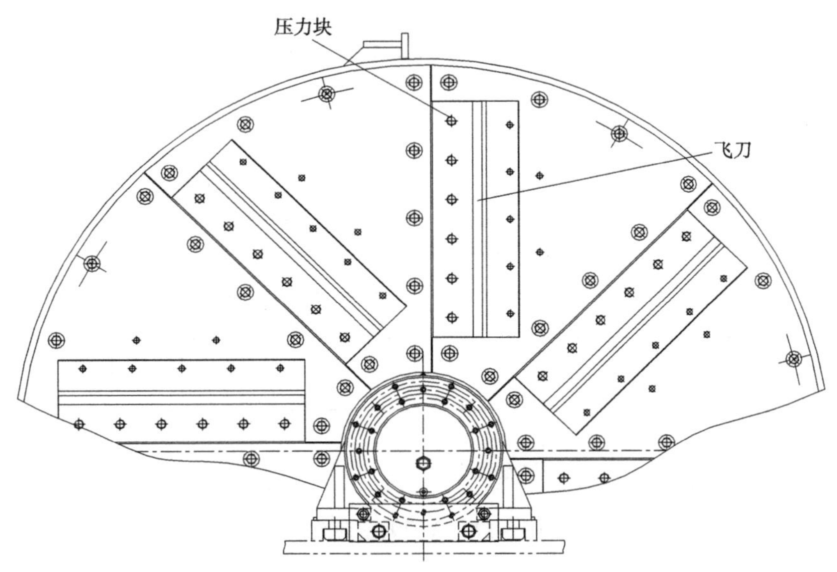


图3-16　刀盘上飞刀安装形式

达到造纸和人造板工业对木片的不同要求，可通过调整飞刀伸出量 $t$ 可以改变木片的长度 $L$。飞刀伸出量与木片长度之间的关系如下：

$$t = L\cos\alpha_1 \cdot \cos\alpha_2 \tag{3-3}$$

式中：$t$——飞刀伸出量(mm)；

$L$——木片长度(mm)；

$\alpha_1$——虎口角，即投木角的余角(°)；

$\alpha_2$——投木偏角(°)。

但在实际生产中，由于飞刀对原木的牵引作用，使原木在喂料通道中尾巴翘起，使 $\alpha_1$ 角加大，所以飞刀实际安装伸出量比理论计算的值小约2mm。一般飞刀伸出量 $t$ 的调整范围为15~22mm，这样基本能使木片长度在22~35mm。飞刀伸出量的调整，是以增减刀座与刀盘之间的调整垫片的方法来实现。根据木片长度 $L$，较大的调整采用增减调整垫片的方法，确定安装调整垫片的数量，微量的调整用调整飞刀自身的伸出量来实现，但飞刀自身伸出量只能在0~3mm。刀片的调节都在机外通过配套的飞刀调整装置预先完成(图3-17)。

经过一段时间的切削，刀具的刃口会变钝和磨损。飞刀变钝后会使进料不畅，切削负载加大，木片质量下降。底刀、侧刀磨损后会加大飞刀与底刀、侧刀的间隙，切削时会形成过多的长木片和大木片。为保证木片的质量及降低电耗，需要经常更换和刃磨，使刃口保持锋利。

刀片刃口经过刃磨后，需要重新调整刃口的伸出量。刀盘上所有飞刀刃口伸出量必须保持一致。考虑到刀盘的运转时的偏摆，飞刀和底刀、侧刀的间隙应在0.5~1mm。

当出现恶化(碎屑增多，出现长木条)，电机电流升高，进料速度减慢，刀片边缘碳化等现象时，必须更换(或者调转)侧刀。如果换飞刀后，木片质量仍没有提高，则必须检查侧刀的磨损状态。侧刀磨损量的允许量取决于对木片质量的要求。如果要求高质量的木片，则侧刀的磨损量不能超过0.5mm。如果要求低一点的质量，则磨损量可以到1~1.5mm。但当磨损量超过这些值时对于刀片和主轴轴承都有影响。

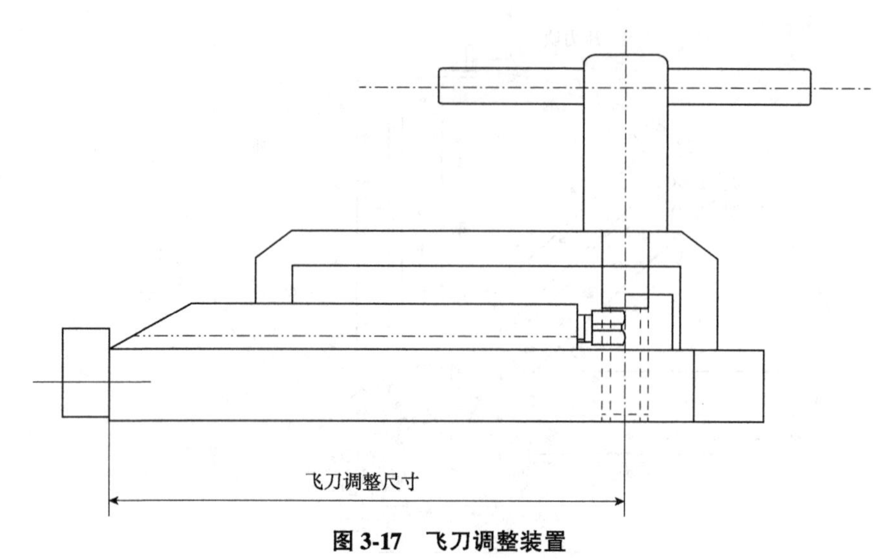


图 3-17 飞刀调整装置

底刀的严重磨损或者丢失将导致出现大的未切削的木片。当其磨损最严重的地方超过 3~4mm 时就应该更换或者调换底刀。更换侧刀时也要更换底刀，因为底刀的调整必须以侧刀的边缘作为参考。

飞刀一般采用碳素工具钢或合金钢制成，其刀刃角通常为 30°~42°。国内较多使用 32°，如果木料很硬或者是冰冻材时，可以强化刃磨，给切削刃增加一 20°左右的副角。所有飞刀经刃磨后宽度应相等，否则将影响平衡性。飞刀允许刃磨量为 30mm 左右。

底刀、侧刀可以两面使用，待两面磨损后再刃磨，单面允许刃磨量为 5mm 左右。

磨刀具时，一定要湿磨，不得干磨，否则会烧伤刀片，将大大降低刀片的使用寿命。

### 3.2.2.2 螺旋面盘式削片机

螺旋面盘式削片机又称诺曼(Norman)削片机。它与一般盘式削片机的不同之处在于刀盘结构和刀片的刃磨形状。刀片的后面和刀盘面形成变化的后角，由于相邻刀片之间的距离由内至外逐渐增加，为保持木片长度 $L$ 一致，后角 $\alpha$ 应由内至外逐渐减小，即刀片楔角应由内至外逐渐增加。为了确保切削原木紧贴刀盘面，减少接触应力和木材的跳动，改善木片质量，故刀片的后面和刀盘面应平滑地延展到第二把刀的窄缝处，即相邻两刀之间的刀盘面(包括刀片后面)均应呈螺旋面。

大量实验数据证明，当后角 $\alpha$ 由内至外增加 2°~4°时，削片机削出的木片质量较好，木片的均匀度增加，因而提高了木材利用率。但是，上述螺旋面的优点只能用于一种计算长度的木片而言，当木片的长度改变时，这种削片机的作用就如同一般的削片机了。为避免这种情况，就需改变螺旋面扇形块。此外，刀盘加工复杂，维修较难，刀片刃磨也需要专用设备。

为了使飞刀不同长度处削出的木片，其长度均匀一致，按诺曼削片机机理设计制造的 BX1710 型削片机，其结构如图 3-18 所示。

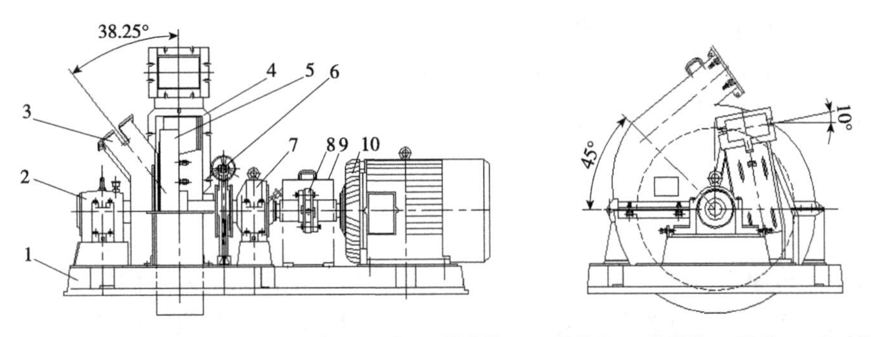


1.机座　2.前轴轴承　3.进料槽　4.机壳　5.刀盘　6.制动器　7.后轴轴承　8.联轴器　9.罩盖　10.电动机

**图 3-18　BX1710(原 LX350)型螺旋面削片机**

刀盘部分主要由主轴刀盘、压刀块、垫刀块、扇形块(通称“三块”)、飞刀、叶片和若干紧固件组成，如图 3-19 所示。由于各相邻两刀片的刀盘面成螺旋面，因而不能采用整块的钢护板，只能采用与刀片数目相等的扇形块。飞刀装在压刀块与垫刀块之间，由压刀块压紧。在刀盘上共有六组飞刀与六组“三块”。由飞刀、压刀块、扇形块组成螺旋面刀盘。刀片后角 $\alpha$ 由内到外减少约 4°。

BX1710 型削片机特别适合加工圆木段。加工板条、板皮等细长废料效果也很好。

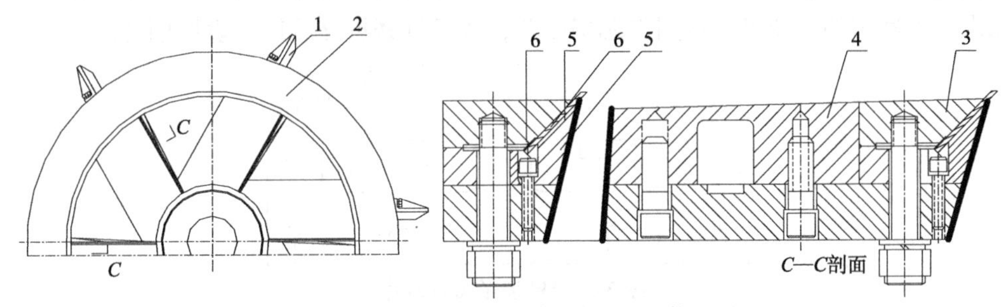


1.叶片　2.刀盘　3.压刀块　4.扇形块　5.垫刀块　6.飞刀

**图 3-19　螺旋面削片机的刀盘结构**

### 3.2.2.3　非强制进料盘式削片机的生产计算

削片机的瞬时最大生产能力就是削片机在某一时间内切完一根最大直径、最大长度的原木的能力，这既是设计削片机最大负荷的依据，也是选择配套设备，如分选筛、运输机等的依据。最大生产能力的理论值为：

$$Q_{\max} = \frac{\pi}{4D^2 \cdot L \cdot n \cdot Z} \tag{3-4}$$

式中：$Q_{\max}$——瞬时最大生产能力(实积 $m^3/h$)；

$D$——削片机能切削的原木最大直径(m)；

$L$——木片的长度(m)；

$n$——刀盘每分钟转速(r/min)；

$Z$——切削刀数量(把)。

实际生产中，因原木直径大小不一，原木不可能完全填满喂料槽，及其投料的不连续性和切削时原木的跳动，削片机的实际生产能力：

$$Q = k_1 \cdot k_2 \cdot Q_{\max} \tag{3-5}$$

式中：$Q$——实际生产能力(实积 $m^3/h$)；
$k_1$——机器时间利用系数，取 0.3~0.5；
$k_2$——工作时间利用系数，取 0.7~0.8。

## 3.3 刨片机

刨片机是将原木、加工剩余物、碎单板或削片机切削出来的木片刨切成一定厚度的刨花。按其结构形式可分为鼓式刨片机、盘式刨片机和环式刨片机；按被加工原料特征可分为短料刨片机、长材刨片机。

### 3.3.1 鼓式刨片机

鼓式刨片机是在圆柱形鼓上装有多把飞刀，飞刀刀片为梳齿形(图 3-20)，相邻两把飞刀间的刀齿和齿槽是互相交错配置的。当电机驱动刀辊旋转，前一把飞刀刀齿在原木上间隔地切下很薄的刨花，后一把飞刀刀齿再切下前一把飞刀齿槽部位留下的木材。其和鼓式削片机的主要区别是，前者采用横向切削，后者采用纵端向切削。鼓式刨片机采用横向切削可以获得高强度优质刨花。其对原料的适应能力比较差，适用于比较规整的原木。切削出的刨花可直接用作芯层刨花，或经打磨再碎后用作表层刨花。

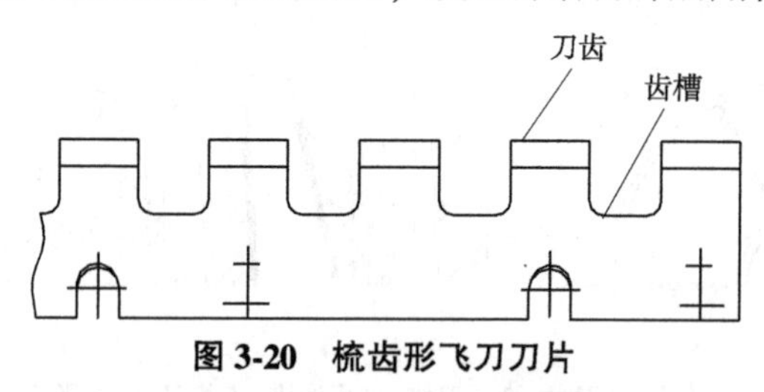

图 3-20 梳齿形飞刀刀片

鼓式刨片机刨切形式按刨刀安装方向分直刃(刨刀刀刃与刀鼓母线平行)刨切和斜刃(刨刀刀刃与刀鼓母线呈一定角度)刨切两种；直刃由于刨切过程为断续切削，振动较大消耗功率也大，已较少采用；斜刃刀鼓分为圆柱面斜刃刀鼓和双曲面斜刃刀鼓，圆柱面斜刃刀鼓为保证伸刀量处处一致，必须把刨刀刀刃磨成双曲线形，虽然刀鼓加工方便，但刨刀磨刃困难，已很少用。

按原料长短可分为短材鼓式刨片机和长材鼓式刨片机。短材鼓式刨片机一般靠进料链条的棘爪夹紧木材横向强制进料；长材鼓式刨片机一般有水平强制进料和倾斜式自重下滑进料两种，大型长材鼓式刨片机多采用固定式水平进料。

### 3.3.2 环式刨片机

环式刨片机的作用是将削片机切削出来的木片、碎单板刨切成一定厚度的刨花，作为制造刨花板的原料。因具有一个与刀环反向旋转的叶轮，故又称双鼓轮刨片机，其为 PALLMANN 刨片机的结构形式。由于原材料资源的紧缺及林区木片工业的兴起，现刨花板企业基本是利用环式刨片机切削刨花。目前，国际上生产环式刨片机最有影响的公司为 PALLMANN 和 MAIER 公司。

PALLMANN 刨片机的技术特点在于转动的刀环，旋转方向和叶轮的转向相反，通过减速电机或液压马达驱动刀环旋转。对大产能的刨片机，在重物分离器部分增加了辅助进风装置，型号为 PZKR。刀环直径分别为 800mm、1200mm、1400mm、1500mm、1600mm、2000mm，刀环直径 2000mm 刨片机的最大产能达到 24. 1t/h 绝干刨花。

MAIER 公司刨花制备的技术特点在于静止的刀环。设备在工作期间刀环是静止不动的，里面的叶轮旋转，将静止刀环的技术和精确的转子轴承系统相结合，允许叶轮上的叶片和刀环上的切割刀片在间隙非常小的情况下高速运行，木片在稳定的切削状态下得到高质量刨花，型号为 MRZ。刀环直径分别为 1200mm、1400mm、1600mm、1800mm。刀环直径 1800mm 刨片机的产能达到 8~24t/h 绝干刨花。

PALLMANN 和 MAIER 刨片机主要的差异在于刀环的旋转与静止。前者对刨花出料及耐磨垫板、飞刀的均匀磨损有利，但多出一套旋转系统；后者能够保证更高的机器精度，不过磨损不够均匀。使用表明，MAIER 刨片机在刀环的圆周方向上，从进料部位起的 1/3 部分，磨损非常严重。

环式刨片机正在向刨切高速化、磨刀自动化、调刀自动化方向发展，其刨切线速度，从标准的 63m/s、中等的 88m/s，向高速的 108m/s、超高速的 146m/s 发展。一般来说，主制造刨花板的芯层刨花时，采用 63m/s、88m/s 的切削速度；制造刨花板的表层刨花时，则采用 88m/s、108m/s 的切削速度。在城市废料的处理上，由于木片碎且不规则，高速刨切更为有利。

刨片机的国产化始于 20 世纪 80 年代，从自主设计制造的第一台 BX468 环式刨片机到 BX4612，目前国产环式刨片机主要型号为：BX466、BX468、BX4612、BX4612/5、BX4614/5 等几个型号。国产刨片机的常用切削速度为 30~60m/s。

如图 3-21 所示为 BX468 双鼓轮环式刨片机结构图。双鼓轮环式刨片机主要包括进料装置、刨削机构和液压系统三部分。其中，进料装置由振动给料器 1、磁选装置 2、重物分离器 3 组成。刨削机构由叶轮 4、刀环 5 组成。叶轮由主电动机 8 通过三角皮带传动，以较高转速沿反时针方向（即面向机座门的方向）回转；刀环 5 由减速电动机 6 通过链条带动，以低转速相对叶轮反向回转。

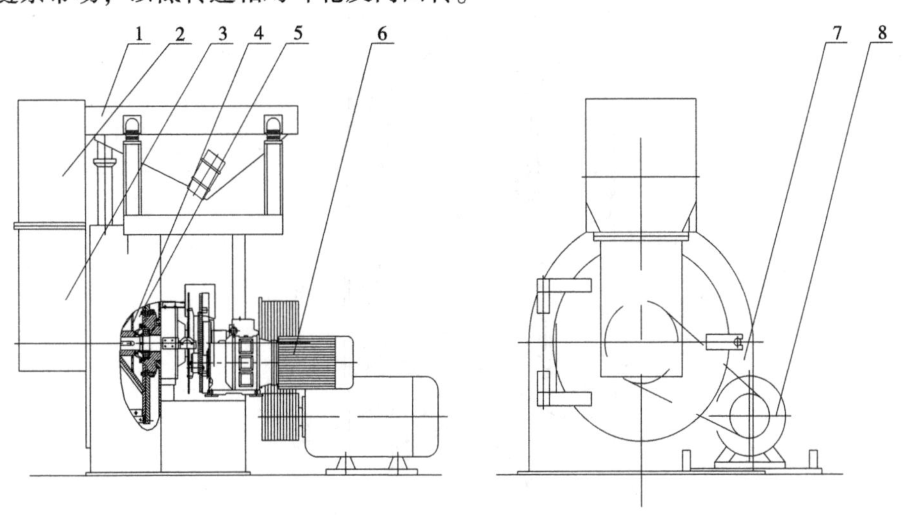


1.振动给料器　2.磁选装置　3.重物分离器　4.叶轮　5.刀环　6.减速电动机　7.机座　8.主电机

**图 3-21　BX468 双鼓轮环式刨片机结构图**

### 3.3.2.1 进料装置

振动给料器用于实现均匀进料，保证刨片机正常工作，获得厚度均匀的刨花，并能保护刀片、耐磨垫板和叶片等，以延长使用寿命，同时能确保在整个进料宽度上也是均匀一致。振动给料器的进料量可以通过调节振动电机的偏重量来调整，两电机转向相反，并且必须同时启动或关闭。两电机的偏心量必须保持在同一标记上。由振动给料器提供的均匀料流首先落到磁选辊筒上，以便清除混入木片中的铁质杂质。

在振动给料器下面，装有磁选装置，能有效地清除混入木片的铁质杂质，保护机器不受损伤。图 3-22 所示为磁选装置的工作原理，在转动的磁选辊筒 1 的内部，安装有位置固定不转动的永久磁铁 2，使磁选辊筒 1 在与之对应的半周内产生磁力，磁铁的位置可以通过调节螺钉适当调整，当木片从振动给料器料槽流入磁选辊筒，混入木片中的铁质杂质 3 就会被吸附在辊筒的半周表面上，随着辊筒的转动，当被吸附的铁质杂物 3 转过永久磁铁 2 的磁力范围之外时，便落入专用的杂物接斗 4 内，以便定期清理排出。辊筒由电动机通过减速器带动。

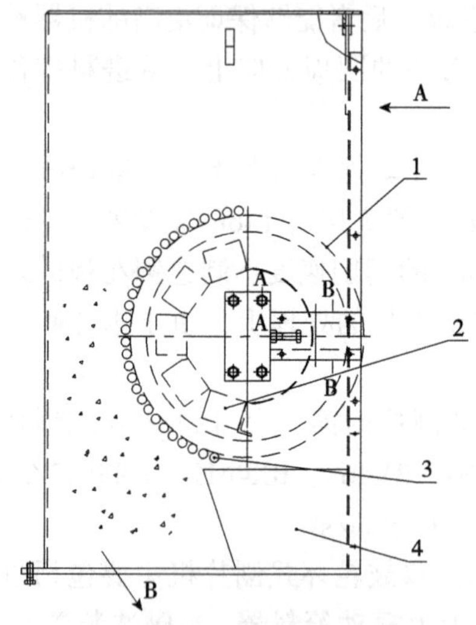

A.木片入口 B.木片进入重物分离器
1.磁选辊筒 2.永久磁铁 3.铁质杂物 4.杂物接斗
**图 3-22 磁选装置的工作原理**

为了使混入木片中非铁质(石子、土块、非铁金属物)及过大木片都能被分离出来，以保证刀片不受损害。在进料斗内，磁选装置的下面安装有重物分离器，其工作原理如图 3-23 所示，它是利用不同密度(比重)的材料在交叉气流作用下产生的分离效应进行工作的。

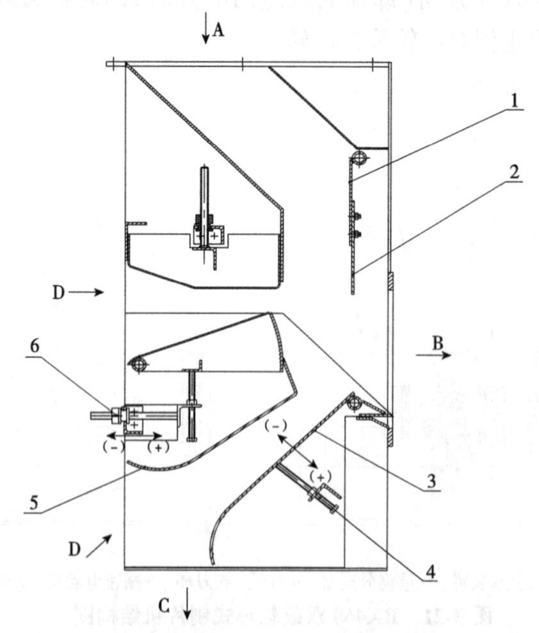

A.木片入口 B.木片进入刨片机 C.石子及大木块出口 D.空气入口
1.调节臂 2.入料调节板 3.出料调节板 4.调节螺栓 5.进风口调节槽 6.调节螺母
**图 3-23 重物分离器的工作原理**

当刨片机工作时，经磁选后的木片由 A 进入重物分离器，同时空气也从侧面和下面 D 被回转的叶轮吸入，并具有一定的流速。因此，质量较轻的木片随气流 B 被吸入刨片机内，质量较重的其他物体(包括过大木片)则从料斗下部排料口 C 排出，重物的分离效果可以通过入料调节板 2、出料调节板 3 及进风口调节槽 5 进行调节。首先将他们均向(+)方向调至极限位置，此时可获得最大的分离效应，不仅使杂物从排料口排出，而且使一部分可用木片也被排出，其排出量取决于木片的树种及含水率；然后将入料调节板 2 和进风口调节槽 5 向(-)方向调节，调到只有少量大木片被排出；最后将出料调节板 3 调到所需分离效果的位置。一般最佳调节效果应使被排出的可用木片不超过总进料量的 2%。

### 3.3.2.2　刨削机构

刨削机构主要包括刀环和叶轮。图 3-24 为双鼓轮刨片机的结构图。刀环 1 用螺栓 2 固定在刀环支撑盘 3 上，刀环支撑盘 3 与空心轴 4 的法兰盘相连，在空心轴上装有链轮 5，由减速电动机带动回转。当进行刃磨、更换和调整飞刀等操作时，均需卸下变钝的刀环，换上经刃磨和调好刀的新刀环。更换刀环时，要确保所有的电机已关闭，待叶轮完全停止转动后打开机座门，卸下固定刀环的螺栓 2 后，由油缸 7 将刀环沿支撑滑道推出机体，用小车运走。安装新刀环时，再由上述油缸拉回到固定位置然后用螺栓紧固。

刀环上装有固定数量的飞刀，每一片飞刀 11 都分别安装在相应的刀环支承座 12 上，飞刀 11 与压刀板 13 借助螺栓 14 装成组合件，可快速安装在刀环上，并用螺栓 15 固定。

叶轮 8 直接安装在主轴 9 上，主轴另一端装有皮带轮 10，由主电动机通过窄形强力三角皮带带动。叶轮上装有数量固定的叶片。

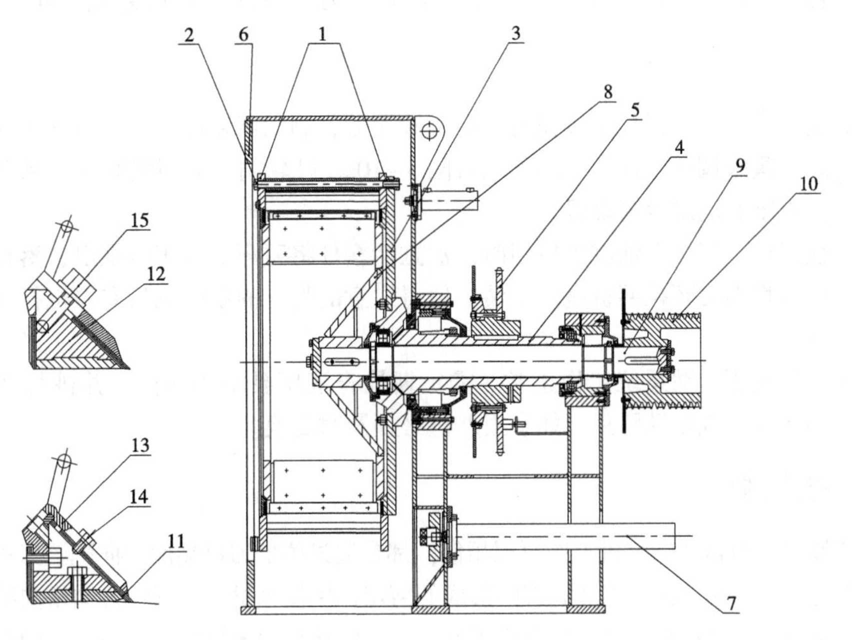


1.刀环　2.螺栓　3.刀环支撑盘　4.空心轴　5.链轮　6.机门　7.油缸　8.叶轮　9.主轴
10.皮带轮　11.飞刀　12.刀片支承座　13.压刀板　14、15.螺栓

**图 3-24　双鼓轮刨片机的结构**

图 3-25 为刨片的工作原理图。叶轮 1 沿箭头方向高速回转，而刀环 8 则沿相反的方向低速回转，当喂入的木片通过重物分离器进入刨片机时，由于叶片高速回转，使木片产生足够大的离心力，紧贴于刀环 8 的耐磨垫板 4 的表面上，被反向运动的飞刀刨削出一定厚度的刨花。

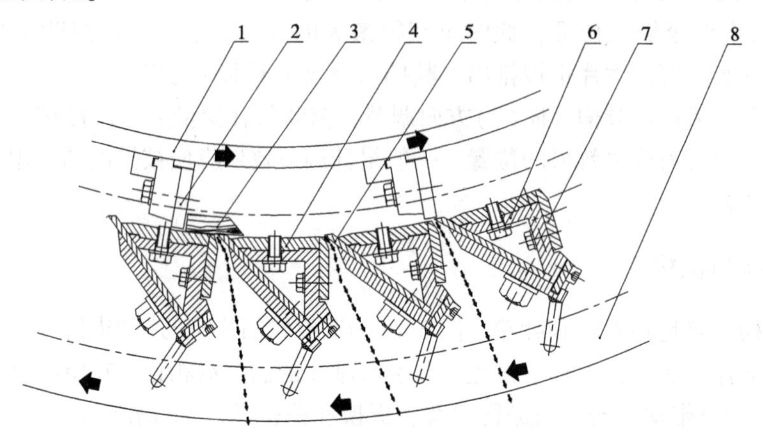


1.叶轮 2.叶片 3.木片 4.耐磨垫板 5.刀缝 6.锁紧螺栓 7.压板 8.刀环

**图 3-25 刨片的工作原理**

#### 3.3.2.3 液压制动系统

液压制动系统由液压泵站、管路系统、两个油缸及两盘式制动器组成。液压由一个溢流阀进行控制，整个系统根据实际生产需要进行调整(3～4MPa，即 30～45kg/cm$^2$)。蓄能器氮器压力为 1MPa(10kg/cm$^2$)；当蓄能器的压力低于要求值时，需用充气工具进行充气，保证蓄能器的压力值。在液压设备启动时，要注意液压泵站上电机的正确转向。

整个系统的主要功能有两个：

①制动　当按下主机停止按钮时，电磁阀接通，制动器动作。制动时间可通过时间继电器及减压阀来调节。通常刀环制动时间 5～10s。叶轮制动为间隙制动。制动时不宜调得太短，否则制动蹄容易烧毁。

②更换刀环　当按下油缸出按钮时，油缸活塞杆将刀环从机座内推出，落在转运小车上，然后再将新刀环拉回机座内安装。值得注意的是，油泵电机只有停机打开机座门后才能动作。

为了保证液压制动系统工作正常。需定期检查液压泵站的油位，并进行必要的添加。每两周检查一次制动蹄片，如磨损严重必须及时更换。

### 3.3.3 盘式刨片机

盘式刨片机与盘式削片机工作原理相似，都是通过圆形刀盘端面径向配置刀刃的平面运动对木材进行刨切，由飞刀和底刀间形成的剪切作用使木材平行纤维方向横向断裂而形成刨花，刨花的厚度在整个刨片平面内不变。飞刀的疏形间隔尺寸或割断刀的间距决定刨花的长度尺寸。刨花的宽度尺寸由飞刀的前刀面作用力的大小，即由飞刀的前角所决定。刨花厚度由刀片的伸出量决定。很多的盘式刨片机上设计有飞刀刀刃和木材纤维的夹角，多采用飞刀相对刀盘的径向后倾一定角度以获得纵横向的切削，提高刨花的表面光洁度。

盘式刨片机切削加工时，切削角与前角的选择至关重要。对于盘式刨片机以45°为界，当前角大于45°时，刨切过程的稳定状态被破坏，刨片的质量下降；当前角小于45°时，前角过小，飞刀前刀面对切下的刨片作用力过小，不利于刨片沿纤维方向断裂，刨花宽度尺寸过大。所以最佳的切削角为45°~55°、前角为35°~45°，此范围也符合木材横向切削时获得带状薄平切屑的条件，此时飞刀的楔角为35°~38°。切削平面与木材纤维所呈的夹角是切削加工的不利因素，它是由原料在进料过程中不稳定进料所造成的，它的存在会降低刨片质量，增大切削功率消耗，所以应控制在5°以下。

刀盘应作为飞轮进行设计，选择适当的质量，使在驱动的功超过切削阻力的功时，把多余的能量储存起来，即使其动能加大而速度保持稳定；相反，当切削阻力的功超过驱动力的功时，又把多余的能量释放出来，即使其动能减小，速度降低不致过大，从而使刀盘的速度较为平稳。

盘式刨片机的进料方式有强制进料和自由落料两种进给方式，根据与刀盘配置方式的不同，进料口分为水平、倾斜和垂直三种，出料口分为刀盘的后下方和侧后方两种。以不损伤切削出的刨片形态为前提条件，盘式刨片机的进料机构采用链式连续进料或液控间歇进料。链式连续进料盘式刨片机工作原理：进料链条与刀盘呈45°角，当截成一定长度的木段横向送进刀盘时，装在高速旋转刀盘上的割刀和刨刀将木材一片片地刨下。进料装置采用摩擦轮、皮带和蜗轮蜗杆传动，可以无级变速，以便根据木材树种和刨花厚度调整进料速度。在刀盘上装有叶片，借刀盘的转动，通过旋风分离器将刨花送出。

进料口是刨片机的关键部分，直接关系到刨片的质量与产量。进料口宽度尺寸是和飞刀的长度相对应的，根据原料的最大尺寸和刨片机的生产率来决定。一般情况下进料口的宽度小于飞刀的长度50~100mm，进料口的高度尺寸根据飞刀的数量和刀盘的尺寸决定。一般情况下应保证至少有两把飞刀同时处于切削状态。木材刨切加工时，同时参加切削加工的刀齿数越多，由切削引起的冲击就越小，当任一时间内切下的切削横截面积不变时，就达到了“均衡”切削，此时加工最平稳，切削力变化的幅度也最小。进料口最小的高度尺寸$H_{min}$与刀盘的切削直径及刀片数量的关系为：

$$H_{min}=\frac{\pi D}{Z} \tag{3-6}$$

式中：$D$——刀盘的切削直径(mm)；

$Z$——飞刀数量(把)。

进料口除了设置底刀以外，还应设置外侧旁底刀，以克服切削力在水平方向上的分力，以达到较好的切削效果，进料口相对于刀盘上移，可以使切削过程由低速逐渐过渡到高速，从而改善切削加工状况。

盘式刨片机的刨花质量优于鼓式刨片机的刨花，但因生产率低，原材料适应性差，在我国已很少采用。但北美国家仍然在使用盘式刨片机加工大片刨花，用于生产定向刨花板(OSB)、华夫板。

### 3.3.4　长材刨片机

以不经截断的小径木、原木芯、枝丫材、间伐材、板皮、板条、成捆的废单板等长材(长度大于1m且小于10m)为原料，不经削片直接加工成刨花的刨片机为长材刨片机。按切削机构不同，分为刀轴式(鼓式的)、盘式、环式。长材刨片机均设有木材夹紧机构，刨切时木材处于夹紧状态，因此加工出的刨花形态完整，粉尘含量少，可用作华夫板、定向刨花板(OSB)的刨花制备。用来制备普通刨花板的刨花时，可提高刨花板的物理性质以及降低施胶量；用以制备轻质刨花板时，性能稳定，满足工艺要求。

环式长材刨片机(图3-26)的结构与双鼓轮刨片机相似，靠刀环对木料进行切削，不同的是前者没有叶轮。双鼓轮刨片机的原料是木片，靠叶轮对木片产生一定的离心力及风压使木片贴住刀环内表面实现切削运动；而环式长材刨片机的原料是长料(小径材、枝丫材或板皮等)，木料纵向进入刀环内侧，由一个专门的进给装置将木料夹紧并实现横向进给，切下的刨片通过刀门间隙从刀环外侧落下。横向进给速度设计成可调的，以满足刨切不同厚度刨花的要求。为了提高环式长材刨片机的原料适应性，为满足枝丫材等小料也能切出较好的刨花的生产需求，在设计环式长材刨片机时，设置了一个专门的夹紧机构，以保持木料在切削过程中基本稳定。

环式长材刨片机能制得质量较好的刨花，因刨切方式采用的是横向或接近于横向的直接刨片法，切下的刨花又能直接通过刀门间隙顺利地出料。如果选用的原料较好，则可制得优质大片刨花，以满足定向刨花板、大片华夫板等新产品的发展要求。与双鼓轮刨片机相比，环式长材刨片机的功耗要小得多，这与各自的切削机理有关。双鼓轮刨片机的功耗，除了刨切刨花所要消耗的切削功外，还需要使木片紧贴住刀环内表面所消耗的功，即叶轮对木片产生的离心力、风压、摩擦等消耗的功。另外，双鼓轮刨片机因切出的刨花碎料含量较多，完整的刨花几乎很少，这显然也是刨切单位重量刨花所需功耗较大的另一原因。而改装后的长材刨切机，功耗主要是切削功，进给系统的功耗则不大。这是因为刨切时，虽同时把几把刨刀对试材进行刨切，但木料受到的切削水平分力，既有推力也有拉力，使总的进给力不大。

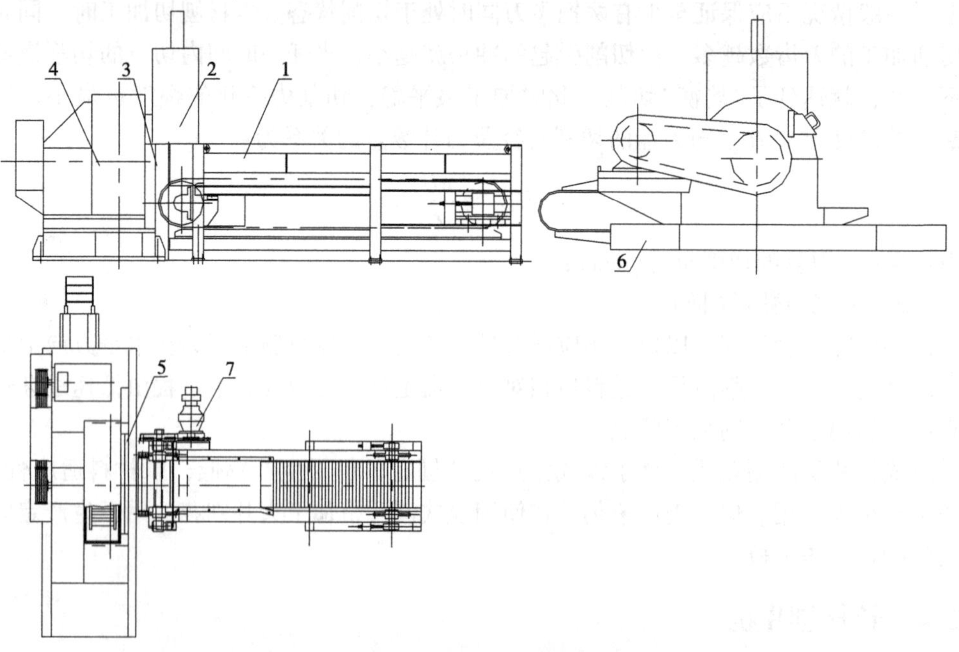


1.板式输送机　2.外压杆装置（外夹紧装置）　3.侧压与过渡架　4.刀环与主传动
5.切削室与内压杆　6.机座与滑座　7.液压系统

**图3-26　环式长材刨片机**

刀轴式长材刨片机的进料方式一般有水平强制进料和倾斜式自重下滑进料两种。水平强制进料，刀轴呈水平安置并作进给运动；倾斜式自重下滑进料，刀轴呈倾斜安置(图3-27)。一般来说，大型刀轴式长材刨片机多采用固定式水平料槽，由板式运输机强制进料，旋转的刀轴水平往复运动完成切削，如BX446刀轴式长材刨片机。原木在切削室内被重压、侧压和室压装置三面压紧，切削条件好，能够保证刨花质量。中小型刀轴式长材刨片机多采用倾斜式料槽，刀轴在固定位置旋转，料槽在液压驱动下上下摆动，以实现木材靠自重下滑进料和完成切削，BX444和BX445刀轴式长材刨片机就采用这种进料方式。倾斜式进料长材刨片机刀鼓轴向与木捆有一定夹角，刨切时随料槽摆动夹角越来越小，刨切终了时二者平行。这种刨片机加工的刨花除了具有在宽度方向上的变化外，在长度方向上厚度也是变化的，正常刨切时离料槽摆动轴越远刨花就越厚。

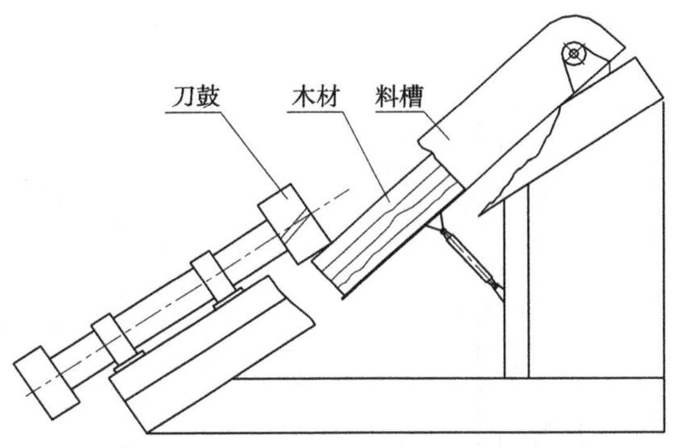

**图3-27　倾斜式进料长材刨片机刨切示意**

为缓和刨切过程中不可避免地产生的冲击和振动，长材刨片机多采用柔性的皮带为主传动件。主电机通过强力三角皮带或平皮带带动主轴，刀鼓与主轴采用锥形配合，拆装方便。主轴系统设置液压或手动刹车机构，以便必要时及时停车，确保安全和换刀时刀鼓定位准确。从刨花质量分析，刀鼓直径$d$小，刨花曲率大，易于横向断裂，不利于大片刨花生产。从结构上分析，刀鼓直径$d$小，可安装的刨刀数就少。但加大刀鼓直径$d$则转动惯量、启动力矩、电机启动电流都要增大，对机器性能影响较大。因此在确定刀鼓直径时既要考虑刨花质量既能够布置所需的刀槽，又不宜太大。由于双曲面刀鼓的刀槽是斜向布置，故刀鼓长度$l$不宜过长，一般$l \leqslant 0.6d$。为降低对转动部分的平衡要求，当$l/d \leqslant 0.6$时，刀鼓转速以700~2000r/min为宜。由于刀鼓、主轴及其他转动部件均为加工件，质量分布比较均匀，一般只需进行静平衡就可保证刀鼓运行平稳。

料槽摆动、刀鼓移动及夹紧系统一般采用液压传动。水平进料料槽多采用液压马达驱动的板链传动结构，能正反转并承受重载和冲击。

在刨花厚度一定时，切削速度越高，生产率也就越高，且刨花表面光滑，施胶量降低，生产成本也降低。提高切削速度的方法一是加大刀鼓直径，二是提高刀鼓转速，但是二者均直接影响功率消耗和设备制造难度。根据原料种类和对刨花厚度的不同要求，切削速度$V_c$一般在15~40m/s范围内选择。

刨花厚度$h$在长度方向上的变化只与刀鼓长度$l$和料槽长度$L$之比有关。刀鼓长度$l$一定时，料槽越长刨花厚度变化越小，但料槽不宜过长，结构设计一般取$L=8\sim15l$。这样$h_{min}/h_{max}=0.88\sim0.33$，完全满足刨花板生产工艺要求。

国产刀轴式长材刨片机产品系列有BX444、BX445、BX446等型号。BX446型刀轴式长材刨片机如图3-28所示，长材刨片机由板式运输机1、2，重压装置3，滑座4，换刀机构5，刀轴总成6，侧压装置7，室压装置8，液压系统9，皮带罩10，操作平台11以及操作台12等组成。

BX446型刀轴式长材刨片机的工作原理如下：原木通过与刀轴进给方向呈30°角的

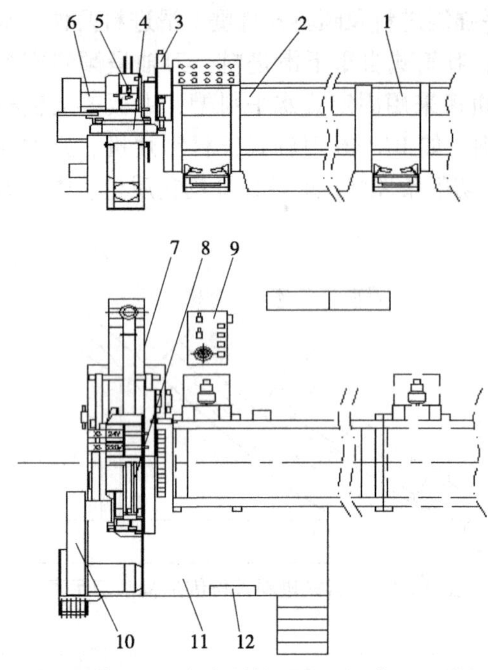


1.板式运输机Ⅰ 2.板式运输机Ⅱ 3.重压装置 4.滑座 5.换刀机构 6.刀轴总成 7.侧压装置 8.室压装置 9.液压系统 10.皮带罩 11.操作平台 12.操作台

**图 3-28 BX446 型刀轴式长材刨片机**

进料运输机带动原木周期性的进入切削室，由传感器计算链轮转动齿数，当原木向切削室前进了约 370mm 时，运输机停止进料，重压装置和室压装置同时下降，将原木牢牢压住。进给油缸驱动滑座连同刀轴总成前进，对进至切削室内的原木进行切削，直至侧压装置处为止。当滑座的前进行程限位块接近限位传感器时，滑座连同刀轴总成返回；同时重压装置和室压上升，当室压装置碰到限位开关时则停止上升；而重压装置碰到限位开关时经延时数秒钟后停止上升。当滑座的后退行程限位块接近限位传感器时，滑座停止后退，同时进料运输机又带动木料前进，重复下一个作业循环。刨切出的刨花从机座下面运出，由相应的输送装置输出至湿刨花料仓贮存。

刀轴总成主轴采用悬臂式结构，主电动机通过平皮带传动带动刀轴高速回转，转速为 1300r/min，切削速度约 40.8m/s。刀轴体与主轴呈圆锥配合，其端面用十字块轴向定位，用紧固螺栓将刀轴体与刀轴紧固。刀轴体圆柱面制成双曲线凹形状，与凸形的底刀相配合。刀轴体上开有与刀轴母线呈一定倾角的刀槽，每条刀槽可安装一把整体的梳齿状飞刀，一般刀轴体上可以装配 6~14 把飞刀。飞刀和底刀共同完成刨削。飞刀安装完毕后，各飞刀刀刃应在刀轴体的整个长度上与刀轴母线呈一定的 $\alpha$ 角，使飞刀在刨削时逐步切入，被切削木料的纤维平行于刀轴轴线，充分利用了飞刀的全长，形成以横向切削为主的切削特征，故切削阻力减小，保证了刨花质量，延长飞刀的刃磨间隔。

刀轴式长材刨片机的刨花长度是通过更换不同间距的梳齿飞刀来实现的；刨花的厚度通过调节飞刀刀刃的伸出量，底刀与刀轴体之间的间隙，以及刀轴的进给速度来实现，表 3-1 为不同刨花厚度的飞刀伸出量与底刀与刀轴体之间的间隙值。

**表 3-1 不同刨花厚度的 $a$ 和 $c$** mm

| 刨花厚度 | 飞刀伸出量 $a$ | 底刀与刀轴体之间间距 $c$ |
|---|---|---|
| 0.3 | 0.8 | 1.3 |
| 0.4 | 1.0 | 1.5 |
| 0.5 | 1.2 | 1.8 |
| 0.6 | 1.4 | 2.0 |

# 第 4 章
# 热磨机

## 4.1 概述

在纤维生产中，将木片或其他植物原料分离成纤维是一个关键工序。纤维分离设备技术性能的优劣，直接影响着产品的质量和产量。

纤维分离方法可分为爆破法和机械法。机械法又可分为加热机械法、化学机械法和纯机械法三种。

爆破法是将植物原料在高压容器中应用高温高压蒸汽经过短时间处理后，突然启阀降压，原料在其内部压力的作用下爆破分离成纤维。

加热机械法是将植物纤维用热水或饱和蒸汽进行水煮或汽蒸，使纤维胞间层部分水解或软化，然后在常压或高压下经机械外力作用使纤维分离。

化学机械法是先用少量的化学药剂对植物原料进行预处理，使原料内部结构破坏或溶解，然后经机械外力作用将其分离成纤维。缺点是化学药剂对环境有污染，需要高治理费用。

纯机械法将植物原料直接进行机械磨浆而得到纤维，由于消耗功率大、解纤不充分，现在已不用。

目前采用的纤维分离设备主要有应用加热机械法的热磨机、精磨机和高速磨浆机。

(1) 热磨机

热磨机是在高温高压的条件下将木片或者其他植物原料分离成纤维的一种连续式分离设备。该设备加工出的纤维结构完整、损伤少、纤维得率高，且木片在润滑的条件下进行纤维分离，因其耗电低而获得广泛运用。

(2) 精磨机

精磨机是用于粗纤维的进一步研磨，以获得表面积更大的纤维，改善纤维的性能和提高成品板的质量。其结构与热磨机的主体部分基本相同。

(3) 高速磨浆机(一次成浆磨浆机)

高速磨浆机可将经过软化处理的原料，在常压及较低温度的条件下分离成纤维。高速磨浆机分离纤维均匀、纤维损伤少、分离度高，故其分离的纤维一般无须精磨即可直接用于制板，但其动率消耗较热磨机高。

纤维分离设备的应用已经有百年历史，其发展历程与纤维板工业有着密切的关系。

在19世纪中期，德国的科勒(F. G. Keller)就申请了磨木机的专利。1858年，利曼(Lyman)在美国申请了木材分离法的专利。1926年，梅松奈脱(Masonit)公司利用梅松(Mason)的纤维分离方法生产纤维板。梅松在利曼专利的基础上，改进了纤维分离方法，利用热水蒸气或者压缩空气的膨胀来分离木材纤维。

20世纪30年代，瑞典顺智(Sunds)公司的阿斯普朗特(Asplund)发明了第一台采用蒸汽强制式制浆法生产硬质纤维板纤维原料的热磨机，从而使纤维分离设备有了较大的突破。

在20世纪40年代中期，热磨机技术又有了迅速发展，第一台强制式双盘纸浆盘磨机(即苏塞伦盘磨机)用于生产，随后高速磨浆机等也相继问世。40年代末期，出现了磨盘直径1000mm的双磨盘热磨机。到了60年代，开始利用热磨机进行高浓度制浆，这一创新举指使纤维的质量显著提高。60年代后期，随着中密度纤维板的诞生，纤维板工业得到迅猛发展，一些欧美国家加大了对热磨机的投入，热磨机的磨片、主轴结构和控制系统都得到迅速的发展。热磨机从部件到整机发生了翻天覆地的变化，整机从小型化到大型化，控制系统从低精度到高精度，微调机构从手动靠经验调节到通过机械或液压精确控制调整，采用新型密封结构，PLC电气控制技术等。

目前，热磨机在纤维板生产中占据主导地位。对我国人造板行业影响较大的三家国际知名热磨机制造企业是芬兰的Metso公司、奥地利的Andritz公司和德国的Pallmann公司。三家公司生产的热磨机具有如下共同特点：

①功率大、产量高；

②可靠性好；

③采用机械密封的密封结构；

④采用先进的轴承组合结构；

⑤磨机主机结构先进、紧凑、精度高；

⑥具有带式螺旋的进料结构；

⑦采用触点式磨片保护系统；

⑧采用蒸汽压力的自动调节和稳定系统；

⑨先进的自动化控制系统和可靠的连锁保护系统；

⑩具有计算机远程操作、参数设置、调整、数据记录、故障报警、智能化故障处理功能。

目前，配备单台Metso热磨机的MDF生产线年生产能力已超过30万$m^3$，在世界纤维(含造纸纤维)生产中处于领先地位。1992年，Metso开发了M系列热磨机，有M42″、M48″、M54″、M60″、M66″ 5种型号，软木纤维生产能力为5~40t/h，以结构紧凑、动力大、操作简单、经济实用和全自动控制为特征，成为业界高品质和高可靠性的标志。其后，在M系列热磨机的基础上新推出了P系列的热磨机，与M系列相比，其外形基本没有变化，但内部结构有100多处改进，使用寿命提高了3倍左右。最新推出的是经过再次提升的EVO系列热磨机。

奥地利Andritz公司是全球最大的造纸制浆设备供应商之一。该公司提供的ABS68/70-1CP型热磨机，磨片安装直径70″，主电机功率11000kW，最大生产能力40t/hOD

(绝干吨)，是目前世界上在线运行的最大热磨机。

德国 Pallmann 公司是世界最著名的木材削片设备制造商。该公司生产的 PR32~60 系列热磨机，主电机功率为 240~8000kW，生产能力为 0.9~32t/h。PR 系列热磨机的磨盘间隙可通过电子仪器连续显示，精度可达 0.01mm。Pallmann 最新研制出的新型 MDF 热磨机系统是 PR62，该系统综合了世界各国热磨机的特点。

1984 年，上海人造板机器厂引进了瑞典 Sunds 公司型号为 L-36 的热磨机，在此基础上开发出了 M101、M103、M200 等型号的热磨机。镇江中福马机械有限公司从 1995 年引进国家林业局北京林业机械研究所设计的 42″热磨机，进行样机试制，接着双方又联合承担国家“九五”重点科技攻关项目——新型热磨机研制，共开发 BM 系列 42″、44″、48″、50″、54″、58″ 6 个规格十多种型号的热磨机，能够满足国内中密度纤维板生产的市场需求。国产热磨机已经具有国际先进热磨机的技术特征，例如，含有带式螺旋的进料结构，具有自主知识产权的主轴轴承结构的机械、液压、水、气动、蒸汽压力自动调节系统，机械密封，料位射线检测，触点式振动传感器磨片保护等多种传感器控制单元、可靠的连锁保护系统，通过采用磨盘机械进给和调控实现计算机远程操控、参数设置、调整、故障报警、数据记录等先进系统。

热磨机自正式应用于工业生产中以来，其结构与性能不断地得到改进和提升，逐渐接近国际热磨机发展的先进水平，呈现高技术、高质量、高转速、高可靠性、大型化等发展趋势，主要表现在以下几个方面：

### (1)朝大型化、高速化及大功率方向发展

为提高热磨机的纤维产量，可通过增大磨盘直径和提高磨盘转速两种技术手段来实现。而当磨盘直径增大、转速提高时，热磨机功率也将随之增大。目前国外大型热磨机的磨片直径已达 1800mm，转速为 1800r/min(60Hz)，热磨机动力有的高达 15000kW，其日生产能力可达 400~800t；国内最大规格的 BM1115/15/58 型热磨机，其磨片直径为 1470mm，转速为 1500r/min(50Hz)、主电机功率为 5600kW，日生产能力可达 400~675t。

### (2)操作过程实现近/远程在线计算机监控，提高自动化程度

先进热磨机的控制系统都配备了荧屏显示和监控、比能耗控制、磨盘间隙控制、木片蒸煮时间控制、料位自动跟踪控制和预热蒸煮器自动补偿等先进的系统，使得热磨机的控制高度自动化，操作全过程实现计算机控制。螺旋进料器转速、磨盘压力、纤维分离程度等均由计算机控制，并实现监测、报警和自动调整，做到恒负荷、恒间隙、恒比能耗运行。

现代热磨机的操作和控制，都是在中央控制室完成，操作者在交互式荧屏显示器上通过图像和不同的工作曲线观察生产过程。可以根据生产情况与预设的参数进行对比，并对过程参数进行改变，以达到全面控制纤维质量。

### (3)采用木片预蒸煮技术

国际上知名的热磨机制造公司研制和推出的新型热磨机，采用了木片预热蒸煮工艺技术。在料塞螺旋进料器前配备预热料仓，对木片进行预热软化。木片的湿度和温度都比较均匀，容易在螺旋轴和螺旋管内挤压形成料塞，减少了木片与设备之间的机械磨

损，降低了料塞螺旋进料直流电机功率消耗；在预热过程中，部分树脂可溶解在冷凝水中，在进入料塞螺旋形成料塞的过程中，和挤压水一起从螺旋壳体流出，提高成板外观质量；由于木片在预热料仓内已变热变软，由此缩短了在蒸煮器内蒸煮的时间，节省蒸汽消耗，并可减小蒸煮器的容积。

(4) 营造均衡磨浆环境，降低热磨机热能消耗

现代热磨机因结构复杂，精度要求高，又在高温高压下工作，因此特别注重营造均衡的工作环境，以保证设备在均衡稳定的工况下工作，热磨机研磨室增加的侧向带式螺旋进料装置就是其中一个措施。

由于带式螺旋进料装置的螺旋为一中空的带状螺旋，它允许磨室内研磨木片时产生的部分蒸，自由地沿着空心部位流动，通过带式螺旋进料装置侧面或顶部的排汽口返回到蒸煮器内。这样不仅可以保证磨盘之间的木片能够在一个相对恒定的蒸汽压力作用下均匀不受干扰地进入研磨区，而且可以使木片在一个平衡的磨浆状态下生产稳定均匀的纤维，减少系统的热能消耗。

(5) 热膨胀补偿装置

在磨浆过程中，木片需要在0.8~1.2MPa压力的饱和蒸汽下软化，自动补热系统将根据压力变化进行自动补热，这也是保障热磨机工况平衡的一种措施。

当设备工作受热时，蒸煮器在0.8~1.2MPa压力的饱和蒸汽下，8~9m高的蒸煮罐和2m多长的出料螺旋将分别产生垂直和横向的热膨胀，在蒸汽温度为180℃时，其垂直和横向变形量约为20mm和6mm。如果上述蒸煮器与螺旋进料器、带式螺旋进料装置及主机的连接处均为刚性连接，那么，热膨胀产生巨大的变形应力，将使整个热磨系统变形，严重时会破坏设备，影响纤维分离和分离质量，这对大直径的热磨机影响尤为明显。

因此，热磨机中都设有垂直与横向变形补偿系统。比如Metso公司在螺旋进料器、蒸煮罐和研磨主机底座下面都铺设若干条厚橡胶块，以橡胶的弹性变形来释放应力，补偿热磨机整机的变形。Andritz公司采用液压自动补偿系统和柔性膨胀节联合结构，来补偿整机垂直和横向变形，这种液压自动补偿系统的特点是随着蒸煮器长度和工作温度不同，膨胀量不同，补偿系统自动控制变形的补偿量，其补偿是随机的。在蒸煮罐底部出料螺旋和带式螺旋进料装置连接处设置了波纹管膨胀节，将出料螺旋与研磨主机的横向变形由柔性的波纹管吸收，使系统热膨胀不对主机精度产生影响，保证了热磨机受热状态下的工作精度。

(6) 完善的热磨主机轴承系统断电保护

为确保热磨主机的正常润滑和冷却，热磨系统都设润滑和冷却系统。在正常工作时，润滑和冷却系统可以保证主轴系统的润滑和冷却。但当发生突然断电事故时，由于主机旋转件的质量较大，不能立即停止工作，而是在强大的惯性力作用下继续运转，而润滑和冷却系统此时因断电而不可能继续工作，主轴系统由于无法继续润滑和冷却会造成损坏。因此，主机系统增加了断电保护措施。通过改变润滑和冷却系统，增加蓄能或泵送系统，当系统由于停电不能正常工作时，可将储存在蓄能器中的润滑或冷却介质继续向主轴系统供应，直至主轴系统停止。

## 4.2 热磨机

热磨机是在高温高压的条件下将木片或者其他植物原料分离成纤维的一种连续式分离设备，普遍应用于纤维板生产中。

图 4-1 为国产 BM1111 系列中 44″结构热磨机结构总图。储存在预热料仓 1 中的物料在振动电机的作用下，均匀地向进料装置 2 供料，供料量的大小依靠进料螺旋的电机转速来控制调节。物料经过进料螺旋压缩，在防反喷装置 3 共同作用下形成料塞，防止蒸煮罐 4 内的蒸汽由进料装置向外喷出，俗称“反喷”。料塞在进料螺旋进一步推动下，进入蒸煮罐 4 蒸煮。物料在蒸煮罐内料位和蒸煮时间可以通过进出料速度和料位控制装置 5 来检测。经过一段时间的蒸煮、软化后的物料，在蒸煮罐底部通过卸料器及出料螺旋 6 送入带式输送螺旋 7，带式螺旋在一个恒定的速度下将物料送入研磨装置 9。研磨室内的物料经过转动磨盘与固定磨盘的相对运动，将物料分离成纤维。在研磨室内的蒸汽压力作用下，通过排料装置 8 实现纤维连续排放。根据工艺需要，通过切换阀将纤维送到下段工序。

热磨机是中密度纤维板生产线上最关键也是最复杂的设备之一。从图 4-1 和图 4-2 中不难看出，无论是国内还是国外公司制造的热磨机，基本是由以下几个部分组合而成：预热料仓、螺旋式进料装置、蒸煮罐与蒸汽管、防反喷装置、料位检测装置、卸料器与送料螺旋、研磨装置、密封与冷却装置、轴承组的循环润滑系统、排料装置、切换阀等部分组成。

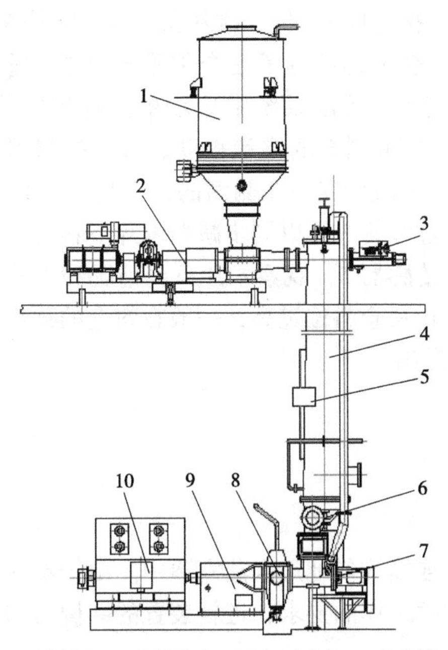


1.预热料仓 2.进料装置 3.防反喷装置 4.蒸煮罐
5.料位控制装置 6.卸料器及出料螺旋 7.带式输送螺旋
8.排料装置 9.研磨装置 10.动力（高压电机）

**图 4-1 国产 BM1111 系列中 44″结构热磨机**

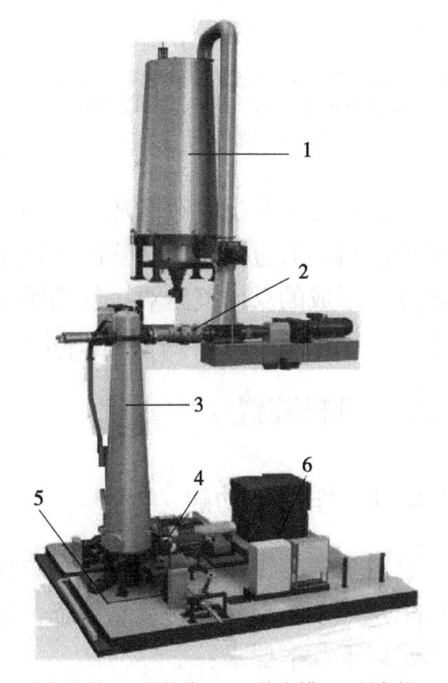


1.预热料仓 2.进料装置 3.蒸煮罐 4.研磨装置
5.卸料器及出料螺旋 6.高压电机

**图 4-2 Metso 公司 EVO 系列热磨机**

### 4.2.1 预热料仓

预热料仓是一个高效的木片预热装置，其主要作用是使原料中的含水率及温度分布均匀，另外充当备料工段与热磨工段之间的一个缓冲料仓。预热料仓根据不同的产量有不同的规格尺寸，建议例举几种常见尺寸。其形状一般有两种，根据所用的原料不同，可以是锥型的或活底型的。在锥形料仓中，不均匀的原料和较为细小的原料容易在料仓中搭桥，尤其是对原料进行预蒸煮时，更易产生搭桥现象。所谓搭桥，即是木片相互搭接，形成一个整体不能顺利下落。

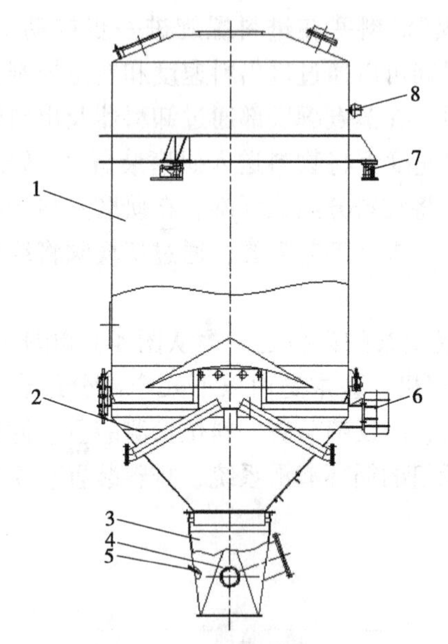

1.仓体　2.振动排料器　3.过渡管　4.视镜　5.温度传感器　6.振动电机　7.称重模块　8.阻旋料位计

图 4-3　锥形预热料仓

而预蒸煮作为木材预热过程中必不可少的一环，其存在的目的是在木片送入料塞螺旋前将其软化，使其变得易压缩，以提高脱水效率。此外，预蒸煮还可减少木材中树脂的含量，尽管不同树种所含树脂量有所不同，但这些树脂都可能使最终产品产生一些深颜色的斑痕，影响产品的美观。采用预蒸煮可适当提高干燥系统的效率，当然同时也会产生较多的污水。然而，与在干燥机中烘干这些水分所需花费相比，处理污水的费用便宜得多。

以锥形预热料仓(图 4-3)为例，预热料仓包括仓体 1、振动排料器 2 和过渡管 3。预热料仓上还配置了三个称重模块 7，通过称重模块向控制系统中显示单元提供的信号，可以判断料仓的饱和程度。振动排料器 2 可以通过改变安装在侧面的振动电机 6 的振幅和频率，改变木片出料时的连续性和均匀性。过渡管 3 可以同步减弱木片下料时，在进料螺旋进料口通过安装在两侧的视镜 4 和温度传感器 5，观察木片下料情况和木片的预热温度。形成的反向气压对进料的影响，为防止料仓料位过高，一般在料仓的顶部还安装有高料位阻旋料位计 8，防止木片从料仓中溢出。

### 4.2.2 进料装置

#### 4.2.2.1 作用与功能

进料装置的作用是将预热料仓中松散物料连续均匀地送入蒸煮罐中。由于木片在蒸煮罐中是一个高温高压的蒸煮状态，为满足连续工作的要求，进料装置的结构与功能必须满足以下基本要求：

①能均匀、连续地供料，且在工作中可以调节产量大小。

②能形成密封性良好的料塞，有效防止蒸煮罐内的高压蒸汽泄漏。

③在结构上能够适应蒸煮罐受温度影响的膨胀或收缩，始终保持进料装置轴线水平。

④进料装置的材料应有较好的强度和刚性，与木片接触部分材质更要耐磨损。

目前常见的进料装置有活塞式、螺旋式和回转阀形式等类型，在生产中多采用螺旋式进料装置。

#### 4.2.2.2　螺旋式进料装置

螺旋式进料装置的基本功能之一是将木片连续地送入蒸煮罐，并在运输过程中形成致密的料塞，防止蒸煮罐内的高温高压蒸汽泄漏。

螺旋式进料装置的另一个重要功能是能够将木片中多余的水分挤出，降低蒸煮缸内蒸汽形成的冷凝水量，这样既可以节省热磨工段的能源消耗，又能减少后续干燥工段需要烘干的水量。从进料螺旋装置中挤出的水一般会回送到木片水洗工段循环使用。

图 4-4 为 BM1111 系列热磨机中一种螺旋式进料装置的结构。其主要由动力装置、轴承座、进料螺旋、底座和热平衡补偿系统等部分组成。

底座 6 用于支承和固定进料装置的其他零部件。连接管 9 与蒸煮罐 10 之间是螺栓连接；底座 6 中心位置的两侧和蒸煮罐的两侧各安装一个热平衡补偿系统 12 的进料器油缸 4 和蒸煮器油缸 11。底座 6 在不工作或者设备处于冷态时，搁置在底座 6 旁边的四个安装支座 1 上。当蒸煮罐 10 因受热膨胀或停机冷缩，罐体的垂直尺寸发生变化时，在热平衡补偿系统 12 的作用下，连接四个油缸的管道内始终充满着高压的液压油，安装在蒸煮罐 10 两侧的油缸活塞压缩或伸长，将油缸中的液压油压缩到安装在底座 6 两侧的油缸中，使油缸活塞上升或下降，同时带动底座 6 上升，使螺旋式进料装置 8 与蒸煮罐 10 的相对位置始终保持垂直状态，消除蒸煮罐 10 由于热胀冷缩给进料装置带来的影响。

动力装置 2 一般是由一台直流或交流变频电机构成，可以实现直流或变频调速。大型进料装置也会有两台电机组合共同提供动力以满足生产工艺的需要。电机的输出轴通过联轴器与硬齿面齿轮减速器 3 的高速端相连接，减速器的输出端一般通过联轴器 5 与轴承座 7 的传动轴连接，在联轴器的补偿作用下，可以保证轴承座传动轴与减速器输出轴中心线即使在有安装误差的情况下也能正常工作。

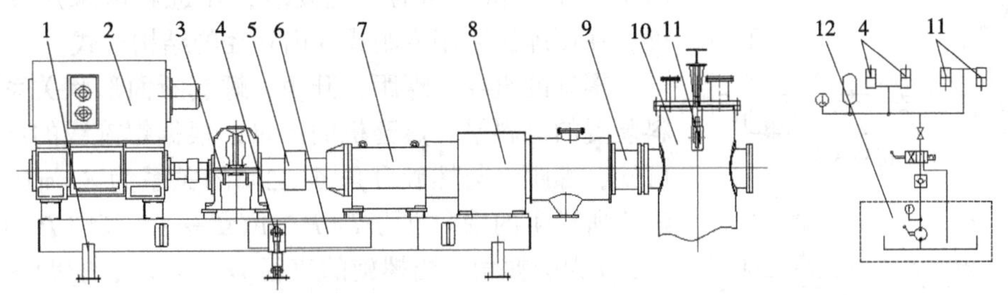


1.支座　2.动力装置　3.减速器　4.进料器油缸　5.联轴器　6.底座　7.轴承座
8.进料螺旋　9.连接管　10.蒸煮罐　11.蒸煮器油缸　12.热平衡补偿系统

**图 4-4　螺旋式进料装置的热平衡补偿系统液压原理图**

图 4-5 所示为进料装置轴承座及进料螺旋结构的示意图，轴承座 5 通过连接管 7 与进料仓 9 之间连接。在轴承座 5 中，传动轴 2 通过两径向轴承 4、6 支承，螺旋轴 10 在工作时产生的轴向推力全部由安装在尾部的推力轴承 3 承担。传动轴 2 与螺旋轴 10 之间一般通过扁轴连接，也可通过 T 形块和螺栓组合的方式连接。在拆卸更换螺旋轴 10 时，将螺旋管上半部分和进料仓的上半部分分开即可顺利地取出螺旋轴。有的进料装置

也采用轴承座后移的方式，以螺旋轴从进料座和螺旋管之间抽出的方式进行螺旋轴的拆卸和更换。

螺旋轴作为进料装置中最关键的零件，它的结构好坏直接影响进料装置性能好坏和热磨系统的稳定性。

进料螺旋主要由进料仓、螺旋轴、锥管、外塞管、衬套等部分组成，如图 4-5 所示。进料螺旋将进入进料仓 9 的木片均匀地送入蒸煮罐 15 中。在输送过程中，在锥管 11 和螺旋轴 10 的共同作用下对木片进行挤压和压缩，在锥管 11 的末端和外塞管 13 内形成致密的料塞，防止蒸煮罐 15 内的高压蒸汽通过木片之间的缝隙从锥管内泄漏。在输送挤压过程中，木片中多余的水分和碎屑会从锥管侧壁的小孔中排出，排出的碎屑和水分将由接水斗 12 收集排放。

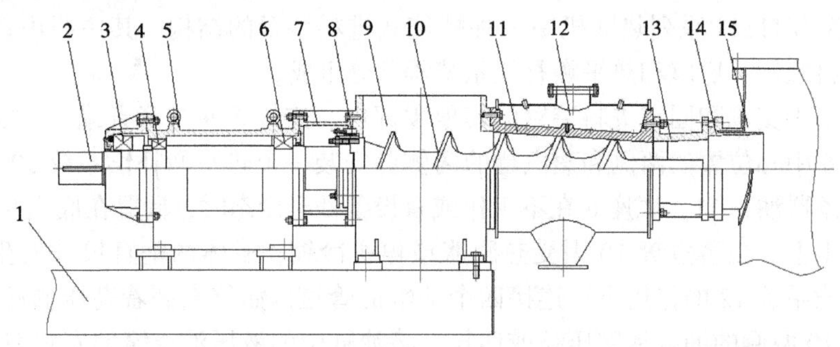


1.底座　2.传动轴　3.推力轴承　4.径向轴承　5.轴承座　6.径向轴承　7.连接管　8.填料密封
9.进料仓　10.螺旋轴　11.锥管　12.接水斗　13.外塞管　14.衬套　15.蒸煮罐

**图 4-5　进料装置轴承座及进料螺旋结构**

进料螺旋根据使用要求及原料的不同有多种结构形式。按螺距是否变化可分为等距螺旋和不等距螺旋；按螺旋的形态可分为圆柱螺旋、圆锥螺旋和组合螺旋(图 4-6)；按螺旋的头数可分为单头螺旋、双头螺旋和多头螺旋。

目前，在大部分热磨机进料装置中都采用组合螺旋。整个螺旋分为前、后两区，螺旋进料区采用等距圆柱螺旋，螺旋压缩区则采用变径变距螺旋。但是也有部分螺旋，针对不同原料和不同的工艺要求，在进料区采用变距螺旋，在压缩区采用变距或变内外径的结构形式。

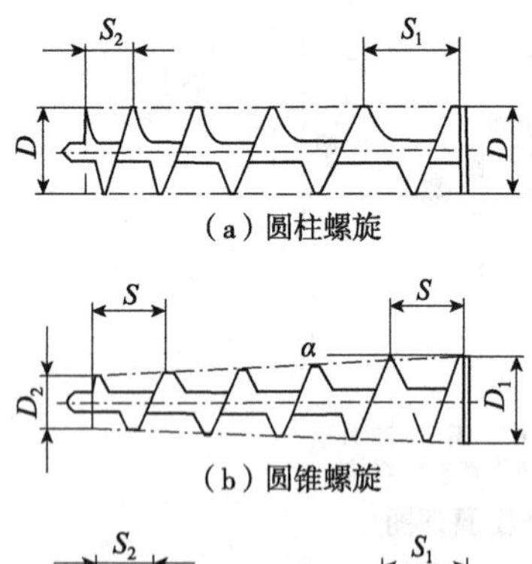


(a) 圆柱螺旋

(b) 圆锥螺旋

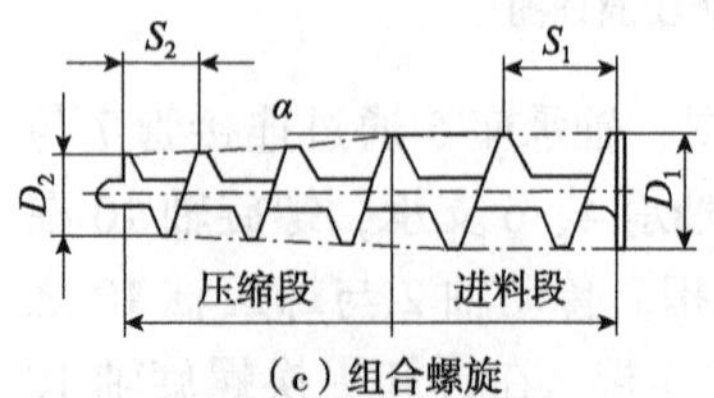


(c) 组合螺旋

**图 4-6　螺旋的类型**

螺旋的直径、螺距、升角、螺旋断面形状关系到进料装置的进料量和热磨机的产量。根据螺旋线的展开图可知，螺距 $S$ 与螺旋升角 $\Phi$ 之间的关系为 $S=\pi D\tan\Phi$。螺旋所产生的轴向推力 $T=P/\tan(\Phi+\rho)$。其中 $P$ 为圆周力，$\rho$ 为摩擦角。当螺旋的直径 $D$ 一定时，螺距 $S$ 的变化便决定着螺旋角 $\Phi$ 的大小。当螺距 $S$ 较小时，螺旋角也较小，从而使轴向力 $T$ 增大，有利于物料的向前输送。

螺旋断面形状即螺旋叶片的法向齿形，主要是指螺旋叶片两侧的结构特征。如图 4-7 所示，其主要呈现了螺旋叶片断面的两种形状，其中一种采用矩形叶片形式，叶片与芯轴之间采用小圆弧过渡，此结构螺旋容屑空间大，但强度稍弱，一般设置在螺旋轴的进料区；另一种叶片断面结构推进面与垂直面夹角较大，且与芯轴之间的过渡圆弧较大，推力面的夹角和过渡圆弧均小于背部结构，因此有利于加强螺旋轴的强度，提高螺旋轴叶片的耐磨性。与此同时，也增加了螺旋输送过程中木片所受压力，使木片在挤压过程中易压溃，提高了木片表面积，从而增大了木片在蒸煮罐中的热传递表面积。

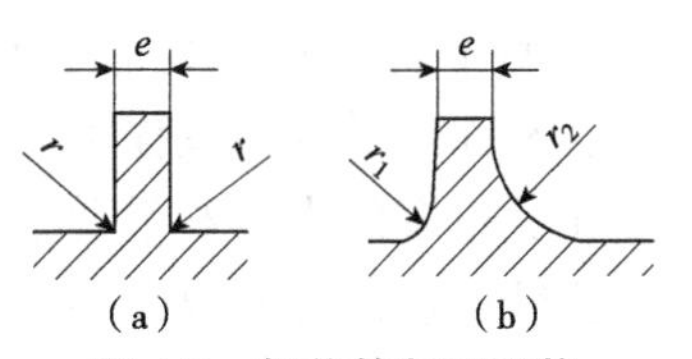

图 4-7 螺旋的断面形状

螺旋头部通常具有圆柱状或圆台状端部伸出轴，一方面利于引导物料向前移动，并有助于形成密度趋于一致的料塞；另一方面能够起到“滑动轴承”的作用，依靠料塞将螺旋轴端部支撑起来，减少螺旋轴端部的下垂。生产实践证明，用于木片进料的进料螺旋轴伸端长度要比用于蔗渣或其他草本植物原料的进料螺旋轴伸端长度小。但同时，正是由于料塞的形成，此区间的螺旋轴也是整个机构中磨损最严重的部位。

随着现代制造技术水平的提升，螺旋全断面的形状可以做出多种厚度和形状，或采用物理机械性能较好的原料来加工制造螺旋轴，或对形成料塞区间的螺旋轴表面进行耐磨处理，以利于提高螺旋轴的使用寿命，缩短进料装置的停机检修时间。

螺旋轴与锥管相互配合，用于实现物料的压缩与输送。物料在锥管被压缩的紧密程度通常采用压缩比来表示。进料螺旋在锥管内起始端一个螺旋槽和末端一个螺旋槽的实际容积比称之为压缩比。热磨机进料装置的压缩比对于木片原料一般采用 1.8~2.4，原料越碎小压缩比需要越大。而对于蔗渣或其他草本植物原料则使用压缩比为 2.8~4。由于整个进料螺旋轴的螺旋槽是连贯的，且受到原料的规格、大小、形状以及加料装置的效率等多种因素的影响，在进料区物料无法完全填满整个螺旋槽，锥管内的沟槽与螺旋槽的形状又比较复杂，其实际体积难以精确计算。因此，压缩比所表示的数值并不与物料在锥管内被压缩的程度完全相同，只能近似地表达锥管始端和末端的螺旋沟槽的容积比。

为了使进料螺旋能正常工作，必须使物料与螺旋轴之间以及物料与锥管之间的摩擦性能保持恰当的关系。在一定的条件下，物料会随着螺旋轴一起旋转，从而干扰了物料向前运动的过程，这种现象叫作“打滑”，当旋转阻力过大时，螺旋轴旋转无法带动物料轴向移动时，就会形成“阻塞”现象。对于没有采用合理结构或措施的进料装置，物料所具有的两种组合运动中，当旋转运动占主导地位时，物料就容易出现“打滑”的现象，当旋转运动中阻力过大导致木片因挤压出现热塑性软化造成瞬间阻力超过电机的最大扭矩时，就会出现“阻塞”现象。

为避免“打滑”和“阻塞”现象的出现，结合物料在锥管内的运动可知，物料在锥管和螺旋轴之间的运动，主要是由旋转运动和轴向移动共同作用。其中，旋转运动的出现是由于螺旋轴与物料之间存在着摩擦力，造成物料被螺旋带着一起旋转；而轴向移动则是由螺旋轴转动时推进面所产生的轴向分力以及锥管的切向阻力共同作用的结果。为保证物料顺利地向前运动，就必须设法使物料与螺旋轴之间的摩擦阻力越小越好；螺旋锥管与物料之间的轴向摩擦阻力也越小越好，而锥管与物料之间的切向阻力则相对越大越好。

为了增加锥管与物料之间的切向阻力，往往采用沿锥管出料方向开设沟槽或增加筋条的方法来实现，如图 4-8 所示。为了减少螺旋轴与物料之间的摩擦力，除将螺旋轴采用比较合理的结构外，也要求使螺旋槽表面具有较大的光洁度，要求物料大小、形态和含水率不得超过一定值，以减少打滑现象的发生，从而降低进料过程中“反喷”现象的发生。为了避免过多的水分和活碎屑进入压缩区域，一般在锥管的侧面会开设大量的滤水孔，其孔径一般为6~8mm，且排水孔的数量应随压缩比增加而增加，形状、分布区域应保证物料中多余的水分能及时排出同时又能将原料中过于细小的碎屑从滤水孔中滤出。

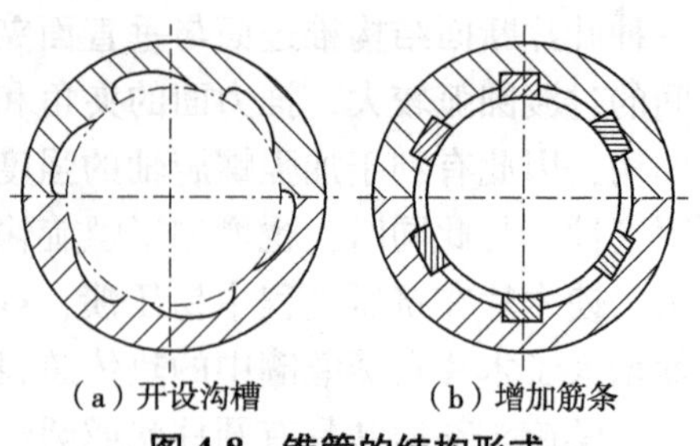
（a）开设沟槽　（b）增加筋条

**图4-8　锥管的结构形式**

为了制造和维修方便，锥管通常采用分体结构。锥管的纵向凹槽或筋条磨损后须及时维修或更换。为提高锥管耐磨性，减少更换和维修时间，锥管一般采用耐磨材质制造加工而成，且每次维修或更换后应尽可能保持锥管内表面光滑平整，凸出的部分及毛边都应磨平，不能有阻碍物料向前移动的台阶或焊疤。

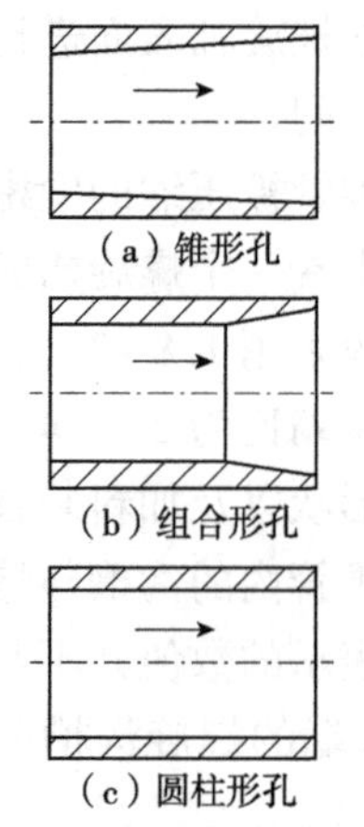
（a）锥形孔

（b）组合形孔

（c）圆柱形孔

**图4-9　外塞管的类型**

外塞管13紧接于锥管和螺旋轴的末端，用于形成密实的料塞，当密实程度接近物料本身的密度时，就可以密封住蒸煮罐内的高温高压蒸汽。外塞管的直径与形状均与料塞的形成紧密相关，此外还影响到进料装置的动力消耗和配置。在保证料塞有适当的密实度的前提下，为减少动力消耗降低动力配置，外塞管通常不宜过长，且内孔的形状根据不同的原料采用不同的形状(图4-9)。对于木片，除可以采用锥形孔外，也可采用组合形孔，对于禾本类的原料一般采用圆柱形孔。

外塞管的长度也关系到设备的工作性能。外塞管过短，料塞不易形成或形成的料塞密实度不足，导致密封效果不良，但外塞管也不宜过长，以免形成的料塞过长形成较大阻力，增大动力消耗，严重时或造成电机过载。在最新的进料装置中，为了能够将木片在压缩运输过程中挤出的水分有效排出并阻止料塞在外塞管内的转动，一般采用在外塞管的料塞段区域开设阻挡槽和滤水孔的方式，进一步降低进入蒸煮罐的物料的含水量。

### 4.2.2.3　回转式进料装置

回转式进料装置最初出现在格林可连续式蒸煮设备中，因此也称格林可回转阀，简称回转阀，后来才逐渐被用作热磨机的进料装置。

螺旋式进料装置由于需将物料压缩形成料塞，因此电机功率消耗较大，配置相对复杂、成本高，而在设备生产能力相同的情况下，回转阀所需要的动力要比螺旋进料装置低得多；且回转阀在工作原理上不存在反喷的问题，原料适应性广，尤其适用于农作物秸秆原料的进料。但是由于回转阀的加工制造精度及对材料的要求较苛刻，且蒸汽消耗量往往较大，因此未被广泛使用。

图4-10是回转阀结构。它主要由转子2与阀体3等组成。转子上有数个空腔，工作时，转子空腔向上即可装填物料；而当转子回转至这一空腔向下时，腔内所装的物料会因自重而下落，从而实现供料。为保证转子能正常旋转且密封效果好，要求转子与阀体衬套之间有一良好的间隙。一般在预热后保持在0.051~0.076mm。

转子在长期工作中与阀体之间产生磨损，从而出现漏汽。为尽可能减少因磨损所产生间隙的出现，除在加工制作时采用耐磨性较好的材料这一手段外，在转子和阀体之间也采用锥形配合，一边通过间隙调整机构1使传动轴和转子一起在阀体内做轴向移动来保持其密切配合。为防止蒸汽泄漏，在转子的两侧轴端一般采用填料密封或迷宫密封装置。

阀体通常采用衬套结构。阀体上除开设有进、出料口及平衡管5的孔外，在相应部位还开设有排汽管6，当转子空腔处于装料位置之前时，此孔口可排除腔内残存的压力蒸汽，以免影响进料。并且当在下料位置前后位置时其分别设有进汽口7和9，有助于卸料顺利进行。阀体进口处一般还装有刮刀8，以便于进料。阀体两侧端盖上的冷却水管4，在工作时通入冷却水，使阀体得到冷却。平衡管5用以使转子两侧所受到的气压保持平衡，改善转子主轴的受力状态。平衡管孔口的位置一般避免与高压蒸汽和排汽管位置直接接通，且应以适当大些为宜。转子空腔数量的多少也与此有关。排汽管6的孔口应适当大些，否则废汽不能完全排除，从而影响设备的正常使用。

回转阀的转速与进料量之间存在着一定的相互关系。在一定范围内，随着转速的提高，其进料量会相应地提高，但超过一定值后，则会随着转速的提高进料量而减少。这是因为转子在高速运动时，其空腔内的物料填充系数会变小。一般所使用的转速为15~25r/min。

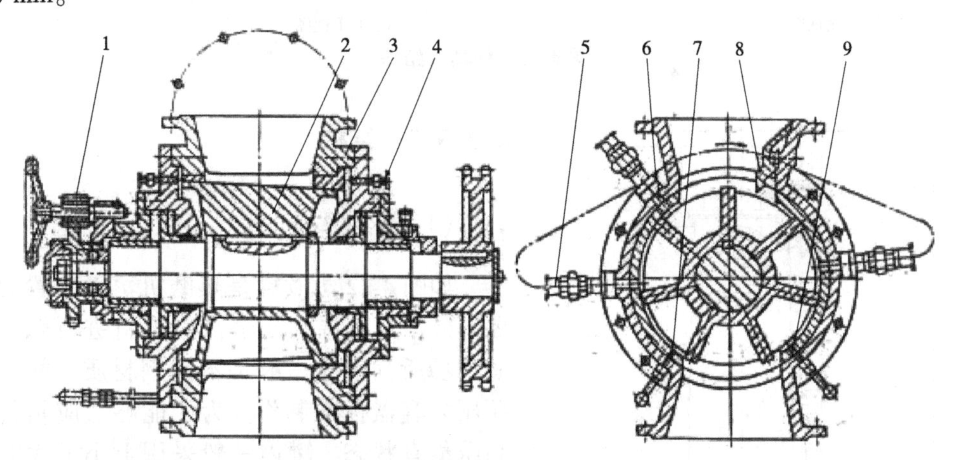


1.间隙调整机构 2.转子 3.阀体 4.冷却水管 5.平衡管 6.排汽管 7.进汽口 8.刮刀 9.进汽口

**图4-10 回转阀结构**

## 4.2.3 蒸煮装置

### 4.2.3.1 作用与功能

热磨机的蒸煮装置的作用是对原料进行蒸煮，充分软化纤维细胞间的木素，使磨浆时纤维的分离易于发生在纤维的胞间层与初生壁之间，从而获得完整的纤维。经过蒸煮软化后的原料，纤维的破坏损伤较小，可以获得柔韧的纤维，还可大大降低纤维分离所需的动力。

由于原料是采用高压蒸汽进行连续处理，因此预热蒸煮装置的结构除了必须与热磨机的产量要求相适应外，还应满足蒸煮时间等工艺条件、设备的强度以及耐腐蚀性和耐磨性的要求。

预热蒸煮装置根据预热罐主体的形式可分为以下两类：①横管连续蒸煮器，又称横蒸管(图 4-11)。横管连续蒸煮器是一种典型成熟的连续蒸煮设备，尤其适合于重量轻、松散、流动性差、容易搭桥堵塞、滤水性差而又较易成浆的蔗渣、稻麦草、芦苇、竹子等非木材纤维原料。经过不断地改进完善且配备了先进可靠的自动控制，现代的横管连续蒸煮器具有自动化程度高、工作稳定可靠、操作劳动强度低、蒸汽消耗低、汽电负荷均衡、蒸煮得率高、成浆质量好等优点，因此在非木质原料造纸制浆得到广泛应用。我国推广横管连蒸已经多年，有不少国产或引进设备正在运转。但由于其结构复杂、蒸煮时间不易控制、成本高等特点，目前在中密度纤维板行业使用较少。②立式蒸煮罐，可以方便地通过检监测蒸煮罐内的物料高度来实现蒸煮时间的控制。由于其结构简单，造价低廉，蒸煮时间容易控制等方面的优点，在中密度纤维板行业得到广泛应用。目前大部分热磨机都采用立式蒸煮罐作为蒸煮装置。

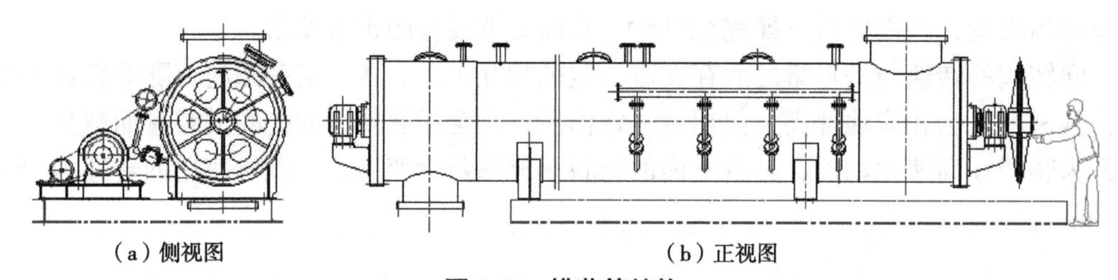


图 4-11 横蒸管结构

#### 4.2.3.2 结构

(1)蒸煮罐

如图 4-12 蒸煮罐是热磨机蒸煮装置的主要部分，是高温高压蒸汽对物料进行软化蒸煮的场所，罐体一般是不锈钢材质，并且按照压力容器标准制作。为了能够适应物料的高压蒸煮状态，罐体一般采用上小下大的锥体结构形式。

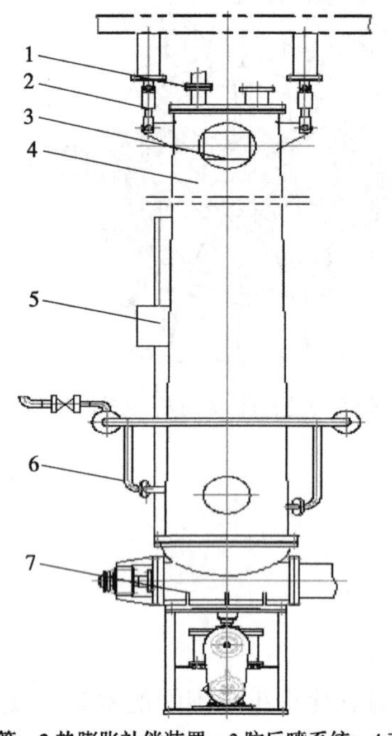


1.进汽管 2.热膨胀补偿装置 3.防反喷系统 4.蒸煮罐
5.料位探测装置 6.进汽管 7.卸料装置

图 4-12 热磨机蒸煮装置

蒸煮罐共有四路蒸汽入口，一路安装在蒸煮罐的顶部；另外三路设于靠近蒸煮罐底部的同一圆周面或者呈螺旋台阶式均布在圆周面上，这样更有利于蒸汽穿透和渗入物料，使物料软化更加均匀，并且可以防止物料在蒸煮罐内搭桥。为了能调节蒸汽压力和流量，在蒸汽管路系统中还装有调节阀、流量计、安全阀及压力传感器等，以保证蒸煮罐内物料正常蒸煮。

根据热磨机的配置形式不同，蒸煮装置的罐体可以安装在弹性底座上或者固定在基座上，但其必须能承受整个装置因受热膨胀而产生的热应力所带来的影响。

(2)防反喷装置

防反喷装置安装在蒸煮罐的上部，与螺旋进料装置出料口相对应的一侧。如图4-13的热磨机防反喷装置，它主要由锥帽1、移动轴3、填料密封4、气缸9、气路系统和蓄能器组成。气缸在压缩空气时，通过关节轴承8带动滚轮7、移动轴3和锥帽1来回轴向移动，滚轮7在导板6之间水平移动，同时导板6阻止了移动轴3和锥帽1的圆周运动。为了能密封住蒸煮罐内的蒸汽，移动轴采用盘根密封组件进行密封。为保护移动轴在蒸煮罐内不受物料和蒸汽的影响，在移动轴外围安装有保护罩壳。

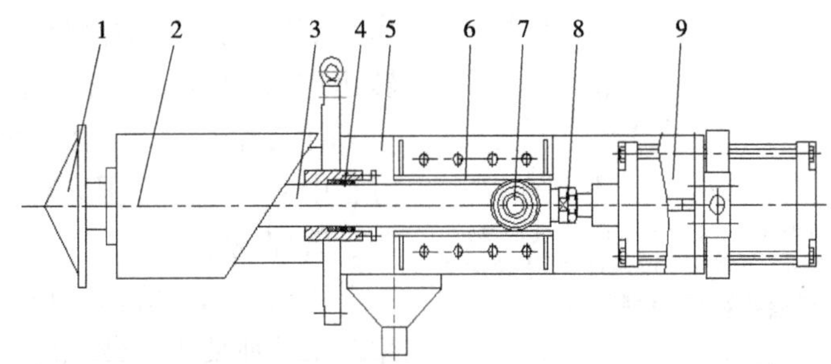


1.锥帽 2.保护罩 3.移动轴 4.填料密封 5.支架 6.导板 7.滚轮 8.关节轴承 9.气缸

**图4-13 热磨机防反喷装置**

防反喷装置的作用是依靠气缸的气压作用使移动轴端头的锥帽封住进料装置的出料口，一是协助进料装置在出料口位置形成较致密的料塞，防止“反喷”现象的发生；二是在物料出料时，将“料塞”打散，便于物料蒸煮。

工作时，如料塞过松，则将导致电机电流明显下降。而在气路系统的电磁阀作用下，压缩空气将推动气缸向前移动，使移动轴端部的锥帽堵住出料口，料塞压紧，以起到防止蒸汽外泄的作用。随着料塞密实度的提高，进料装置的电机电流会逐渐升高，运行负荷相应增加，形成稳定进料。如在运行过程中进料装置电机电流上升到设定的电流上限时，通过气路系统的电磁阀，降低或改变作用在气缸上的压缩空气压力，令出料口位置的锥帽松开或退回。对于不同型号的热磨机以及不同的原料所设定的电流上下限是不一样的，必须根据现场实际运行的数据加以确定。

另外一种热磨机防反喷装置的控制系统是利用气压“浮动”的原理，在气缸的后端始终保持有一定压力的压缩空气。当进料装置中的物料还比较松散没有形成料塞时，锥帽始终堵在出料口。当料塞达到一定的密实度后，在进料装置螺旋推动的作用下，将物料料塞向前推进，将防反喷装置的锥帽顶开后移，同时料塞在锥帽的破坏作用下松散，掉入蒸煮罐，从而形成连续进料并阻止“反喷”。

### 4.2.3.3 料位检测装置

木片在蒸煮罐内蒸煮时间的长短对于纤维的分离是非常重要的，蒸煮罐木片料位的高低对蒸煮时间有较大的影响。在出料速度一样的条件下，料位越高，蒸煮时间越长。为监测和控制蒸煮罐内木片的料位高度，实现对蒸煮时间的控制，在蒸煮罐上设置有料位检测装置。

根据探测原理，料位检测装置可分为接触式和非接触式。目前广泛使用的$\gamma$射线料位

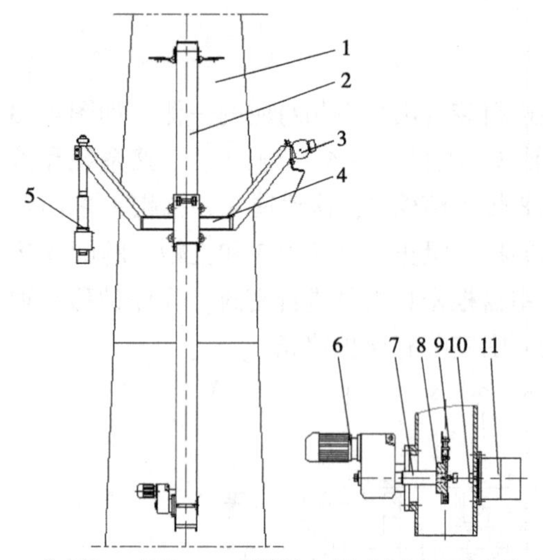


1.蒸煮罐　2.导轨　3.γ射线源　4.滑动支架　5.接收单元
6.减速器　7.传动轴　8.链轮　9.链条　10.离合器　11.编码器

**图 4-14　热磨机料位检测装置**

控制器是非接触式的。γ射线料位控制器一般由γ射线单元、接收单元、机械执行单元及电器控制系统共同组成，如图 4-14 所示。

γ射线料位控制器是利用原料对射线的衰减吸收，使从辐射源发出达到接收单元的γ射线量发生变化，导致接收单元仪表输出电流或电压发生改变，通过仪表发出电信号，控制执行机构对进料螺旋电机转速进行调节。γ射线单元一般采用钴($^{60}$Co)或者铯($^{137}$Se)作为射线源，在使用过程中应严格遵守国家有关安全防护和控制、管理规定。

原料在蒸煮罐内料位的高低，取决于生产工艺所要求的蒸煮时间。因此，料位计的位置必须可以根据生产需要进行调节，如图 4-14 所示。料位控制器安装在蒸煮罐 1 的侧壁，γ射线源 3 和接收单元 5 分别安装在滑动支架 4 的两侧，滑动支架 4 由链条 9 牵引，动力来源于减速器 6。在减速器 6 的对侧装有旋转编码器 11。当减速器 6 旋转时，带动链轮 8 和编码器 11 旋转，链轮 8 带动链条做回转运动，从而带动安装在链条上的滑动支架 4 上下移动。γ射线源 3 与接收单元 5 安装在滑动支架 4 的两侧，可以保证γ射线源与接收单元 5 同时上升或下降。为了平衡滑动支架 4 及γ射线源 3 的重量，在链条 9 中间设有配重块。

工作时，根据生产工艺的要求，在编码器的辅助下，首先确定物料在蒸煮罐中的高度。当接收单元开始探测到γ射线量的变化且其变化超过所设定的料位下限时，接收单元将通过电气控制信号反馈，降低进料螺旋的速度，保持与出料螺旋的出料量一致。当出料螺旋速度提高时，进料螺旋的速度会相应提高转速以满足蒸煮的要求。当蒸煮罐内的料位高于接收单元所给定的上限时，同样通过接收单元反馈电信号，减少进料量。因此在整个生产过程中，料位始终处于接收单元所设定的下限和上限之间一个比较小距离范围内波动，确保达到生产蒸煮工艺所要求的时间。

工作过程中，由于料位的变化是比较小的，进料螺旋与出料螺旋的速度变化幅度都很小，保证了物料蒸煮时间与热磨机的产能、功率相适应，且能保证均匀的进出物料。当然料位的调整也可以通过手动方式进行调整。

#### 4.2.3.4　卸料器与出料螺旋

卸料器与出料螺旋均安装在蒸煮罐的底部，用于将蒸煮好的物料均匀连续地从蒸煮罐器中排出，并对排出的物料进行计量。

如图 4-15 为 BM1111 系列热磨机的卸料器和出料螺旋。卸料器通过底座 8 的法兰与蒸煮罐底部法兰联接。电机 11 经卸料减速器 1 减速，通过联轴器 2 带动搅拌轴 3 以不超过 15r/min 的恒定速度旋转，安装在蒸煮罐内部的搅拌爪 7 连续不断地将罐内软化后的木片拨送到出料螺旋4中。在搅拌轴顶端的锁紧螺母5一般是锥形的，部分设备也用小型的拨料桨代替锁紧螺母，拨料桨随着搅拌轴一起转动，可以使蒸煮罐中心部位的软化物料松散，减少物料搭桥。

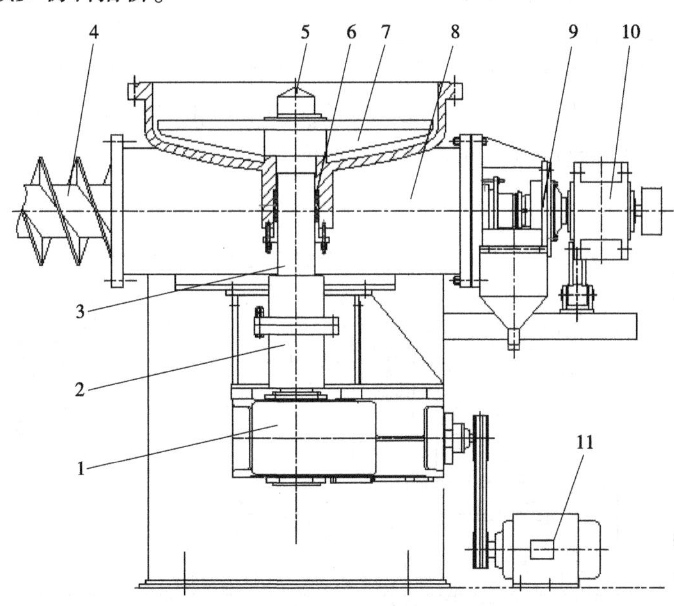


1.卸料减速器 2.联轴器 3.搅拌轴 4.出料螺旋 5.锁紧螺母 6.填料密封 7.搅拌爪 8.底座 9.出料螺旋轴承座 10.减速器 11.电机

**图4-15 热磨机的卸料器和出料螺旋**

出料螺旋根据工艺产量的要求将物料均匀地送出，落入带式螺旋输送设备或直接进入磨室体。为保证出料螺旋出料均匀、稳定，并同时防止磨浆过程中产生的蒸汽向木片流相反方向流动，一般出料螺旋采用双头变距的结构形式。在出料螺旋结构上最新采用的技术是：在出料螺旋的出料端增加一个压缩段，螺旋采用变径变距的结构形式，使物料在输送过程中压缩，形成一个密度相对较高的料塞，阻止蒸汽反向流动，减少出料量的波动，从而降低主电机在磨浆过程中电流的波动。

出料螺旋的结构根据配置的不同，可以是悬臂结构或者是双端支撑结构。在工作中，出料螺旋的转速应与物料的蒸煮时间相匹配，并保证均匀定量供料。出料螺旋一般由调速电机单独驱动，根据物料的材种、含水率、蒸汽压力、磨片新旧程度和对纤维产量和质量的不同的要求，其转速允许在0~80r/min调整。

#### 4.2.3.5 带式螺旋进料装置

现代热磨机因其结构复杂，精度要求高，又在高温高压下工作，特别注重营造均衡的磨浆环境，因此在输送螺旋和研磨装置之间增加带式螺旋进料装置。

从20世纪中后期，国内外先进的热磨机制造公司推出的热磨机都增加了侧向带式螺旋进料装置。如图4-16为BM1111系列热磨机所采用的带式螺旋进料装置。主要由电机1、支架2、移动轴承座3、进料座6和带式螺旋轴7等组成。带式螺旋轴通常是以600r/min左右的速度旋转，将出料螺旋送来的软化木片送到研磨室中。由于螺旋轴为一种中空的带状螺旋结构，当高速转动时，物料将从螺旋的四周沿着进料座的侧壁进入研磨室，螺旋中间呈中空状，它允许研磨室内研磨木片时产生的蒸汽，自由地在空心部位中流动，蒸汽又通过带式螺旋进料装置侧面或顶部的蒸汽平衡管返回到蒸煮器内，补充木片蒸煮软化所需的蒸汽。这样不仅可以保证磨盘之间的木片能够在一个相对恒定的蒸汽压力作用下均匀不受干扰地进入研磨区，使热磨机研磨过程在一个相对平衡的状态下生产，纤维的质量均匀、稳定，而且还节约了系统的蒸汽消耗。

在安装或维修时，将移动轴承座与进料座法兰脱离，依靠支架上的滚轮支撑整个轴承座和螺旋轴的重量，并可以自由地水平移动。为了防止工作时输送装置中的蒸汽泄漏出来，在螺旋轴与进料座法兰之间安装有机械密封 4。

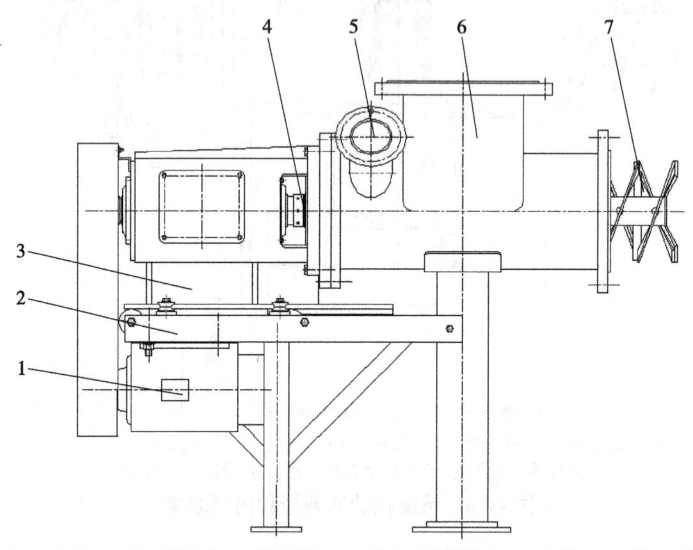


1.电机　2.支架　3.移动轴承座　4.机械密封　5.蒸汽平衡管接口　6.进料座　7.带式螺旋轴

**图 4-16　热磨机的带式螺旋进料装置**

## 4. 2. 4　研磨装置

研磨装置是热磨机的主体，其作用是将蒸煮软化后的木片在研磨室的磨盘中使其受压缩、拉伸、剪切、扭转、冲击、摩擦和水解等高频重复的外力作用，最终令纤维分离。

纤维在磨盘中所受的压溃、拉伸、剪切、扭转等都不是独立进行的，而是综合与交替进行的。纤维的分离也不是一次受力就能完成，而是经过千百次重复受力的结果。这就是木片逐渐松弛后分离的理论。

根据纤维分离的理论，在保证纤维质量的前提下，缩短分离的时间、降低能耗，是提高设备生产效率的基本要求。因此，热磨机的研磨装置应该具备：①有较高的外力作用频率，保证物料在纤维分离过程中连续受力，能以较短的时间与较低的能耗完成分离，保证纤维质量。②纤维分离的单位压力可以根据物料的不同进行调整，保证纤维质量。③主轴和磨盘的运动精度稳定，磨盘间隙应能精确控制，因为它直接影响到纤维形态。④由于纤维分离是在高温高压的工作条件下进行，研磨装置应有良好的密封和冷却性能。

图 4-17 和图 4-18 分别为 Andritz 和 Metso 公司的热磨机研磨主机的照片。主要由机座、研磨室部分、主轴传动与磨盘间隙控制部分以及动力部分等构成。

图 4-17 Andritz 主机形式

图 4-18 Metso 主机形式

### 4.2.4.1 结构

研磨室主要由磨室体、固定盘、转动盘、动磨片、静磨片、密封与冷却装置组成，如图 4-19 所示。

(1)磨室体

磨室体的结构根据开盖方式的不同有两种。图 4-17 是以 Andritz 公司为代表的热磨机磨室体结构，也称侧开门结构。磨室体是由左右两部分组成，两部分之间采用铰链连接。磨室体可以像门一样打开，固定磨盘直接安装在磨室盖上。在进行磨片更换或设备维修时，打开磨室盖后，动静磨盘就可以完全暴露出来，操作和维修空间比较大，维修时间短，劳动强度小。如图 4-18 是以 Metso 公司为代表的热磨机磨室体结构。磨室体由上下两个部分组成，动静磨片分别安装在固定盘和转动盘盘托上，更换磨片时，将固定盘和转动盘盘托一起从磨室体内取出来，然后将已经更换好磨片的动静盘盘托直接吊进磨室体中。磨片在设备外更换，这样既节约了维修时间，也提高了开机率。

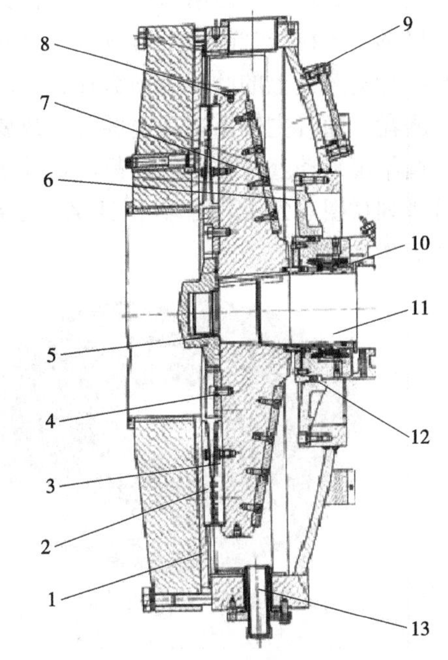


1.磨室盖 2.固定磨片 3.动磨片 4.拨料轮 5.锁紧螺母 6.密封安装座 7.刮浆板 8.转动盘 9.磨室 10.机械密封 11.主轴 12.滑动密封圈 13.排污口

图 4-19 侧开门结构的磨室体

以如图 4-19 侧开门结构的磨室体为例。磨室盖 1 与磨室 9 依靠螺栓连接形成磨室体，固定磨片 2 安装在磨室盖 1 上，动磨片 3 安装在转动盘 8 上，跟随主轴 11 一起高速旋转。蒸煮软化后的物料经磨室盖 1 上的进料口进入到磨室体的磨盘中心区域，通过拨料轮 4 将物料拨到动磨片 3 和固定磨片 2 形成的磨浆间隙中。磨室体中间开孔用于装配连接转动盘的主轴，在主轴与磨室体之间安装有密封安装座 6、机械密封 10 以及滑动密封圈 12。磨室体圆周方向还设置了用于和蒸汽连接的进汽口、与排料装置连接的排料口。磨室体的底部设有与排污阀连接的排污口 13，用于排除冷凝水及其他沉积杂物。根据工作条件与应力状态，磨室体一般做成扁球状结构，便于物料旋转排出和防止物料沉积。为能保证分离的纤维能够顺利地从磨室体中排出，在转动盘背面和侧面还装有刮浆板 7 和刮浆刀。

(2)磨盘与磨片

磨盘包括固定磨盘和转动磨盘，其中固定磨盘与磨室体相连接，并作为物料进入磨盘间隙的入口。转动圆盘一般通过锥面过盈连接的方法装于主轴端。工作中主轴带动转动盘一起旋转，对物料进行研磨。同时转动盘和主轴还能够一起轴向移动，改变磨片之间的间隙。在转动盘的中央一般还装有拨料轮，便于将进入磨盘之间的物料拨到两磨盘的间隙中。由于转动盘和拨料轮都随着主轴一起高速旋转，因此必须对转动盘和拨料轮进行动平衡校验，精度等级不得低于 G1 级。

热磨机磨片，是热磨机的关键部件，是直接起研磨作用的工作零件，其磨片安装形式直接影响木材纤维的加工质量、产量和能耗。磨片安装完成后的外形如图 4-20 所示。安装在转动磨盘上的磨片为动磨片，安装在固定磨盘上的磨片为静磨片。由于动磨片安装在磨盘上随着主轴系统高速旋转，故要求磨片本身和磨盘均要有较高的机加工精度和动平衡精度。动磨片在出厂时都经过动平衡校验，并做有配对标记，装配时应按照配对编号排列如图 4-21 所示，并保证磨片之间的缝隙均匀，所用的固定螺栓也应保证采用同样规格和材料。

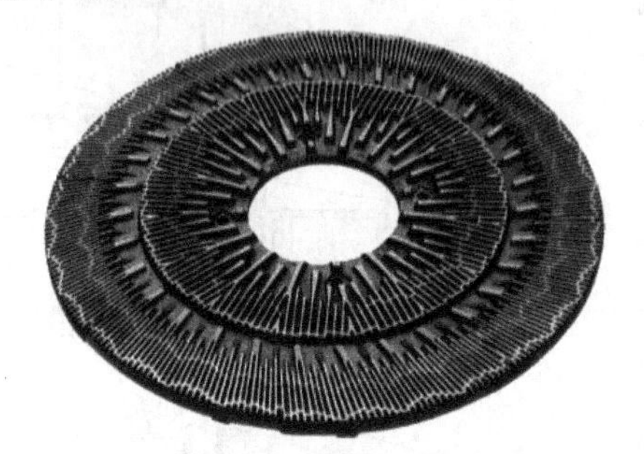

图 4-20 热磨机的磨片

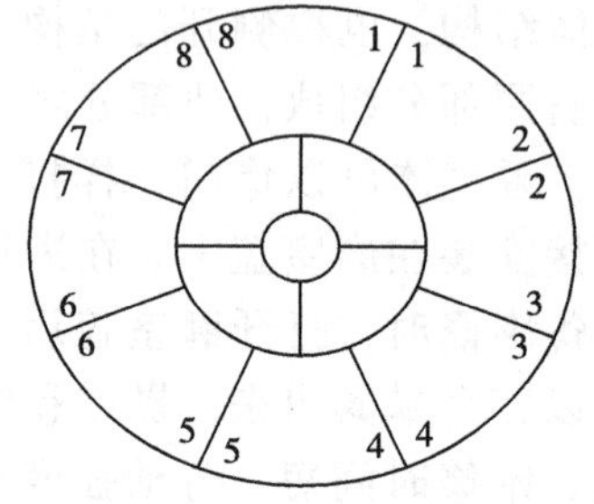


图 4-21 磨片的安装次序

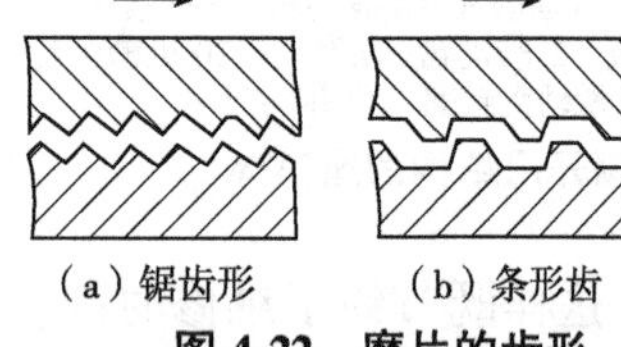


图 4-22 磨片的齿形

磨片有多种结构形式。根据磨片齿面或沟槽宽度的变化情况，磨片可分为齿宽不变型和槽宽不变型。目前此两种类型的磨片都在使用。而根据磨片的齿形断面又可分为锯齿形磨片和条形齿磨片，如图 4-22 所示。锯齿形磨片易于切断纤维，且较易磨损，一般很少采用。条形齿磨片则可以获得较好的帚化纤维，所以被广泛采用。

根据齿条的排列形状，磨片可以分为径向放射形、切向放射形和人字形三种基本形式(图 4-23)。径向放射形的齿条是对称布置的，因此这种磨片不论正转或反转均可保持纤维分离效果的一致。当正转时，磨齿前刃工作，后刃研磨，反转时，后刃工作前刃研磨，这样只要定期变更转动磨盘的旋转方向就可以实现磨齿的自行刃磨，大大提高了磨片的使用寿命。切向放射式的磨片正转时具有甩出效应，纤维在磨盘间通过能力强，生产效率高，但研磨时间短；反转时具有拉入效应，在磨盘间的纤维停留时间较长，研磨充分，但是影响效率。人字形磨片是一种组合的齿条排列形式，通常在大型磨盘上使用。

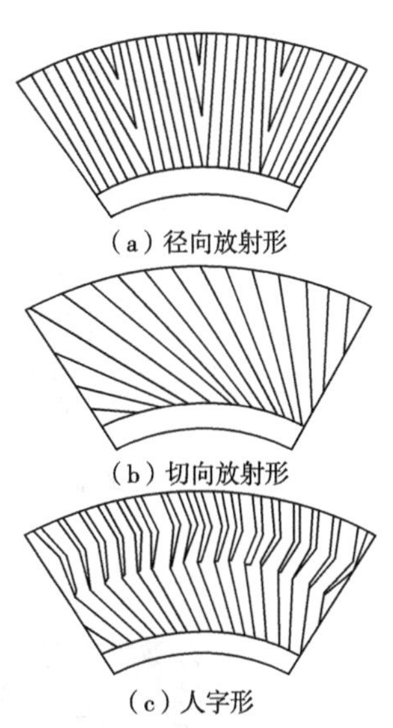


图 4-23 磨片齿条排列形式

一般认为，磨片磨浆过程中可分为三个区段(图 4-24)。

①破碎区 磨浆时木片首先进入磨片中心部分破碎区。此区间磨盘间间隙最大，齿片厚、齿数少，在此区段，木片在高温下首先被破碎成火柴杆状小木条。

②粗磨区 此区域磨盘间隙由内向外逐渐变窄，原料停留时间长，逐渐被磨成针状木丝，在相互摩擦及受磨齿作用下，进而被离解成纤维束及部分单根纤维。

③精磨区 此区域位于磨片的外围，齿数多，齿沟变窄，由粗磨区溜过来的纤维束及单根纤维在此进一步离解达一定程度的细纤维后，离开磨片。

木片在磨浆时的变化过程为：木片在破碎区前受到转动盘上拨料轮的撞击，而碎裂成粗大纤维束与少量碎片；在热磨机磨浆区的内圈，有相当数量的粗大纤维束产生再循环作用，即沿着定盘的齿沟回流到破碎区，再沿着动盘齿沟流向磨碎区的外圈；在粗磨区，纤维受到磨齿剪切力、压力、纤维间的摩擦力以及离心力等应力的复合作用而分离；在精磨区，纤维沿着齿和齿沟向前流动，对纤维所作的大部分工在此区完成，且不会显著降低纤维长度。因此可以看出，物料的破碎，在热盘磨机入口首先发生，而良好的纤维化是在离开破碎区后一段时间内完成的，纤维的完全离解与细纤维化，则是在磨浆区外围区域完成的。

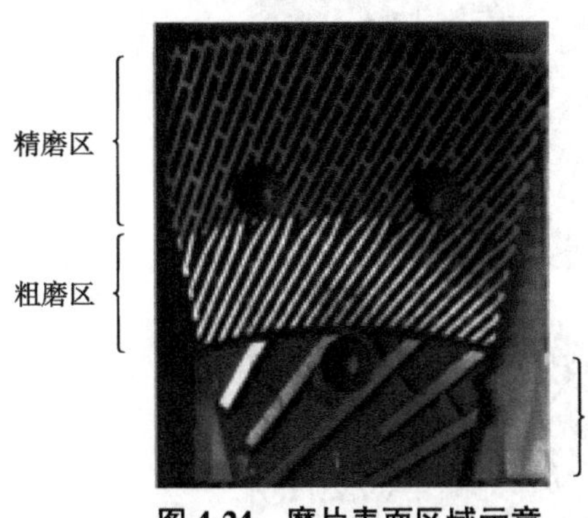


图 4-24 磨片表面区域示意

木片在热磨机中离解时，离解按指数函数变化，即 $4^n$，如图 4-25 所示。磨浆过程中所做的高速摄影，清楚地表明了不同磨浆阶段的物料状态的变化，为磨浆机理提供了有力的佐证，如图 4-26 所示。

影响磨片特性的主要因素包括齿型、锥度以及材料等。

①磨片锥度 磨区的动盘和静盘部分应该是相互平行的，这样有利于解纤。在过渡区部分，动、静盘磨齿之间应有一个较小的楔角(空隙)，以利于进料，揉搓木片和保护过渡区的齿不被打坏。而在进料区，动、静盘磨齿之间的楔角(空隙)应比过渡区的更大，以利于均匀进料，同时避免机械能量的骤增；保护进料区的磨齿不会因齿大、磨损小在磨片使用过一段时间后，发生齿与齿的相碰，致使磨区之间的间隙增大，从而造成解纤不良。

②齿形角 齿形角是指刀齿与半径的夹角。一般来说，磨区的齿形角要合适。斜度太大，则木片在磨机内停留时间长，纤维形态虽较好，但产量小，磨浆功耗增大；斜度太小，则木片在磨室的停留时间短，纤维形态短碎，但产量大，功耗小。因此，齿形角角度选择要适宜，一般选择 10°~20°。相对来说，为了提高产量，针叶材可采用斜度较小的齿形，而阔叶材自然应采用斜度相对大一些的齿形。

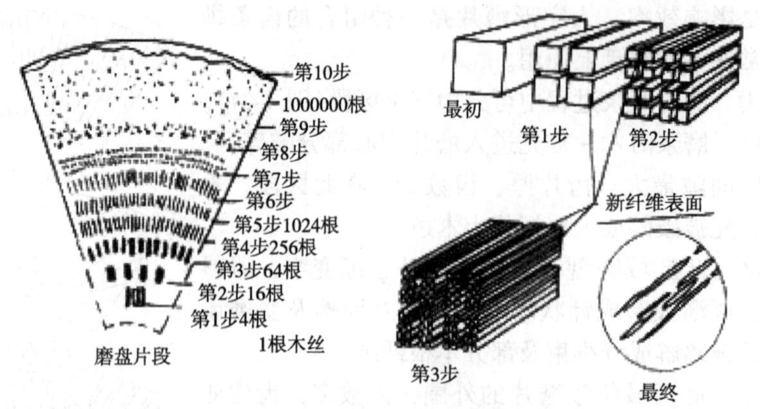


图 4-25 木片在磨浆过程中离解示意

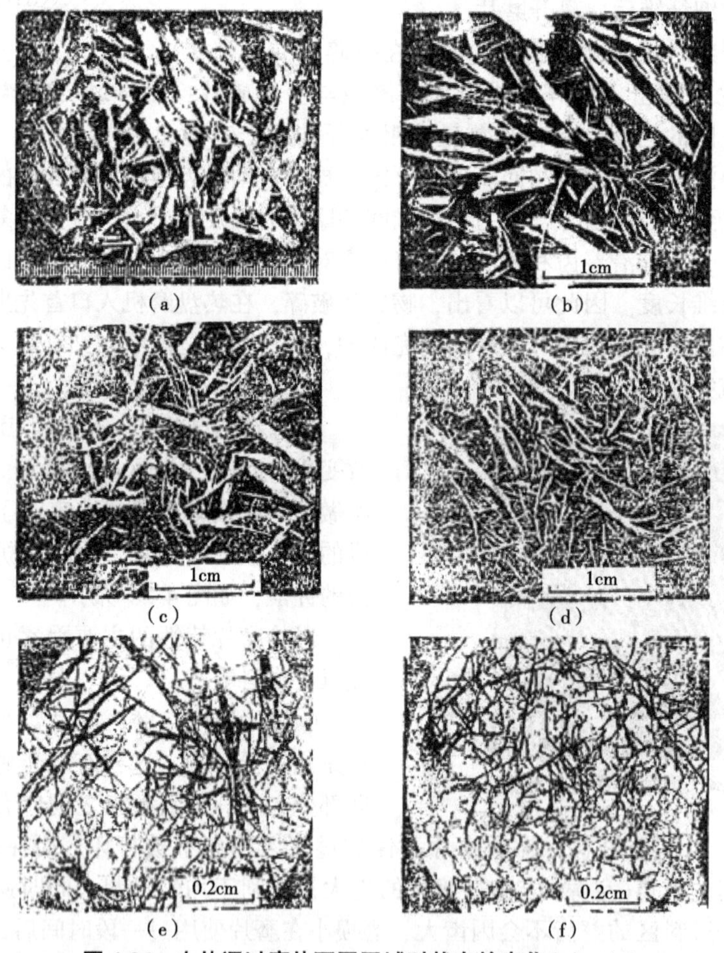


图 4-26 木片通过磨片不同区域时状态的变化(a)~(f)

③磨区的长度 磨区的长度以 42 英寸磨片为例，一般为 140~220mm。磨区的长度越长，则电耗越高，纤维质量相对较好；相反，则电耗降低，纤维质量也较差。

④磨齿的深度 在磨浆过程中，磨齿要承受弯曲载荷。磨齿的深度一般限制在齿宽的 1~2 倍。磨齿太深，磨浆时磨齿易崩，且纤维容易直接流出；磨齿太浅，使用寿命太短，花费高不经济，且木片在齿间易打滑，不利于将木片留在磨片间，从而会造成粗

纤维。一般齿高选择5.5~7.5mm。磨片在使用一段时间后，磨齿会被磨损。一般说磨片磨损后磨齿的深度在3mm以下时，应该立即更换磨片，这样可以节省电和保证纤维质量。

⑤磨片齿形的影响　磨片的齿形对木材纤维的加工质量也有很大的影响。目前，国内外MDF生产厂家所用磨机中的磨片主要有以下几种齿形：单向斜齿、双向斜齿、螺旋齿、A形齿。

⑥磨片的材质　磨片的材质是磨片质量的基础，是磨片使用寿命、高效分离纤维、磨片设计、制造质量的重要保障。磨片的材料可以采用复合铸铁、特种铸钢或不锈钢。

(3)机械密封

热磨机主轴是穿过磨室体进入研磨室的。因此在磨室体与主轴之间必须设有密封装置。早先热磨机密封装置采用盘根密封的方式进行，由于盘根密封泄漏量大，运行阻力大，易磨损，使用寿命短、维护频次高，停机时间长等缺陷，现代热磨机中已很少采用，已经逐步被工作可靠、结构紧凑、使用寿命长的机械密封装置所取代。

如图4-27所示为内装式双端面机械密封结构。静环7安装在环座6内，7与6分别安装在密封盖4和壳体11内，静环7与密封盖4及壳体11之间靠O形圈密封。动环8套装在轴套5上，通过传动键9与轴套5一起高速旋转，动环8和轴套5之间靠密封圈密封。弹簧10安装在安装座内，在弹簧力的作用下，动环8与静环7紧密贴合形成密封面，从而达到密封目的。壳体有三个通水道，一个是密封水进口，其余两个是冷却水进、出水口，冷却动环和静环；通入的密封水，在唇型密封圈3的作用下形成密封效果，密封磨室体内的蒸汽。唇型密封圈把磨室腔体的纤维和蒸汽的混合物与密封水隔开，工作时密封水与蒸汽的压力差为0.02~0.05MPa。

机械密封装置的结构紧凑、轴向尺寸小，因而使转动圆盘与前轴承结构间的悬臂距离大大缩短，增加了转动圆盘的运行刚度，改善了主轴前支撑的受力状态；密封环接触面之间摩擦阻力远远小于采用传统盘根密封时主轴与盘根之间的摩擦，从而降低了主电机功率消耗；机械密封组件中用于密封蒸汽的密封水用量少，从而进入磨室体内的水量少，减少了后续工序中干燥机的干燥能耗，节约运行成本。

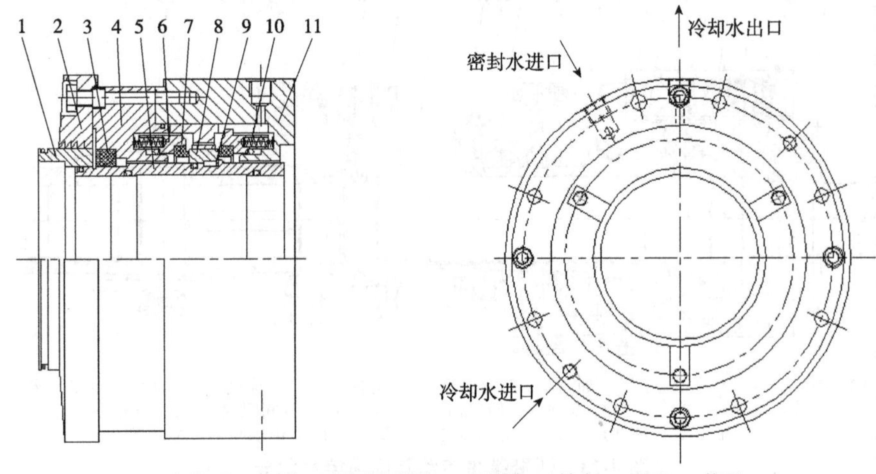


1.定位环　2.压盖　3.唇型密封圈　4.密封盖　5.轴套　6.环座　7.静环
8.动环　9.传动键　10.弹簧　11.壳体

**图4-27　内装式双端面机械密封结构**

### 4.2.4.2　研磨动力及传动与控制部分

(1)研磨动力

热磨机研磨动力一般为高压电机，电机安装在刚性电机座或者直接安装在混凝土基座上，电机与主轴之间采用鼓形齿轮联轴器相连接，该联轴器允许主轴与电动机轴有微小的不对称，并保证主轴可做轴向移动。为保证高压电机能正常工作，一般电机都配有空/空或空/水冷却器对电机内部进行冷却。

(2)主轴与轴承组

图4-28所示为BM1111系列热磨机的研磨装置传动及间隙控制部分。主轴14在传递扭矩的同时，还要承受研磨工作中所产生的轴向力，且主轴的结构及其装配是否合理，对设备性能影响很大。因此，对主轴必须有比较严格的技术要求。热磨机的主轴部件除了应满足强度和刚度这一基本要求外，还必须具有较高的运动精度，其径向与轴向摆动和振幅均应在控制范围内。

为了使主轴能满足上述各项要求，通常从以下几方面进行考虑：①合理地确定主轴的材料及其热处理；②根据计算结果，适当确定轴的结构尺寸，并尽可能采用标准直径，同时应合理地选择轴承的结构类型；③在允许的范围内尽量缩短主轴长度，特别是悬伸端的长度，或尽可能将传动件靠近轴承处；④主轴的加工与装配质量必须得到保证；⑤设法提高轴承的工作精度。

主轴前后轴承各采用一只双列向心滚子轴承2和16支撑，中间采用推力调心滚子轴承5承受主轴的轴向力。为了消除推力轴承的间隙并对推力轴承预紧，在推力轴承背侧面设置了补偿弹簧6，以便提供推力轴承的预紧力，提高主轴的运动精度。根据工作要求，热磨机的主轴需要做轴向移动，故在前后轴承组壳体与轴承壳座之间设有导向装置4，并采用弹簧将其分别压紧在前轴承套3和后轴承套15上。为排除轴承工作时产生的热量，前后轴承均采用稀油循环润滑冷却。

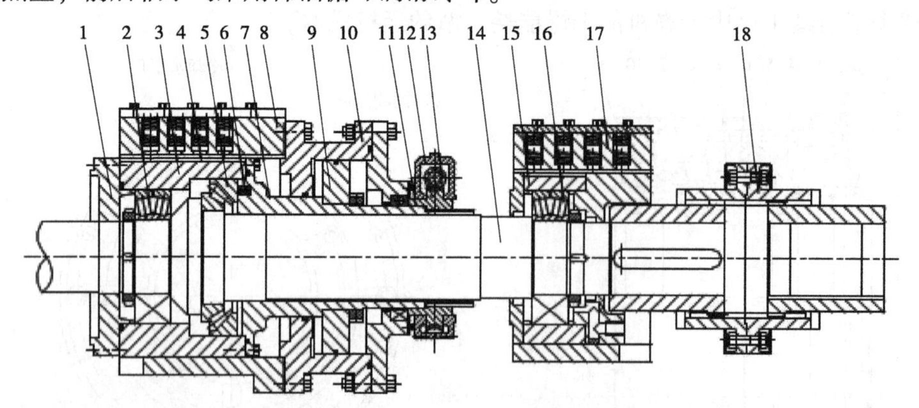


1.前轴承盖　2.双列向心球面滚子轴承　3.前轴承套　4.导向装置　5.推力调心滚子轴承　6.补偿弹簧　7.空心活塞杆　8.前轴承座　9.活塞　10.油缸　11.蜗轮　12.磨盘间隙调整装置　13.蜗杆　14.主轴　15.后轴承套　16.双列向心球面滚子轴承　17.后轴承座　18.联轴器

**图4-28　研磨装置传动及间隙控制部分**

如图 4-29 为国内 BM1114 新型热磨机的主轴轴承系统。该主轴系统的前轴承采用圆柱轴承 2，后轴承采用双列调心轴承 8，中间采用液压止推轴承 5。由于中间采用的液压轴承，没有径向定位精度要求，这样既解决了早先轴承系统存在的三点过定位的现象，又解决了采用滚动轴承长时间运转造成的间隙无法补偿的问题。此结构中转动圆盘和主轴系统的重量完全依靠安装在主轴两端的径向轴承来承担，所有的轴向力由中间的液压止推轴承来承担。主轴系统在工作时产生的振动、偏摆引起的主轴弹性变形全部依靠液压止推轴承来吸收和补偿。

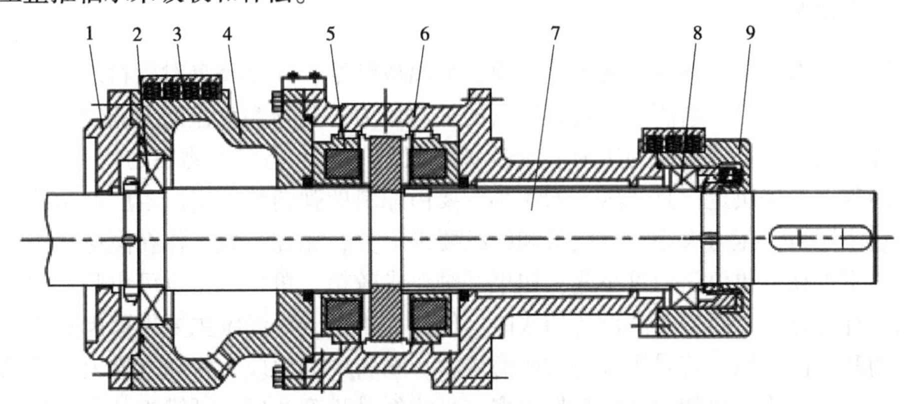


1.前轴承盖　2.圆柱轴承　3.导向键　4.前轴承套　5.液压止推轴承
6.止推轴承套　7.主轴　8.双列调心轴承　9.后轴承盖

**图 4-29　国内新型热磨机主轴轴承系统**

图 4-30 为德国 Pallmann 公司 PR50 系列的热磨机主轴结构。其结构较国内热磨机主轴系统有较大的区别。首先，Pallmann 公司将动磨盘与主轴 1 的重量分别由两个安装在主轴前端的径向轴承 2 和后端的径向轴承 11 来承载，转动磨盘在磨浆时的综合轴向力由安装在前后轴承之间的可自动回转的平面油膜轴承 4 来承担，平面油膜轴承 4 安装在球形座上。主轴系统的研磨所需要的轴向压力通过活塞 10 传递到平面油膜轴承上，通过油膜传递到平面油膜轴承中间的回转圆盘 5 上，通过回转圆盘 5 再将轴向压力传递到主轴 1 上，然后通过主轴 1 与转动圆盘的连接锥面将轴向力传递到转动圆盘上。主轴磨浆过程中所产生的摆动或振动造成主轴轴线的偏移都可以通过支承油膜轴承的球形座的回转得到补偿。主轴系统径向间隙由弹簧导向装置 6 来补偿。

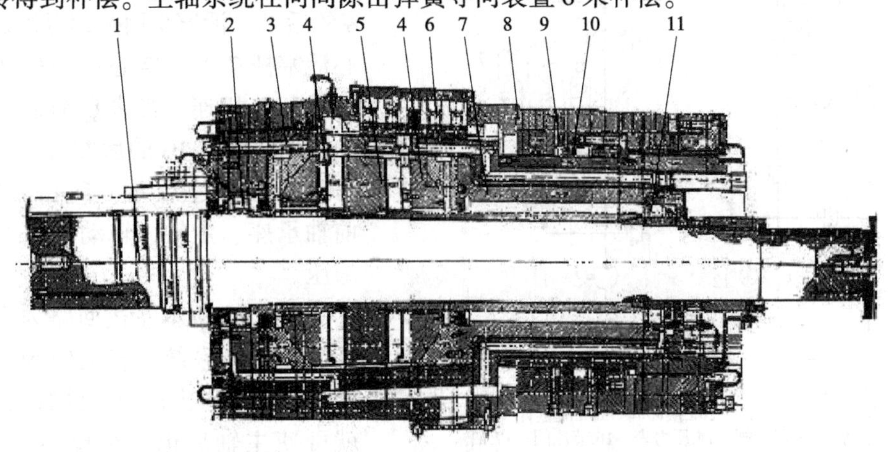


1.主轴　2.前端径向轴承　3.前轴承套　4.平面油膜轴承　5.回转圆盘　6.弹簧导向装置
7.后轴承套　8.机座　9.油缸　10.活塞　11.后端径向轴承

**图 4-30　德国 Pallmann 热磨机主轴结构**

转动磨盘在主轴上的装配，一般采用锥面过盈连接。采用锥面过盈连接可以保证转动磨盘与主轴间的装配精度，同时可传递较大的扭矩。根据各个公司设计结构的变化，有锥面配合键连接的方式和无键连接的方式。为便于主轴与转动盘的安装和拆卸，一般在轴的配合锥面上开有环形油槽，沿轴线方向还刻有油线。油槽与轴端的进油口相连。在装配过程中，从轴端的油口往轴与转动磨盘的配合锥面注油，并通过手动油泵 4 加压，其压力一般需要 135~200MPa，此时转动磨盘的配合锥孔扩大，再将主轴压入。

(3)磨盘加压装置

在研磨工作中，为有效地将木片等原料分离成纤维，须使磨盘对原料产生一定的作用力，即研磨压力。研磨压力也就是磨盘的轴向压力，是指磨盘盘面上能使大部分原料处于高弹性变形状态所提供的压力。所需研磨压力的大小仍根据物料的特性、生产率、预热时间等因素来决定，具体压力的大小主要由原料的弹塑性而定。若原料塑性大，则可采用较小压力。压力大小又与设备和纤维要求有关，比如装置工作在高速状态时，由于作用频率提高，单位压力可小些；如果纤维要求较粗，单位压力也可小些。增加压力可以缩短纤维分离时间，提高设备的效能。但是，由于分离纤维主要靠磨齿对物料的挤压、剪切和磨搓作用，若采用过高的研磨压力，物料中的内应力将随之增大，纤维被过度压溃和切断，浆料中的短纤维含量增多，平均纤维长度和成品纤维板的所有强度指标都有所降低，同样影响分离效果。因此，为了在保证纤维质量的前提下提高效率，最好采用增加外力作用频率的方法，即增大磨盘直径和转速，而不宜采用提高压力。在条件允许的情况下，应尽量降低压力。

研磨压力通过加压装置产生，对于磨盘的加压装置，国外制造热磨机的公司已经全部采用自动控制的方式。Andritz 公司采用丝杆螺母机构进行磨盘加压；Metso 和 Pallmann 公司均采用液压加压和液压伺服系统进行磨盘加压。

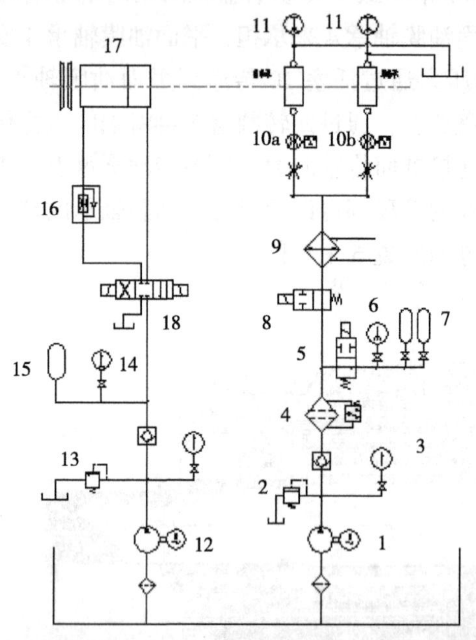


1.油泵 2.减压阀 3.压力表 4.过滤器 5、8、18.换向阀 6.压力表 7、15.蓄能器 9.冷却器 10a.换向阀 10b.流量计 11.温度计 12.油泵 13.调压阀 14.压力表 16.节流阀 17.油缸

**图 4-31 主轴轴承液压加压系统(左)及润滑冷却系统(右)**

如图 4-28 所示国产 BM1111 系列热磨机采用液压加压装置，这种加压装置包括加压油缸及其液压传动系统。加压油缸安装在前轴承座 8 的后端，活塞 9 用圆螺母固定在空心活塞杆 7 上，空心活塞杆 7 与前轴承套 3 相连。当来自油泵的压力油作用在油缸 10 的后腔时，产生推力。此力通过活塞、空心活塞杆、前轴承座、主轴、转动盘来对原料施压。

图 4-31 所示左边回路为主轴轴承液压加压系统，若换向阀 10b 切换通路，使压力油通入油缸的前腔，就可使主轴后退，实现磨盘分离，便于检修与更换磨片。磨盘加压系

统的油液压力由调压阀13调节，使油缸产生研磨压力。工作中，磨盘加压处于“浮动”状态，以保证当磨盘之间万一进入金属或其他硬杂物时，能将磨盘推开，使硬杂物迅速排出，保证磨片免遭损坏。

(4)主轴轴承组润滑冷却系统

主轴轴承系统既要承受转动圆盘、主轴的高速旋转，又要提供研磨时所需要的轴向载荷，同时又是在高温高压的环境下工作，主轴轴承系统会产生大量的热量。为了保证轴承系统能够正常运行，需要提供一套润滑冷却装置，一方面对轴承持续供油保证其润滑，另一方面将轴承工作时产生的热量及时地传递并冷却，将热量及时带走，保证轴承不被烧坏。处理好热磨机的润滑和液压系统，将会对整条生产线的正常运行奠定良好的基础。如图4-31右边回路为主轴轴承润滑冷却系统。

热磨机润滑系统同时向主轴前后轴承供油。压力油经过滤器4在换向阀5、8的共同作用下向蓄能器7储油。当蓄能器压力到达要求时，压力表6发出信号，换向阀5、8动作向轴承管路供油。液压油首先经过冷却器9冷却，然后经过节流阀16流量计10和进入前后轴承润滑并冷却。进入轴承的流量可流量计10显示、流出轴承的油温可以通过温度表11显示，流量计10和温度表11的相关数据经采集后进入热磨系统控制部分进行互锁控制，以保护主轴系统。当主轴系统停止后，在换向阀5、8的作用下，储存在蓄能器中的液压油继续向轴承系统供油，一般供油时间可持续10~20min。

(5)磨盘间隙微调装置

热磨机磨盘间隙的大小直接影响到纤维的粗细及质量，因此精确调整磨盘的间隙，是在热磨机操作中最重要的环节。国外公司对于磨盘的间隙微调方面已经全部采用自动控制的方式，Andritz公司采用通过双速减速电机装置和丝杆螺母机构进行磨盘间隙微调，Metso和Pallmann公司均采用液压系统配合位移传感器进行磨盘间隙的调整。

如图4-28为BM1111系列热磨机的间隙微调机构。磨盘间隙调整装置12直接安装于加压油缸之后，由一只手轮(图中未示出，装在蜗杆13上)带动蜗杆13、蜗轮11机构转动。蜗轮的侧面通过一平面推力轴承压在油缸10的端盖上，限制蜗轮向左的轴向移动，即控制磨面的间隙。蜗轮的内孔加工成内螺纹，与空心活塞杆7尾端的外螺纹相配。当蜗轮转动时，在液压系统配合下，通过丝杆螺母机构使活塞9作轴向运动，带动前轴承组与主轴一起移动。

热磨机在开始磨浆时，待主电动机运转平稳后，配合液压控制动作，旋转手轮，使主轴向前移动，当听到有金属摩擦声时，表示两磨盘已开始接触。这时反向转动手轮1~2圈，然后按工艺要求或经验再加调整，直到达到理想的纤维质量。

### 4.2.5 排料装置

#### 4.2.5.1 作用与要求

热磨机的排料装置装于研磨室的纤维浆料出口处，用于排出纤维。

为了适应热磨机连续生产的需要，排料装置应能满足下述基本要求：①必须使研磨室内的蒸汽连同纤维一起按一定的速度相对稳定地排出，以使研磨室内的蒸汽压力基本保持相对稳定，保证纤维分离质量；②排料装置应具有良好的密封性，不泄露蒸汽且不损失纤维。

根据工作方式不同，热磨机的排料装置可分为：周期式排料装置和连续式排料装置。早期的热磨机使用前者，即采用双级往复式弯管排料装置，或称S管排料阀。它是利用研磨室内蒸汽压力与S形管内两个阀门交替开闭进行间断排料的原理进行工作。现在热磨机大都采用板式孔阀连续排料装置，该装置是利用研磨室内外压差及小孔通过流体时产生一定压降的原理来实现连续排料的。

#### 4.2.5.2 板式孔阀连续排料装置

图4-32为国内最常见的热磨机板式孔阀连续排料装置。它由阀门1和喷嘴2构成了可调节开度的排料阀口。喷嘴安装于排料阀阀体6的前端，阀门则固定在转轴3的端部，它与阀口相紧贴。工作时，由蜗轮蜗杆机构4控制阀门与喷嘴的相对位置，来实现排料口大小的调节。在阀体的出口断面上有刻度盘5及刻度来指示阀门当前开度状态。排料口开度的大小视热磨机产量、纤维质量及主电动机电流值而定。有的热磨机采用气动或液压装置代替蜗轮蜗杆结构装置来控制排料阀口的大小，以实现自动控制。阀口衬套采用耐磨合金或陶瓷材料制成，以提高其耐磨性，但当其磨损到一定程度时也需要进行更换。

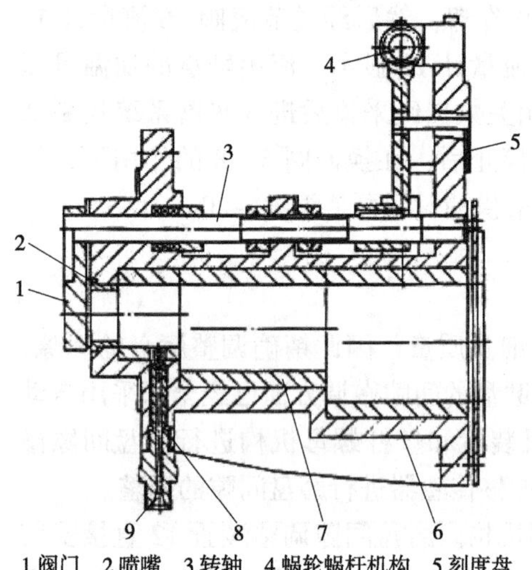

1.阀门 2.喷嘴 3.转轴 4.蜗轮蜗杆机构 5.刻度盘 6.阀体 7.耐磨套 8.冷却水套管 9.喷胶口

**图4-32 板式孔阀连续排料装置**

为了适应中密度纤维板生产工艺的要求，在该阀的排料阀口后设有喷胶头。工作时，由胶泵定量地将胶液喷入从研磨室排出的浆料中，由于浆料的高速运动，使胶液与纤维能均匀混合，完成施胶，一起送入下道工序。

这种排料装置具有结构简单，操作、维修方便，产量高、功能强和动力消耗小等优点，所以在生产生活中获得广泛地应用。

#### 4.2.5.3 切换阀

热磨机刚开始生产或需要停机操作时，所生产的纤维由于纤维形态差，一般不符合中密度纤维板生产的要求。为了不将此部分原料排放到干燥管道中，需要在纤维排放管路上安装有纤维切换阀。

图4-33为典型切换阀结构。从研磨室体排出的纤维进入切换阀的进料口1，气缸8根据电气控制程序对排出的纤维进行处理。如果是合格的纤维料，则推动转动阀门4，使转动阀门4封闭通往排废料口6，让纤维直接从排料口7排出，进入干燥管道；如不是合格的纤维，则通过气缸带动转动阀门封闭住排料口，使不合格的纤维通过排废料口排出，进入废纤维料仓或其他收集装置。转动阀门在切换时，管道内的原料由于失去动力会在管道内沉降，因此在每个管道上均安装了电磁蒸汽阀，当阀门将管道入口封闭住后，接通蒸汽阀，通入蒸汽，将管道内的纤维清理干净，使管道始终保持畅通。

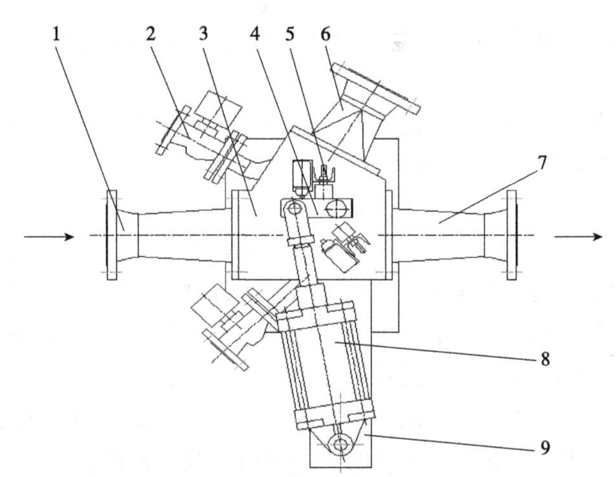


1.进料口　2.电磁阀　3.阀体　4.转动阀门　5.限位　6.排废料口　7.排料口　8.气缸　9.安装架

**图 4-33　切换阀**

## 4.3　一次成浆磨浆机

一次成浆磨浆机一般应用于造纸制浆，在中密度纤维板生产中鲜有应用。如图 4-34 所示为瑞典推出的一种新型磨浆机，它是在热磨机的基础上发展而成的一次研磨成浆的纤维分离设备。它与通常所用的热磨与精磨两次研磨成浆的磨浆机相比，能显著提高浆料的质量。以往从热磨机处理出来的粗纤维，经稀释并送到贮浆池冷却后，纤维束表面会重新形成一层硬壳，再进入精磨机加工时就很容易把变硬变脆的粗纤维磨断，减少了浆料中长纤维的占比，因而影响浆料质量。而采用一次研磨设备，经预热软化的木片进入这种设备后，先经磨盘齿面的粗磨区分离成粗纤维，接着继续在同一磨盘周边的精磨区进行精磨。由于物料一直保持在高温下且经过连续软化，磨盘的精磨区便很容易直接将粗纤维分离成比较完整的细纤维，所以细长纤维的占比高，浆料的质量好。并且，这种设备的主体结构及其控制装置等方面较之前的磨浆机都有改进，尤其是它的磨盘可以正反转，这个改变使磨片的使用期限显著延长。

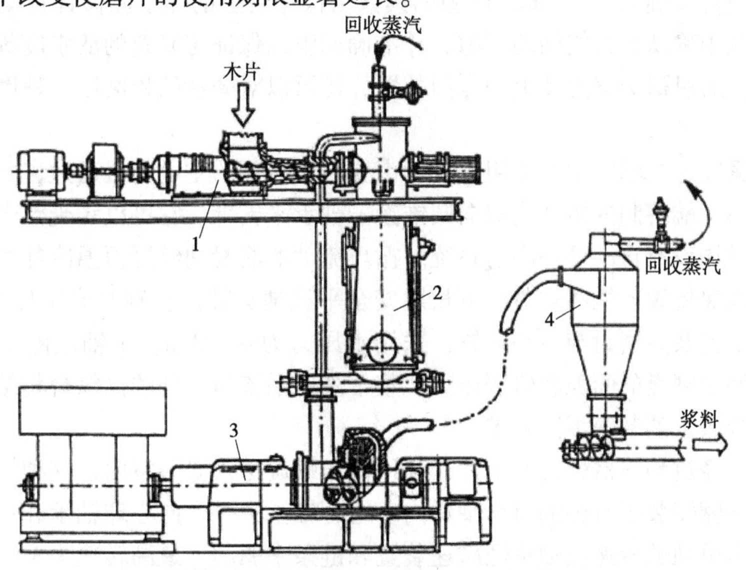


1.木片进料器　2.预热蒸煮器　3.研磨装置　4.蒸汽旋风分离器

**图 4-34　新型磨浆机**

如图 4-34 所示，这种制浆设备主要包括木片进料器、预热蒸煮器和研磨装置三个部分。

木片进料器通常有两种，一种是螺旋式进料器，另一种是转子式进料器，它们的结构与一般热磨机的进料装置基本相同。

预热蒸煮器通常也有两种，一种是卧式蒸煮罐预热器，另一种是立式蒸煮罐预热器，它们的结构也与一般热磨机的卧式加长蒸煮装置和立式蒸煮装置相类似。

研磨装置(图 4-35)是这种设备的关键部分，其研磨室主要由一个固定磨盘和一个转动磨盘及其磨室壳体组成。固定磨盘和转动磨盘都安装有若干块扇形磨片组合而成的圆环形研磨齿盘，每块磨片从内周到外沿分为三个区域，即里面的破碎区、中间的粗磨区和边沿的精磨区。工作中，经软化的木片通过输送螺旋进入到两磨盘之间的间隙，由磨片分离成为浆料，随后在蒸汽压力作用下经排料口喷放排出。

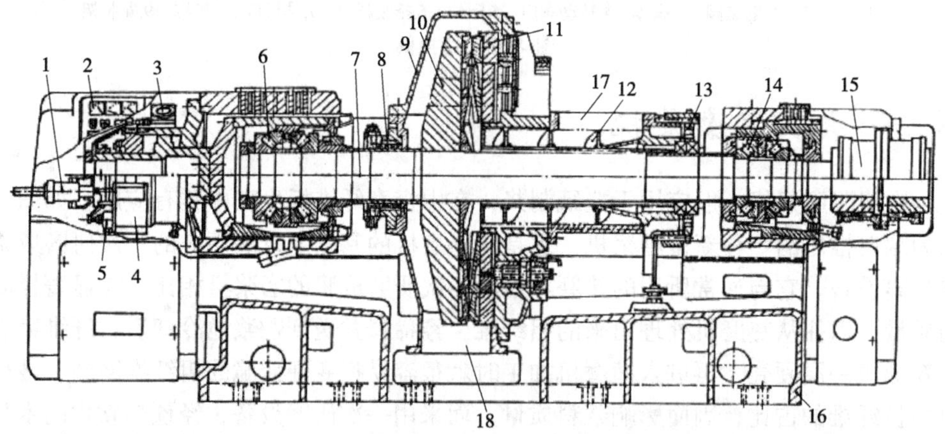


1.磨盘间隙与压力调节装置 2.仪表 3.磨盘间隙显示器 4.液压导向阀 5.微动开关 6.操作侧轴承组 7.主轴 8.密封与冷却装置 9.研磨室 10.动磨盘 11.定磨盘 12.输送螺旋 13.螺旋传动装置 14.传动侧轴承组 15.联轴器 16.机座 17.木片入口 18.浆料排出口

**图 4-35 瑞典 RS(P)54S 型磨浆机主机结构**

磨盘之间的间隙及其研磨压力的大小，由安装在设备左侧的液压装置自动调整。磨盘间隙的调整可精确到 0.01mm。间隙的读数由操作台上的光学测微计自动显示。操作人员可随时从中确认磨盘之间的间隙，并准确调整以保证与浆料的滤水度等参数要求相适应。此外，通过研磨室壳体上的专门装置，还可以对磨盘的粗磨区和精磨区的间隙分别进行调节。

动磨盘紧固与主轴中部的加粗部分，由安装于右侧的主电动机通过齿式联轴器直接驱动。主轴由两端特制的组合式双向圆锥滚子轴承来支承。它可以承受数十吨的轴向推力。各个轴承均设有自动循环润滑系统。循环流动的润滑油经过恒温冷却装置以后再输入轴承内，以保持设备能在重负载下长期安全平稳地运转。主轴与磨室体的配合部位，均装有耐磨轴套及其密封与冷却装置，采用水压力为 0.6MPa。主轴左侧末端设有液压装置，用来调控磨盘的间隙和研磨压力。整个液压系统与设备的操纵台相结合，可以满足自动控制或人工调节等不同要求。

工作中，经过预热器软化的木片，利用输送螺旋送入研磨室内。这种螺旋是一种空心管结构，悬臂安装于右侧的组合轴承内。组合轴承由一个向心球轴承和一个推力轴承组成。螺旋由单独的变速电动机经减速装置和链条来驱动，最高转速为 125r/min。

研磨室靠近定磨盘的一侧还专门设有进水管，用于加水稀释纤维，使纤维变为具有一定浓度的浆料。

操纵台设在设备的左边，包括主电动机及各个辅助电动机的按钮，输送螺旋的开关盒调速按钮，各种控制仪表，报警器及照明开关等。

报警装置是为了使设备的各个部分能密切配合，保证正常工作而设置的安全保障设施。其中包括：主电动机负荷过大或过小的报警；主轴承润滑情况的报警；电动机和主轴承超温的报警(电动机温升105℃为限，轴承以40℃为限)；密封与冷却水中断时的报警；设备发生异常振动时主电动机的报警。

长期使用中，磨片磨损后更需更换。正常运行时，需将主电动机每周2~3次反向运转，以提高磨片的使用寿命。考虑到正反转的需要，主电动机、主轴及其轴承，在结构设计时均采取了相应的措施。更换磨片时，先打开研磨室的上盖，然后便可将动磨片拆下，更换定磨盘的磨片时，先将磨盘的定位销及螺栓等紧固零件拆除，就可轻易地旋转定磨盘(因定磨盘内孔相应处装有针形滚子轴承)，从而便可逐一拆下(或装上)各块磨片。

为了保证设备平稳地运行、除了应有紧固的床身以外，机座底部应安装在防震的混凝土上，以免设备开动时产生的震动传到周围，或者周围的震动干扰本机。

瑞典一次成浆磨浆机将木片一次研磨成浆，若采用普通的磨片就无法达到预期的效果。而这种磨浆机的研磨齿盘，从中心区域和中间区域到外沿区域，各部分的齿条结构各不相同。中心区域的齿条起碎料作用，成为破碎区；中间区域起纤维分离作用，成为粗磨区；边沿区域起再分离作用，成为精磨区。普通结构的磨片，这些区域的差别并不明显。另外，研磨木片过程中会产生大量热量和蒸汽，普通磨片不能保持使这些蒸汽迅速均匀地通过，从而会导致被分离的纤维不能均匀地从磨盘中排出，造成对纤维的切割比较剧烈的影响，这些都将影响浆料的质量。为了获得优质浆料，磨片结构必须设计成能够保证物料连续、均匀地通过各个区域，尤其是精磨区。

磨片的结构是否合理，直接关系到一次成浆设备的成败。如图4-36所示磨片的结构和特点。

磨盘采用组合式磨片，研磨齿盘由12块扇形磨片构成。图4-36中示出其中一块扇形磨片的结构及其相应的剖面。

各块磨片的背面必须磨平并保持厚度完全一致，以便精确地安装在同一个磨盘上。每块磨片的齿面均由破碎区3、粗磨区4和精磨区5所组成。

破碎区3的齿条6粗大而稀疏，呈放射状排列，齿条之间的距离较宽，齿条的长度不等，齿条的宽度由里向外逐渐变小。小齿条7分布在破碎区3外沿。破碎区3的齿条主要用于木片的揉碎，并引导木片进入粗磨区。

粗磨区包括一系列较细的齿条8，彼此平行排列。粗磨区4又分为两个部分9，每个部分处于中间的那根齿条与磨盘的半径方向相一致。各齿条之间都设有若干个横档10，它用于当磨盘运转时防止物料直接由沟槽中通过，而能迫使物料通过齿面不断得到研磨。

精磨区的齿形与粗磨区的相似，但其齿条11更细，彼此也呈平行排列。精磨区5也分为两个部分12，与粗磨区相互对应。精磨区5两个部分交界处的若干齿条13与其相邻的齿条形成一定的角度，以使两部分妥为连接。

精磨区 5 的齿条 11 和粗磨区的齿条 8 之间的过渡区域 14 的边界线呈直线，并彼此保持妥善地衔接。粗磨区和破碎区 3 之间的边界线 15 则呈圆弧形，它有助于在将物料破碎的同时使物料能顺利地被导入研磨区进行研磨。

由图 4-36 所示的磨片侧面 *D—D* 剖视图可知，磨片的齿面与其背部(即磨盘的端面)之间呈一定的倾斜度(夹角 $\alpha$)，其中破碎区的倾斜度较大，粗磨区和精磨区的倾斜度均较小。因此，当成对磨盘合拢时，整个圆环状磨片的研磨齿面呈现出相应的锥度，即中心部分(破碎区)具有较大的空间，这就有利于物料能均匀而顺畅地进入研磨区，并且连续地经过粗磨和精磨而得到优良的浆料。

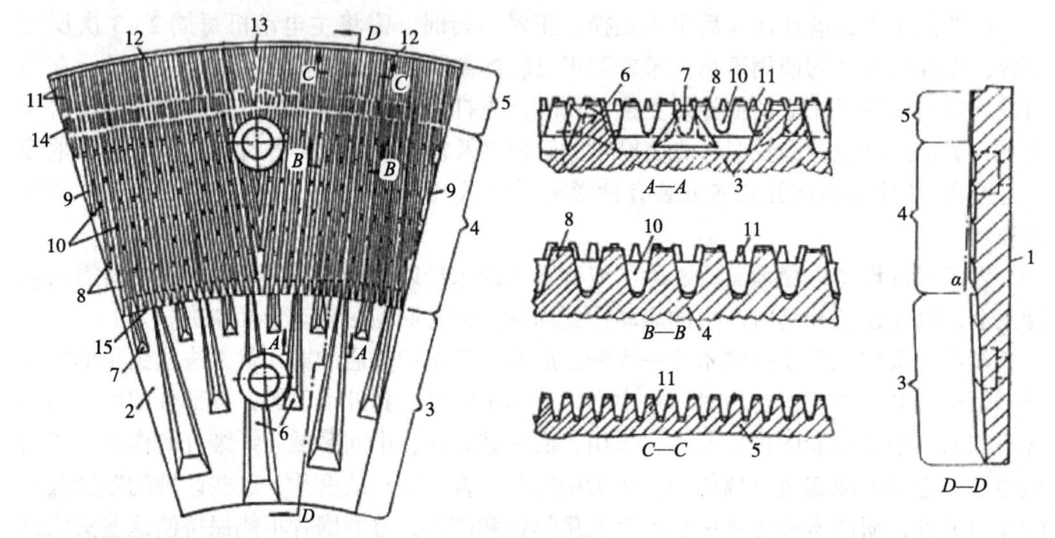


1.磨片安装基面　2.磨片工作齿面　3.破碎区　4.粗磨区　5.精磨区　6.破碎区粗齿　7.破碎区小齿　8.粗磨区细齿　9.中间区粗磨部分　10.横档　11.粗磨区小细齿　12.精磨区　13.精磨区交界处齿条　14.过渡区域　15.圆弧形的边界线

**图 4-36　扇形磨片的结构**

# 第5章
# 铺装机和成型机

## 5.1 概述

铺装和成型分别指刨花板生产中的刨花铺装和纤维板生产中的纤维成型，均是生产中的重要环节。铺装或成型后的板坯质量影响到成品的外观质量和物理力学性能，如板坯密度不均匀，成品板密度也就不均匀，受外界环境的温度、湿度等条件变化的影响，各部分膨胀和收缩不一致，会导致成品板翘曲变形，板内各部分的物理力学也有较大的差异。因此，对刨花铺装机和纤维成型机最基本的要求是：板坯铺装或成型的厚度应符合成品板的密度要求，而且板坯各处的密度应基本相同，表面应尽可能平整，即应均衡。刨花铺装机和干纤维成型机工作原理基本相同，但由于刨花的形态和纤维的形态不同，且刨花的尺寸规格差异很大，刨花铺装机与干纤维成型机在结构上也有一定的差异。

## 5.2 刨花铺装机

刨花铺装机的种类很多，结构形式各不相同。按铺装过程是否连续，可分为周期式铺装机和连续式铺装机；按铺装板坯的结构不同，可分为渐变结构板铺装机、单层结构板铺装机、多层结构板铺装机和定向结构板铺装机；按铺装方式不同，则可分为机械式铺装机、气流式铺装机和机械气流组合式铺装机。

刨花板生产中的铺装作业线，通常由运输带和若干个铺装头组成，包括板坯齐边装置、板坯横截圆锯机、板坯检量秤以及废板坯排除装置等部分。施胶刨花经计量后连续地供料，均匀地铺装在运转的垫板或者运输带上；铺装头设置在运输带的上方。显然，铺装头的数目和结构应根据生产板坯的结构要求确定。图5-1所示为一种生产三层结构刨花板的刨花铺装机示意图。在铺装运输带22的上方，设置有四个铺装头，其中铺装头1和13为具有刨花分选作用的气流式铺装头，用于铺装板坯的表层；铺装头20和21为机械式铺装头，用于铺装板坯的芯层。施胶刨花由刮板运输机2进入分配料仓4，对称螺旋运输机3将刨花按料仓的宽度均匀分配，再由螺旋进料器5将刨花输出。送往各个铺装头的刨花量由挡板6调节比例关系。

铺装作业从铺装头1开始，由于气流的分选作用，铺装运输带上最初铺装细小的刨花和粉粒，而后为较大的刨花，形成板坯的下表层。芯层刨花由铺装头20和21铺装，未经分选。板坯的上表层由铺装头13铺装，在气流的分选作用下，较大的刨花先铺装在板坯上，而后再铺装细小的刨花和粉粒。于是，在铺装运输带上形成在厚度方向上对称、表层细密而芯板为粗大刨花的三层结构板坯。

不同形式的刨花铺装机，或者不同类型铺装头的组合，即可按需要铺装成不同结构要求的刨花板坯。

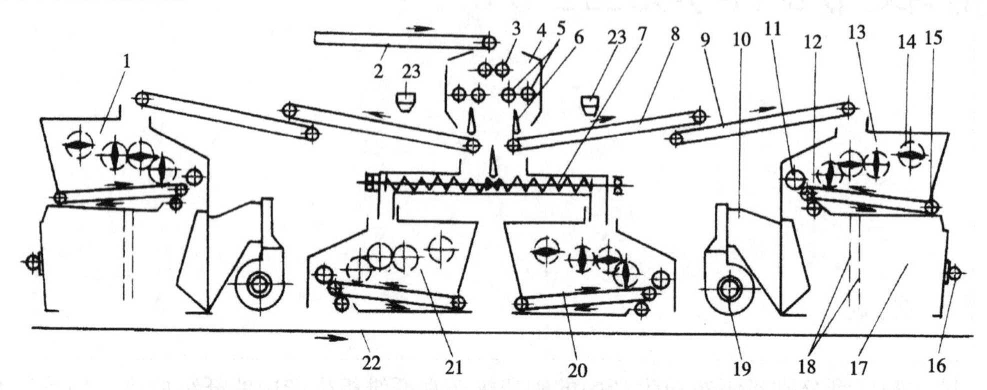


1、13.铺装表层气流式铺装头 2.刮板运输机 3.对称螺旋运输机 4.分配料仓 5、7.螺旋进料器 6.挡板 8.固定式运输机 9.摆动式运输机 10.空气管道 11.刷式抛撒辊 12.刷辊 14.均料辊 15.带式运输机 16.振动器 17.分选室 18.分选网 19.风机 20、21.铺装芯层的机械式铺装头 22.铺装运输带 23.工艺粉尘运输机

**图 5-1 生产三层结构刨花板的铺装机示意**

## 5.2.1 机械式刨花铺装机

机械式刨花铺装机的结构形式有很多种，通常均由铺装运输带以及设置在铺装运输带上方的若干机械式铺装头组成。

### 5.2.1.1 BP3213 型机械式多层刨花铺装机

铺装头由小型料仓、计量系统、铺装装置及送料带等部分组成，图 5-2 为典型表层铺装头。

小型料仓 1 具有缓冲作用，当前一道工序出现故障而短时间停机时，仍可利用仓中贮存的施胶刨花继续铺装。倾斜安装的送料运输带 2，构成了料仓的活动底。除了将施胶刨花从料仓中输出并使刨花在铺装宽度上均匀分布之外，送料运输带 2 还可起到混合翻动原料和防止刨花在料仓中板结架桥的作用。先后进入料仓的刨花，如其树种、规格尺寸、含水率和施胶量等存在差异，能够得到轻度的混合，可使输出料仓的刨花料流性质趋于一致。但当料仓内的料位波动时，输出的料流密度随之发生变化，因而这种料仓的供料精度相对较低。

小型料仓的出口处装有上扫平辊 4，用于控制送料运输带 2 上的刨花送料厚度，构成对铺装刨花的第一级体积计量。上扫平辊 4 为尼龙针刺辊，由单独的电动机驱动，其安装高度可以调节。

当刨花的形态、规格尺寸、树种、含水率及施胶量变化时，相同容积的刨花，其质量差异较大，因而仅用体积计量难以控制刨花板成品的密度。为此，在铺装头中设置了周期式称重装置 3，用以对刨花进行质量计量。送料运输带 2 从料仓中输出施胶刨花，落入周期式称重装置 3 的料斗。当周期式称重装置 3 的料斗内的刨花达到预计质量时，秤杆抬起，利用限位开关发出信号，断开送料运输带 2 的电磁离合器，并吸合它的制动离合器，使送料运输带停止送料；同时，设置在料斗上方的一对断料辊 5 也停止转动，使送料运输带 2 上因惯性落下的少量刨花被断住，不落入称重料斗中，以免影响称重精度。称重料斗的活门由气缸控制。经过固定称重周期，活门自动打开，料斗中的刨花落入缓冲料仓。随后气缸反向进气，料斗活门关闭，再次启动送料运输带 2 和断料辊 5，进入下一个称重周期，称重周期可用时间继电器调节，每分钟 3~6 次。

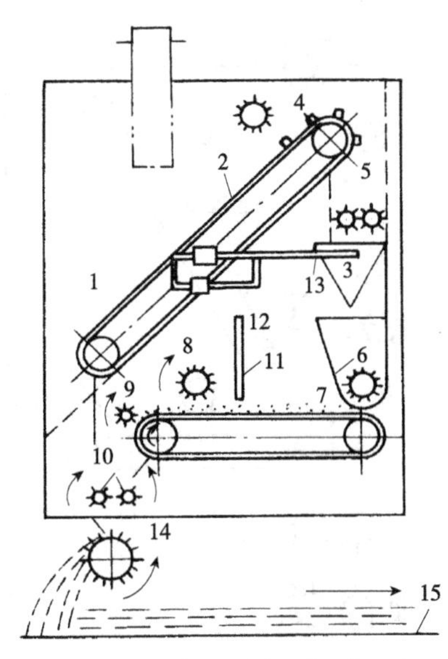


1.小型料仓　2.送料运输带　3.周期式称重装置　4.上扫平辊　5.断料辊　6.卸料辊　7.水平运输带　8.下扫平辊　9.拨料辊　10.疏松辊　11.信号板　12.信号发送元件　13.缓冲料仓　14.铺装辊　15.铺装运输带

**图 5-2　BP3213 型铺装机的表层铺装头**

缓冲料仓 13 中的刨花由卸料辊 6 均匀地卸至水平运输带 7 上。水平运输带 7 的上方装有下扫平辊 8，用以控制水平运输带 7 上的刨花的输送厚度。下扫平辊 8 为尼龙针刺辊，其安装高度可根据刨花铺装量进行调节。水平运输带 7 的卸料辊 6 由一个调速电动机驱动，速度可以无级调节，保证每个称重周期内从称重料斗中下来的刨花与送往铺装区的刨花平衡；同时也可允许根据刨花的密度、含水率及施胶量对刨花的出料量进行控制，使单位面积板坯中的木材纤维数量达到均衡。水平运输带 7 和它上方的下扫平辊 8，构成对铺装刨花的第二级体积计量。

水平运输带 7 的上方还装置有信号板 11 和信号发送元件 12，用以对水平运输带 7 的速度进行校正。铺装机在工作过程中，下扫平辊 8 前面堆积少量刨花是正常的，但若堆积刨花量过多，则说明水平运输带 7 速度偏慢，将会造成板坯的密度偏差。信号板 11 和信号发送元件(干簧管)12 组成传感器，当刨花堆积过多时，信号板 11 被推移偏转一定的角度，通过信号发送元件 12 的机电量转换作用发出信号，由控制系统使水平运输带 7 微量增速，直至刨花堆积减少，信号板 11 恢复正常位置，水平运输带 7 亦恢复至原来调节的速度。

拨料辊 9 为针刺辊，由单独的电动机驱动，用于从水平运输带上拨下刨花。铺装辊 14 为抛射式刺辊，在辊上针刺的作用下，刨花被抛撒到铺装运输带 15 上；细薄的刨花就近落下，粗大的刨花被抛得较远，从而对刨花进行分选。

表层用的细刨花施胶量较大，容易黏结成团，为此，表层铺装头的拨料辊 9 和铺装辊 14 之间，增设了一对疏松辊 10，其上的针刺相互交错，且两辊的转速不同，使成团状的刨花在铺装之前得以被疏松开来。芯层铺装头则一般不设置疏松辊。

### 5.2.1.2　W-10 型铺装机芯层铺装机

W-10 型铺装机是德国 Siempelkamp 公司生产的一种机械式刨花铺装机。该铺装机有三个铺装头，用以铺装三层结构刨花板的板坯，图 5-3 为该铺装机芯层铺装头的结构示意图。

螺旋下料器 1 垂直于铺装生产线安装，将拌胶刨花送入料仓 5。为使刨花在料仓的

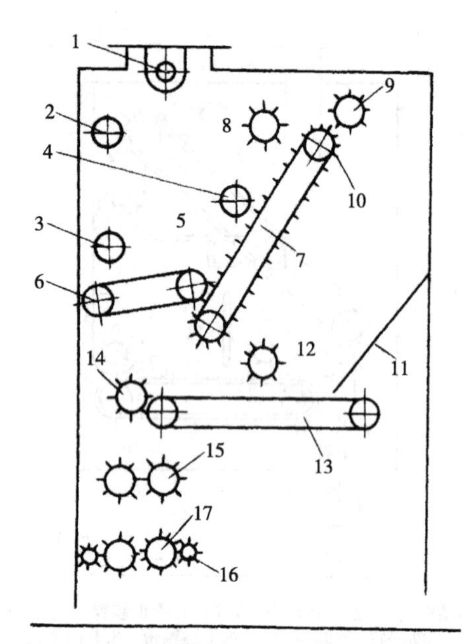


1.螺旋下料器 2~4.料位计 5.料仓 6.进料带 7.送料带 8.上计量辊 9.拨料辊 10.通道 11.密度控制仪 12.下计量辊 13.水平出料带 14.下拨料辊 15.松料辊 16.刷辊 17.铺装辊

**图 5-3 W-10 型铺装机芯层铺装头结构示意**

宽度方向上均匀落料，螺旋下料器 1 的底槽可沿导轨滑动。前移滑动速度有两种，回程滑动速度有三种，可根据需要选择。

料仓 5 由水平布置的进料带 6、倾斜安装的送料带 7 和铺装头的侧壁等部分构成。运动部件与料仓壁之间采用尼龙刷密封，密封效果较好，同时也不会增大运动部件的摩擦阻力。进料带 6 用于将料仓 5 底部的刨花向送料带 7 移动，其启动与停止由料位计 4 控制。送料带 7 用于将刨花从料仓 5 中输出，并对刨花起到混合的作用。送料带 7 的速度可在一定范围内无级调节，其速度的大小由密度控制仪(固体流量计)11 控制。为保证从料仓中输出的刨花流量均匀，厚度一致，在料仓出口处设有上计量辊 8。该计量辊的转速可无级调节，安装高度也可调整。该辊的轴径较小，针刺长而粗，由圆钢制成，在轴向和径向排列分布均较疏，且两端的三圈针刺长短可以调节。因此，计量精度高；针刺不易折断、损坏，可减少维修工作量；同时可人为地将两端的三圈针刺调短一些，使刨花流在宽度方向上两边比中间略厚，从而防止因塌边而影响等密度铺装。

料仓 5 中设置有三个微波料位计 2、3、4，用以控制料仓 5 中的刨花料位保持在一定范围内。料位计 2 控制料仓的最高料位，当它被挡住时，发出“满仓”讯号，使螺旋下料器 1 停止下料。料位计 3 控制料仓的最低料位，当其从刨花中露出时，发出信号，暂时停止铺装，并使螺旋下料器 1 启动下料。料位计 4 控制进料带 6 的启动与停止，当其被挡住时，说明刨花料位过高，影响计量辊的工作精度，因而发出信号使进料带 6 停止运行；当其未被刨花挡住时，计量辊可正常工作，进料带 6 正常运转。

经一级体积计量的刨花，由拨料辊 9 使之松散，并拨入通道 10 进行刨花导流。在这开通道出口一定距离处，设置有一块挡板，该挡板是密度控制仪 11 的力传感器。当刨花流从通道 10 的出口冲向该挡板时，挡板将刨花流连续冲击力信号转换为电信号，经密度控制仪放大，并与预先调整好的标准信号进行比较，再将比较的差异以信号的形式反馈给送料带 7，使之增速或减速。如果刨花流密度大，对力传感器的冲击力也大，发出的信号变强，密度控制仪产生的反馈信号使送料带 7 减速；反之，如刨花流密度小，对力传感器的冲击力也小，发出的信号变弱，密度控制仪产生的反馈信号使送料带 7 增速。这样，形成连续式刨花质量计量系统。

随后刨花流落在水平出料带 13 上。水平出料带 13 的速度可以无级调节，且与送料带 7 的速度保持一致。水平出料带 13 的上方设有下计量辊 12，其垂直方向位置可以调整，用于将刨花流扫平，防止刨花流冲击挡板后变得厚度不匀，保证等密度铺装。下拨料辊 14 将刨花从水平出料带 13 拨下，并使之松散。刨花经一对松料辊 15 再次松散后，掉落到一对相对转动的铺装辊 17 上，铺装板坯的芯层。

表层铺装头则采用单铺装辊。铺装辊的转速可以无级调节。该铺装辊由一系列在四周上按一定规律分布若干短刺(圆齿)的塑料套圈组装而成。当铺装辊上的短刺沿轴向呈螺旋线排列时，螺旋线的升角可以通过各个带短刺的套圈在轴上按照不同的安装角度进行调节。这样的铺装辊基本上对刨花没有分选能力，因此拌胶刨花须预先分选，而后进入各个铺装头，以铺装多层结构刨花板的板坯。在铺装辊的非抛射区一侧，设置有刷辊 16，用于清扫铺装辊，防止拌胶刨花黏附在辊上，堵塞短刺间的间隔。

在各种类型的机械式刨花铺装机中，铺装头的铺装装置为抛辊，即铺装辊。铺装辊能将粗刨花抛得更远一些，因而具有一定的分选能力。分选的效果取决于铺装辊的转速、铺装辊表面针刺的长度和排列间隔密度等因素。除通过提高铺装辊的转速这一手段外，还可通过提高对刨花的分选能力，提升铺装头的铺装能力。但铺装辊的转速也不宜过高，因为在高转速下，铺装装置中会产生气流，干扰分选，甚至影响到刨花在板坯整个宽度上均匀落料。

具有较强分选能力的单铺装辊铺装装置，一般适用于铺装渐变结构刨花板或多层结构刨花板表层的铺装。对于多层结构板板坯的芯层，高度分选会带来两方面的缺陷：其一是芯层都是粗刨花，缺少足够的细刨花，密度低，影响抗拉强度；其二是细刨花都被抛到芯层的表面，热压时易产生鼓泡现象。因此，对单层结构板和多层结构板的芯层，一般采用带长刺的多辊铺装装置。

#### 5.2.1.3　具有多辊铺装装置的铺装头

图 5-4 为具有双辊铺装装置的铺装头示意图。两个带长刺的刺辊做相反方向的旋转，由于旋转速度不高，故落在长刺上的刨花以不大的抛程向两边撒落到铺装运输带上，部分没有落在长刺上的拌胶刨花则会降落至中间部位。这种铺装装置的铺装长度大，铺装角度平缓，对刨花无分选能力，适用于单层结构板或多层结构板芯层的铺装。

图 5-5 为具有三辊铺装装置的铺装头示意图。该铺装装置由三个带长刺的铺装刺辊组成，三个刺辊在向一方向转动、排列具有一个小的前倾角度。刺辊的转速可以无级调节。这种铺装装置的铺装长度较大，生产效率较高，对刨花有一定的分选作用，适用于单层结构板和多层结构板芯层的铺装。如果提高刺辊的转速，加强分选能力，也可用于多层结构板表层的铺装。

图 5-6 是一种用于表层纤维和微型刨花铺装装置示意图。它由一个大的铺装刺辊和两个小的耙辊组成。铺装刺辊和耙辊相对转动，由于铺装刺辊周围速度比耙辊大，存在速度差，因此成团的纤维刨花和微型刨花得以松散，刨花以一定的速度降落至铺装运输带上。

图 5-7 是七辊铺装装置的铺装头示意图，适用于单层结构板的铺装。这种铺装头由料仓和铺装装置两部分组成。上部分用于初步计量，下部分用于精确计量和铺装板坯。料仓的底部由带槽的粗计量辊 1 构成活动的底。从粗计量辊 1 卸出的刨花，由刮板运输带 2 送至起精确计量作用的铺装辊 3，七个铺装辊将刨花分散呈六条像幕帘般的刨花流，分别散落在铺装运输带上。铺装辊上面多余的刨花，由刮板运输带 2 送至螺旋出料器 5，返回料仓 4。为使刨花落料均匀一致，七个铺装辊的排列均有一个向前倾斜角度。

这种铺装装置具有更大的铺装长度，但无分选能力。它不适宜用于黏度大、含水率高的刨花铺装，因为这种刨花容易堵塞计量槽辊及铺装辊的间隙。如需提高铺装机的生产能力，可在铺装生产线上安装3~4个这样的铺装头，分别用于铺装表层及芯层刨花。

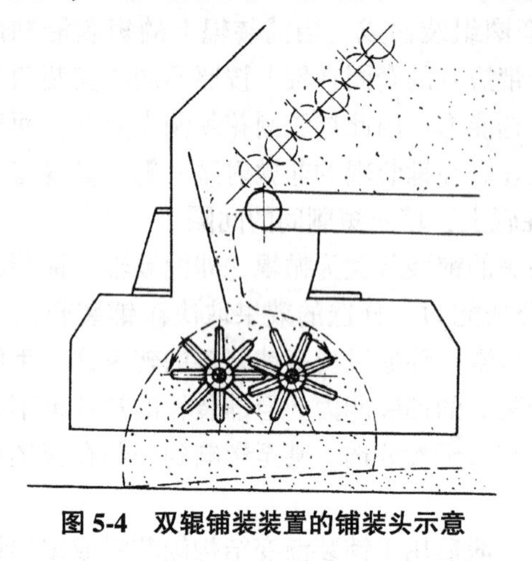

图5-4　双辊铺装装置的铺装头示意

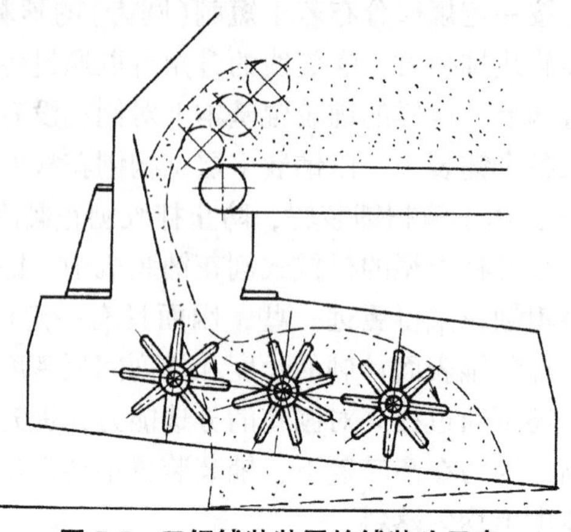

图5-5　三辊铺装装置的铺装头示意

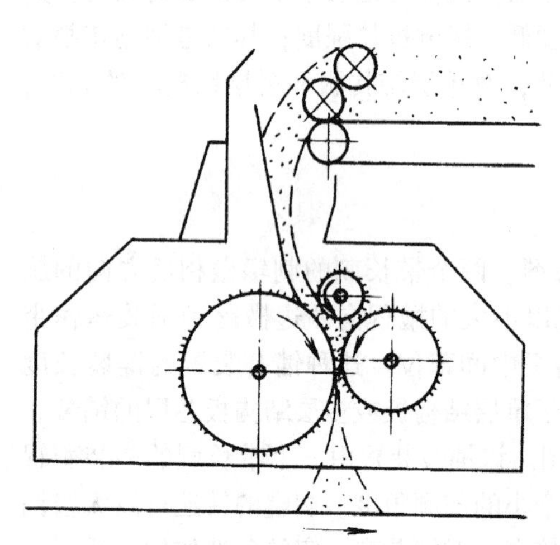

图5-6　表层纤维和微型刨花铺装装置示意

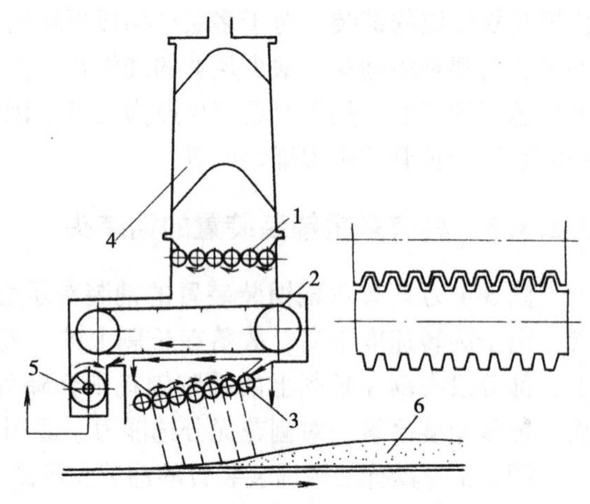

1.粗计量辊　2.刮板运输带　3.铺装辊　4.料仓
5.螺旋出料器　6.板坯

图5-7　七辊铺装装置的铺装头示意

## 5.2.2　气流式刨花铺装机

气流式刨花铺装机是利用水平气流对刨花进行分选的原理来完成板坯的铺装。与机械式刨花铺装机相比，气流式刨花铺装机的生产效率较高，对刨花的分选能力强，铺装的板坯表面平整、细腻，更适用于渐变结构板或多层结构板表层的铺装。

气流式刨花铺装机按其结构形式不同可分为无管式和排管式两种。无管式气流刨花铺装机用于渐变结构板和多层结构板表层的铺装，排管式气流刨花铺装机一般仅用于渐变结构板的铺装。

### 5.2.2.1　无管式气流刨花铺装机

图5-8是无管式气流刨花铺装机的铺装头结构示意图，它由水平料仓和气流铺装室组成。

水平料仓设置在铺装头的上部。拌胶刨花由螺旋下料器 1 送到水平料仓顶部的刮板运输带 2。为使刨花在宽度方向上均匀分布，螺旋下料器 1 的底槽可做轴向移动，保证料仓全宽上刨花堆积密度均匀一致。刮板运输带 2 将刨花刮向料仓的后端堆存。料仓底部水平出料带 4 构成料仓的活动底，用于将料仓中堆积的刨花向排料口方向移动，其运行速度可根据排料量的需要进行无级调节。料仓的前端设置有一排排料辊 5，排料辊 5 朝着料仓方向倾斜一定的角度排列，其表面具有轴向槽纹。排料辊 5 在同一方向上旋转，将刨花逐层地从辊间的间隙中排出。这种水平料仓的长度较大，高度较低，料仓中刨花的料位高度由刮板运输带 2 保持恒定，因而不存在由于刨花的堆积密度变化而引起出料量的波动的问题，故出料量比较稳定。此外，排料辊 5 的倾斜排列，对料仓中的刨花原料均衡起到较好作用，即在不违背刨花先进先出的原则下，刨花可得到轻度的混合，使短时间内因刨花树种、刨花形态、含水率和含胶量而导致料仓 3 发生差异时，料仓 3 能得到均衡。

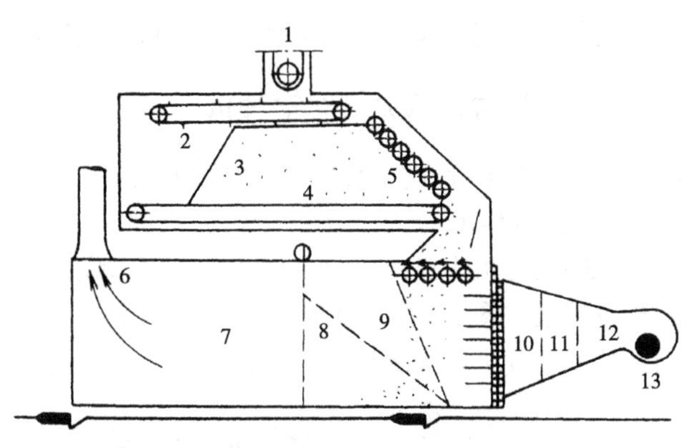

1.螺旋下料器　2.刮板运输带　3.料仓　4.底部水平出料带
5.排料辊　6.气流抽出孔道　7.气流铺装室　8、9.筛网
10.调节器　11.扩散器　12.风机　13.铺装运输带

**图 5-8　无管式气流铺装头结构示意**

从料仓中排出的刨花经导流板引导，落到松料辊上，成团的施胶刨花被疏散，随即进入气流铺装室 7 中。在水平气流的作用下，粗、细刨花按不同的轨迹曲线降落到底部的铺装运输带 13 上，故而细刨花铺在板坯的表层，粗刨花铺在板坯的芯层。水平气流由风机口提供。由于风机 12 出口的横断面积比铺装室的横断面积小得多，为防止气流在扩散过程中出现回流，造成水平气流各处的风速、风压以及方向不一致，影响板坯密度的均匀性，在风机 12 出口与铺装室之间的连接管道中，设置了扩散器 11 和调节器 10。扩散器有两道，采用均孔板结构，可使气流在整个横断面上均匀地扩散开来。调节器 10 可在水平和垂直两个方向上调节气流的风速和方向。因此，进入铺装室的水平气流在高度和宽度上均匀一致，具有稳定的直流型速度场。水平气流在气流铺装室 7 中有效工作区的风速，一般为 0.5~1.0m/s，过高的风速会使大量的细刨花从气流抽出孔道 6 中排走，风速过低则会影响对刨花的分选效果。实际使用中，风速的大小应视刨花的形态、分选的要求和自重下降速度而定，可通过调节器 10 进行调节。

为防止少量薄而大的刨花因其具有“帆”的作用而被吹得过远，降落到板坯的表层，影响板面质量，气流铺装室内设置有三道筛网。前两道筛网 9 倾斜安装，网孔较大，直径为 25mm，主要用来松散成团状的刨花；后一道筛网 8 垂直安装，网孔较小，为 5mm，主要用于防止薄而大的刨花落到板坯的表面。为防止拌胶刨花黏附在网上，堵塞网孔，黏结成团后掉落到板坯内，影响板坯铺装质量，每一道筛网均设有振动装置，使筛网在工作期间连续地振动。振动装置可采用机械、电磁或气动等形式，振动的频率和振幅最好可以调节。

在铺装生产线上设置两个无管式气流铺装头，相对安装，水平气流方向相反，可以铺装渐变结构板。在相对设置的两个无管式气流铺装头的中间，设置 1~2 个分选能力不大的机械式铺装头，可以铺装表面细腻的三层或多层结构板。

### 5.2.2.2 排管式气流刨花铺装机

图5-9为排管式气流刨花铺装机的结构示意图。这种铺装机中两组排管喷出的气流方向相反(图5-10)，故只需一个铺装头即可铺装渐变结构刨花板的板坯。在使用单层热压机的刨花板生产线上，这种铺装机可以设计为移动式间歇铺装，也可以设计成固定式连续铺装。图5-9中所示为移动式铺装机，整个铺装机通过滚轮2可在导轨3上移动，移动速度可以无级调节，导轨的下方即是铺装运输带4。

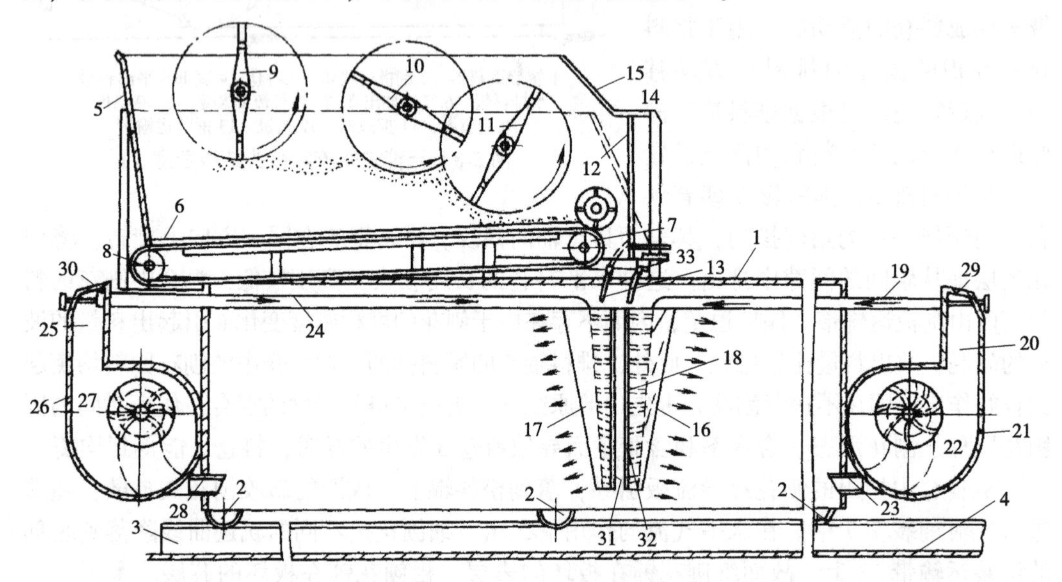


**图5-9 排管式气流刨花铺装机的结构示意**

铺装机由料仓和气流铺装室两大部分组成，料仓5位于气流铺装室的上方。料仓5的底由底部出料带6构成，底部出料带6套在主动轮7和从动轮8上，运行速度可以无级调节。料仓内设置有三个同步旋转的耙辊9、10和11，耙辊9和10用于打散从顶部进入料仓的刨花，并保持料仓中刨花的堆积形态，耙辊11除打散刨花外，还兼作计量辊，其高低位置可以调整。当底部出料带6将堆积的刨花移向料仓5的出料口时，三个耙辊9、10、11不断地搅动上层刨花，将刨花推向料仓5的后端堆积，并可起到轻度的混合作用，使刨花原料得到均衡。在底部出料带6的端头装有卸料刺辊12，卸料刺辊12将刨花再次疏散，保证均匀连续地向气流铺装室供料。

为使降落在气流铺装室中两组排管16和17之间的刨花均匀分配，即不使刨花流偏向于一方，在料仓和铺装室之间设有给料装置，即摆动下料器。摆动下料器为一对相隔一定间距的挡板13，可绕摆动支点33摆动。由电动机通过偏心轮15和拉杆14驱动，每分钟摆动50次左右，摆动量和摆动起始位置可以调整。

气流铺装室内的两组排管16和17，按一定的间距相对设置，排管相对配置如图5-10。左面的排管17的孔口18，对准右面的排管16的间隔，右面的排管16的孔口18，对准左面的排管17的间隔，交错排列。每一组排管中两排管子之间的间距，略宽于孔口18的宽度，可避免从孔口18喷出的气流因有一定的扩散而发生相对冲撞。此外，下面的一部分管子喷出的气流，向下略有倾斜，从而避免在板坯的表面产生负压区，防止细小刨花因负压作用渗入芯层，造成板坯表层的刨花过粗。

气流铺装室中的气流由风机提供。每一组排管16、17与总管19和24相接，总管19和24分别与集风管20和25相连，集风管20和25分别与风机22和27的壳体21和26连接。风机22通过进风管23可抽吸排管17排出的空气，而风机27通过进风管28抽吸排管16排出的空气，从而加强对刨花的分选作用。这种封闭式的气流循环系统，还可避免因细小刨花溢出而造成的浪费。

每一个风机集风器出口处均设有调节阀门29和30，用于控制每一组排管的空气量，使铺装工作区内的水平气流均匀一致。

图5-11为排管的另一种设计形式。每一组排管分为上排管1、2和下排管3、4分别与总管5、6和7、8连接。上排管的孔口9和10相对于对称面11喷出气流，而下排管的孔口相背于对称面11喷出气流。从料仓中降落的刨花，先在两组上排管之间得到初步的分选，粗的和较粗的刨花在两块挡板12和13之间降落，不再分选，直接铺在铺装运输带上，形成板坯的芯层，而细刨花降落在两块挡板12和13之外，由下排管继续进行分选，形成板坯的表层。采用这种排管布置，可铺装三层结构板的板坯。

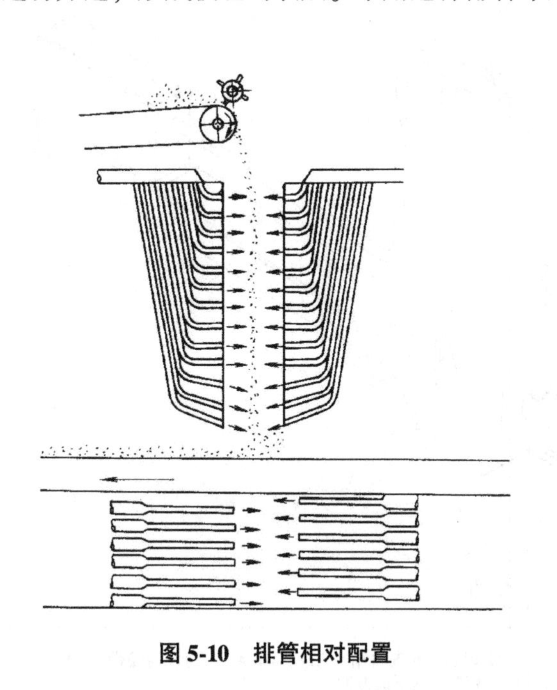
图5-10 排管相对配置

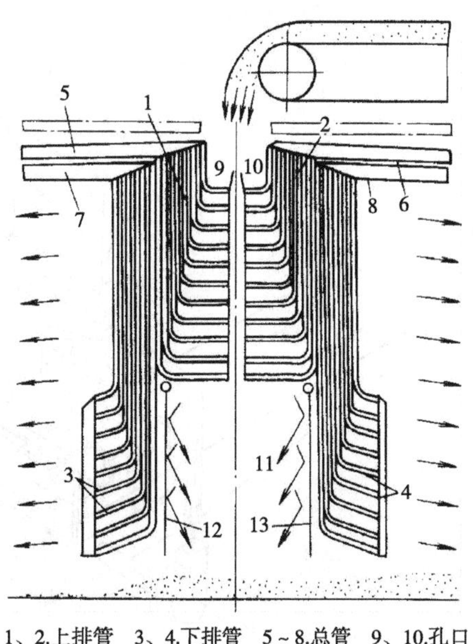

1、2.上排管 3、4.下排管 5～8.总管 9、10.孔口
11.对称面 12、13.挡板

图5-11 排管的另一种设计形式

## 5.2.3 定向刨花铺装机

用薄的单层结构定向刨花板代替胶合板的芯板，制作而成的复合板，其物理力学性能可与胶合板媲美。多层结构定向刨花板，其表层和芯层的刨花互相交叉定向，它的物理力学性能与等厚度的胶合板相类似。在当今胶合板的木材资源短缺的情况下，利用劣等材、废材生产定向结构刨花板，代替单板和胶合板使用，具有一定的现实意义。

根据刨花定向的原理不同，刨花铺装机有静电式定向刨花铺装机和机械式定向刨花铺装机两大类型。此外，按照铺装头中刨花定向的方向与铺装运输带的运行方向一致与否，还有纵定向、横定向和纵横向之分。

#### 5.2.3.1 静电式定向铺装机

图5-12为静电式定向刨花铺装机的工作原理图。拌胶刨花在料仓3中贮存，经可变速螺旋运输机2和风机4，送入铺装机顶部的进料箱6中，使进料箱6内的刨花维持足够的堆积量，以保证在整个板坯宽度上得以均匀铺装，多余的刨花经风道1重新返回料仓。送入进料箱中的刨花量，可通过改变螺旋运输机的转速控制。进料箱的底部为一对进料刷辊7，进料刷辊7的转速和间距均可以调节，调节刷辊的转速和调整刷辊间的间距，可控制从进料箱落入铺装箱的刨花量。在进料刷辊的下面装有疏散辊，对成团拌胶刨花进行打松。被打散的刨花，在其降落过程中，在电极板9之间被极化，在与电极板的板面相垂直的方向上排列，铺装在电极板下面的网状铺装运输带上。铺装运输带8的下面设有真空吸箱10，利用负压的作用使细小的刨花紧贴在铺装运输带上，形成板坯的表层。负压由风机口形成，在负压作用下透过运输带网孔的过细刨花，被重新送回进料箱6中。

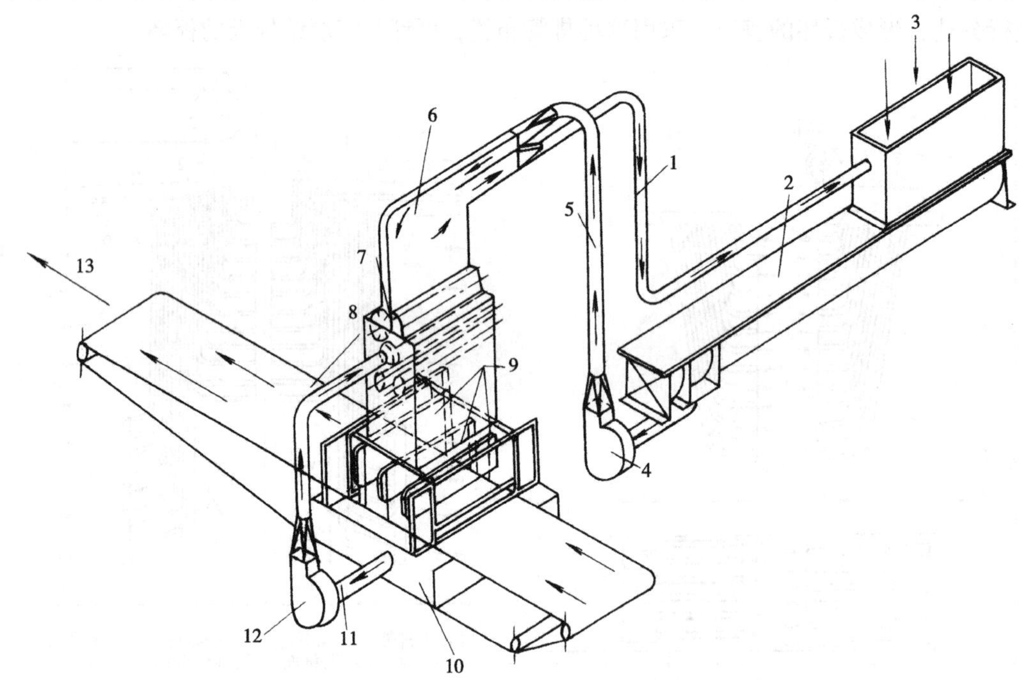


1、5、11.风道 2.可变速螺旋运输机 3.料仓 4、12.风机 6.进料箱 7.进料刷辊 8.铺装运输带 9.电极板 10.真空吸箱 13.送往热压机方向

**图5-12 静电式定向刨花铺装机的工作原理**

#### 5.2.3.2 机械式定向铺装机

机械式定向铺装机的结构形式较多，这里仅介绍几种较常用的定向铺装机所用的定向铺装头。

图5-13为滚筒式定向铺装头，用于刨花横向定向铺装。长形的拌胶刨花由皮带运输机1送到一对带长刺的散料辊2，在散料辊2的作用下，刨花在整个铺装宽度上均匀

地降落。长固定叶片 3 和短固定叶片 4 组成预定向装置，长、短固定叶片 3 和 4 的下边缘伸向定向滚筒 5 的进料区。长固定叶片 3 的上边缘间距大于刨花的长度，故刨花不会在任意两个长叶片的上边缘处产生搭桥。由于每两个长固定叶片之间有一个短固定叶片，长固定叶片和短固定叶片之间的间距小于刨花的长度，当刨花在重力作用下降落在叶片之间时，在到达定向滚筒 5 之前先得到预定向。叶片的下部都弯曲一定的角度，这样既可增加叶片的纵向刚度，使叶片可采用较薄的材料制造，又可使刨花落入定向滚筒 5 时与滚筒的旋转方向相吻合。采用预定向装置，有助于提高定向铺装头的铺装效率。

经预定向的刨花由长、短固定叶片 3 和 4 导入定向滚筒 5 圆周表面的叶片之间。为防止刨花散落在定向滚筒 5 叶片的上缘，与定向滚筒 5 相对旋转的刷辊 6，将迫使刨花下落。定向滚筒 5 上叶片之间的总容积，约为铺装刨花流量的五倍，这样可加速定向过程，使刨花在叶片间隔中的定向不致受到阻碍。定向滚筒 5 由电动机 8 驱动做逆时针旋转，将刨花带到铺装运输带 9 上。为防止刨花从叶片间隔中脱落，由弧形挡板 7 保证将刨花引导至铺装区卸出。各个叶片均与铺装运输带的运行方向垂直，故而实现了刨花的横向定向。由于刨花是由定向滚筒上的叶片逐格地铺装到运输带上，为克服板坯纵向发生有规律的密度不匀，定向滚筒 5 的周速度应略高于铺装运输带 9 的运行速度。

图 5-14 为另一种滚筒式定向铺装头，与图 5-13 所示铺装头不同之处在于，它采用摆动式预定向装置和真空定向滚筒。

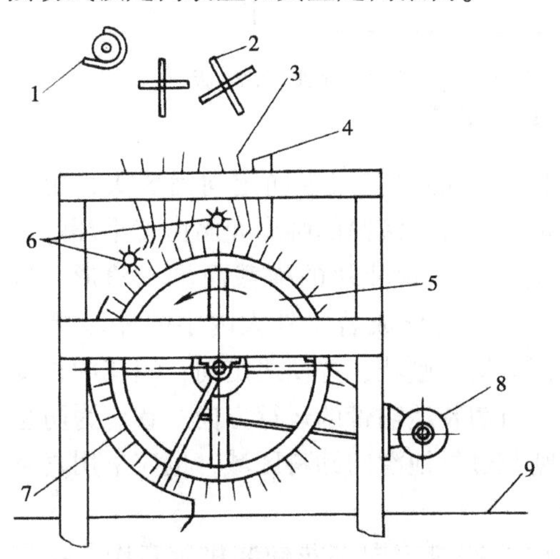

1.皮带运输机　2.散料辊　3.长固定叶片
4.短固定叶片　5.定向滚筒　6.刷辊
7.弧形挡板　8.电动机　9.铺装运输带

**图 5-13　滚筒式定向铺装头**

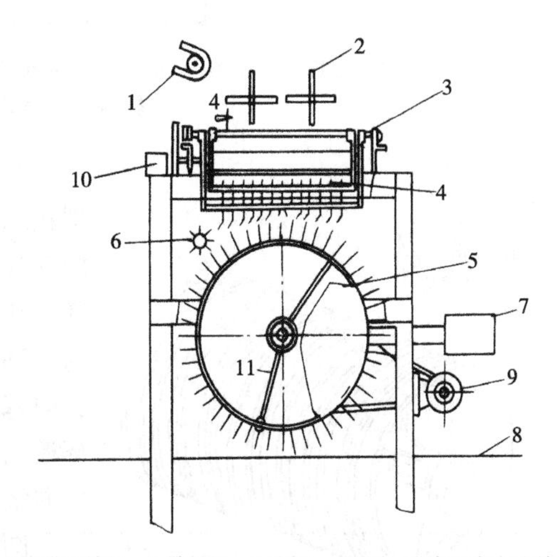

1.皮带运输机　2.散料辊　3.连杆　4.叶片　5.真空定向滚筒
6.刷辊　7.真空泵　8.铺装板坯运输带
9.电动机　10.驱动装置　11.隔板

**图 5-14　真空滚筒式定向铺装头**

摆动式预定向装置如图 5-15 所示，是一个复式四连杆机构。电动机通过皮带驱动具有两个曲柄销的偏心机构 1，当偏心机构 1 回转时，通过连杆 2 使主动摆臂 3 摆动，从而使每两个相邻的预定向叶片 4 做相反方向的往复摆动。叶片 4 的一端与主动摆臂 3 铰接，另一端与从动摆臂 5 铰接；主动摆臂 3 和从动摆臂 5 均与支承轴 6 铰接。连接板 7 可使叶片避免受压而产生纵向弯曲变形。

当刨花降落到叶片的齿形上边缘时，由于叶片做相反方向的摆动，刨花立即转动方向，落入叶片之间的间隔，进到定向滚筒上的叶片间隔之中。

真空定向滚筒5(图5-14)两端由端盖密封，中间由隔板11将真空定向滚筒5分为两个区域。真空定向滚筒5的圆周上开有许多小孔，利用真空泵7在真空区内形成负压，使刨花吸附在真空定向滚筒5表面。当刨花随真空定向滚筒5转动进入卸料区时，由于隔板11的作用，负压消失，刨花将自由地落到铺装运输带上。采用真空定向滚筒，可以避免刨花在转运过程中落到弧形挡板(参见图5-13之7)上，与叶片端部面产生的摩擦力较大，但需额外消耗动力。

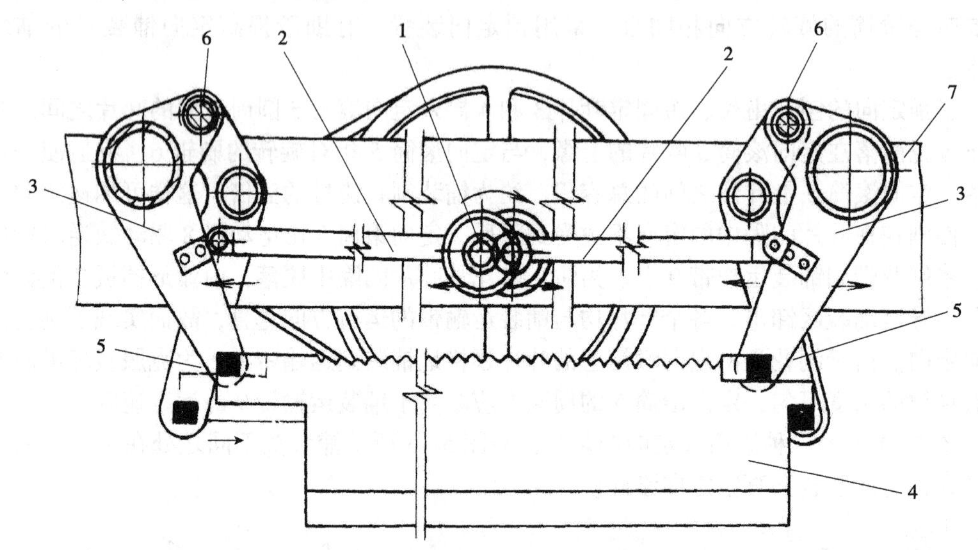


1.偏心机构 2.连杆 3.主动摆臂 4.预定向叶片 5.从动摆臂 6.支承轴 7.连接板

**图5-15 摆动式预定向装置**

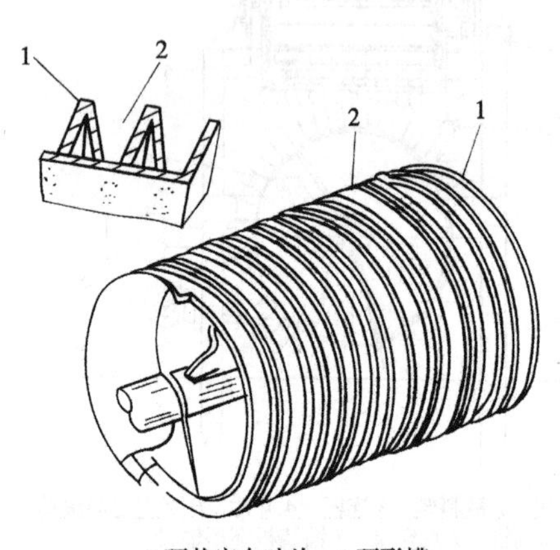


1.环状定向叶片 2.环形槽

**图5-16 滚筒式纵向定向铺装头**

图5-16所示的滚筒式纵向定向铺装头，用于刨花纵向定向铺装。滚筒的圆周表面由若干环状定向叶片1组成，环状叶片的横截面呈三角形。这样，在滚筒的外周形成若干外大内小的环形槽2。这些环形槽2接收刨花，并使之定向，刨花的长度方向基本上与铺装运输带的运行方向一致。为防止环槽内的刨花过早地滑向卸料区域，也应采用真空定向滚筒。

图5-17为圆盘定向刨花铺装机示意图。铺装头为一组圆盘辊，任一圆盘辊内由许多圆盘组成，各圆盘辊分别进行驱动，速度可以调节。相邻两圆盘辊间的圆盘互相交叉；各个圆盘辊上的圆盘间距不等，位于铺装机中部的圆盘辊，其圆盘间距较小，各圆盘辊由内向外，其圆盘间距逐渐增大。这样设计的圆盘式铺装头，不仅能使横躺在圆盘上的刨花在圆盘的转动作用下定向，而且还能对刨花起到分选作用，使窄而短的刨花铺在芯层，宽而长的刨花铺在表层，从而提高刨花板的静曲强度、弹性模量和平面抗拉强度。

圆盘定向铺装头用于刨花的纵向定向，它与横向定向铺装头配合使用，可铺装三层结构定向刨花板。

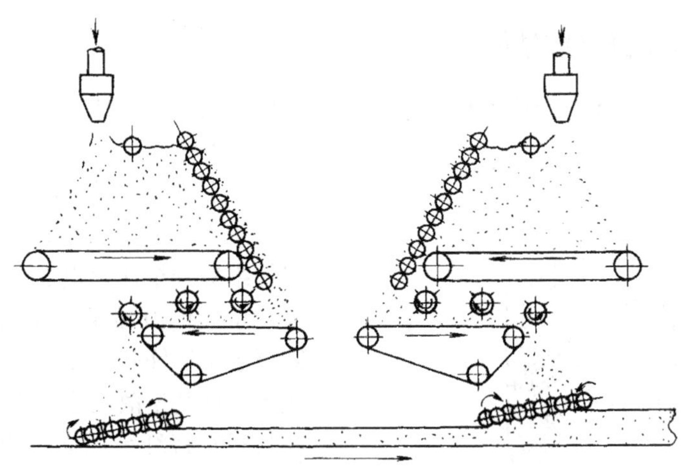

图5-17 圆盘定向刨花铺装机示意

## 5.3 干纤维成型机

纤维板生产方法很多，通常分为湿法和干法两大类，其主要区别就在于成型工序中所使用的成型介质不同。湿法生产工艺历史较长，以水作为成型介质，耗水量大，成型后的湿板坯含水率高达60%~70%，废水污染大，且后续热压工序周期长，能耗高。因此，已逐渐被干法生产工艺所取代，用于干法生产的干板坯成型机亦称干纤维成型机。

与湿法生产纤维相比，干法生产纤维具有下述优点：用水量很少，为缺乏水源地区建厂创造了条件；基本上没有污水排出，减少了对环境的污染；对原料的适应性广，原料中阔叶材的比重可增大，甚至可以全部使用阔叶材；原料的利用率较高；热压周期较短，生产率高；可以生产单层结构板，也可以生产多层结构板，产品两面光等。随着中密度纤维板(MDF)的发展，干法生产工艺及干纤维成型机进入了一个新的发展阶段。

干纤维成型机的形式繁多，归纳起来可分为两类，即机械式干纤维成型机和真空气流干纤维成型机。

在干法生产纤维板的初期，普遍使用机械式成型，这种成型机依靠纤维自重沉降坯，因此板坯十分蓬松，强度很差，不利于板坯的高速运输，常出现塌边和板坯断裂等问题。由于纤维依靠自重堆积，板坯密度很小，预压困难，尤其是生产厚度较大的产品时，预压难度更高。同时，纤维依靠自重沉降，铺装成型速度很慢，生产率低。在板坯预压和热压时，板坯中排出大量空气时，随着带出大量细小纤维，对生产环境有一定污染。但这种成型机的结构简单，动力消耗小，操作和调整容易，故在少量生产薄板的车间仍有应用。

近年来出现的真空气流干纤维成型机，形式较多。这类成型机依靠真空负压控制纤维沉降成坯，因而成型板坯比较密实，具有一定的强度，便于板坯运输和预压，且由于板坯比较密实，预压时空气排出量较少，不致损坏板坯，因而能满足各种厚度的板坯成型。同时，板坯预压和热压时，随空气排出的细小纤维较少，不致污染车间环境。纤维沉降在真空负压作用下进行，沉降速度快，所以可采用较高的成型速度，生产效率高，能适应实际生产中产量大的要求。

### 5.3.1 机械式干纤维成型机

图 5-18 为降雪式干纤维成型机示意图。降雪式机械式干纤维成型机在干法和半干法生产纤维板的初期应用较为普遍。

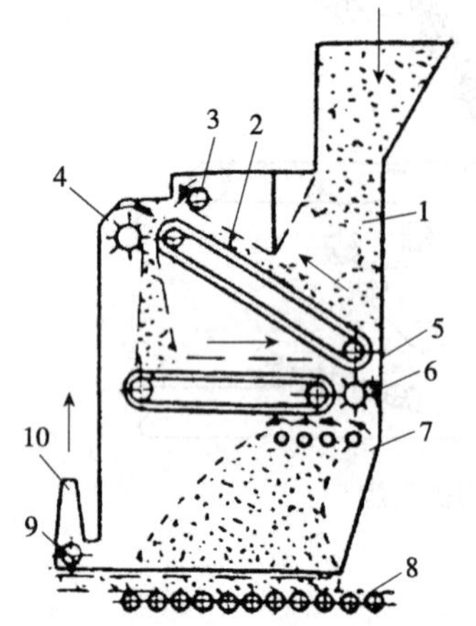

1.料仓 2.针带 3.计量辊 4.松散辊 5.水平运输带 6.卸料辊 7.抛辊 8.成型运输带 9.均平辊 10.纤维回收管

**图 5-18 降雪式干纤维成型机示意**

其上部为一个小型料仓 1，施胶干纤维落入料仓后，由倾斜安装的针带 2 将纤维提升至计量辊 3，进行体积计量。经计量后的纤维流，由松散辊 4 打散，卸至水平运输带 5 上。为避免纤维絮结成团保证其松散地落至水平运输带 5 上。卸料辊 6 将纤维甩向一组抛辊 7，纤维通过抛辊 7 铺撒至成型运输带 8 上。为了平整板坯表面和控制板坯厚度，在成型带的上方设置均平辊 9 和纤维回收管 10。

对称设置两个图示的成型室，便可生产中间粗、两面细的产品。

图 5-19 为隔网式干纤维成型机示意图。纤维由水平运输带 1 运送至成型室，水平运输带 1 的上方设有计量辊 2，控制进入成型室的纤维量。从水平运输带 1 抛落的纤维，在两个相对旋转的刷辊 3 的作用下，细纤维经隔网 4 落下，分别形成板坯的上、下两个表面，而不能通过隔网 4 的粗纤维从中间落下，形成板坯的芯层，构成对称的三层结构的板坯。

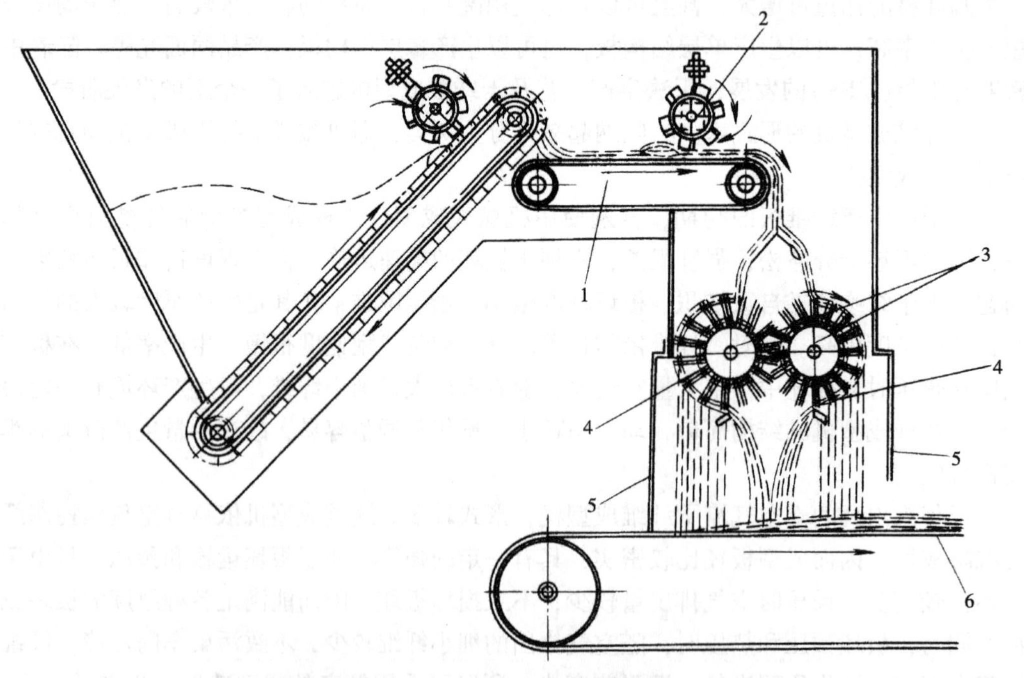

1.水平运输带 2.计量辊 3.刷辊 4.隔网 5.挡板 6.成型运输带

**图 5-19 隔网式干纤维成型机示意**

为减少成型区内因刷辊 3 的旋转而产生的气流造成纤维飘浮所带来的影响，保证纤维成型质量，在两端装有挡板 5。成型室的两侧同样设置挡板(图中未示出)以控制板坯的宽度，也可以设置两条与成型机运输带同步运行的立式挡边带，保证板坯边部整齐，防止纤维结团。

这种成型机的分选能力较强，适用于半干法生产三层结构板。采用一个成型室即可满足三层结构板坯成型的要求，因而成型机的结构比较紧凑。

机械式干纤维成型机的共同特点是结构简单，动力消耗小，易于控制与调整，但成型板坯蓬松，产量较低，成型运输带的最大运行速度一般不超过 12m/min。

## 5.3.2　真空气流干纤维成型机

在干法纤维板生产工艺中，目前主要采用真空气流干纤维成型机。这种成型机的结构形式多种多样，它们在纤维运送方式、纤维沉降方法、纤维分选装置和预压等方面均有所区别，其生产率取决于安装在成型运输带上方的成型头的数量以及结构形式。

### 5.3.2.1　五层结构板的真空气流干纤维成型机

图 5-20 所示为五层结构板真空气流成型机结构图，它由两个表层成型头 A、一个芯层成型头 B 和两个内层成型头 C 组成。在每个成型头后侧设置均平辊 2，起控制板坯层的厚度作用。成型后的板坯经带式预压机 3 压实。在成型运输带 1 的下面，设置有真空箱 5 和 6，其位置正对各个均平辊和成型室。成型运输 1 带的非工作边装有一系列导向辊、张紧辊和调网辊 4。

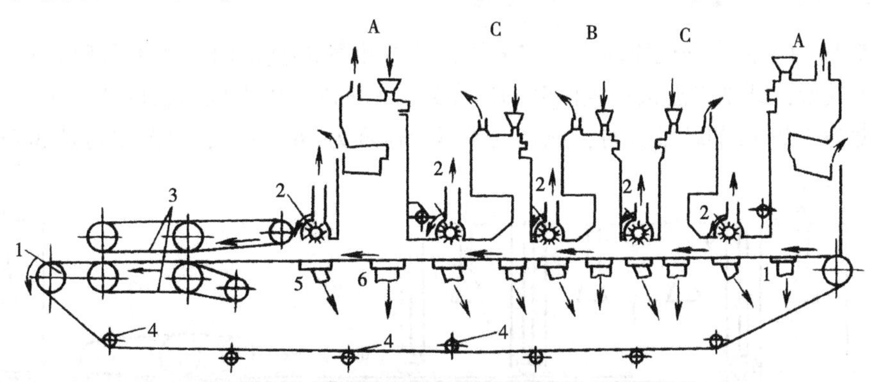


1.成型运输带　2.均平辊　3.预压机　4.调网辊　5、6.真空箱

**图 5-20　五层结构板真空气流成型机结构**

图 5-21 为这种成型机表层成型头的结构图。纤维由气流输送，经活接的摆头 1 降落到运输带 3 上。为防止高速气流喷散纤维，造成细纤维悬浮，溢出成型室而污染车间，在摆头下部设有缓冲罩 2。使纤维沉降速度降低。运输带 3 将纤维送入小型料仓，而空气则由排气管道 12 排出。料仓的底部为倾斜安装的运输带 5，若干个耙辊 11 在料仓中不断地翻动纤维，使之避免成团。调节计量辊 4 和运输带 5 之间的间隙，可对纤维进行体积计量。槽辊 6 和筛网 7 的相互作用，使尚未耙散的成团纤维充分离散，纤维透过筛网 7 均匀地下落。风机 8 产生的水平气流对纤维进行分选，使降落在成型运输网带 9 上细的纤维比粗纤维远，在板坯表面为细纤维，面向中心部分逐渐变为粗纤维。为减少运动网带下面真空抽气量，在成型室上方设有排气孔。

图 5-22 为这种成型机的芯层成型头的结构图，芯层成型头的结构与表层成型头基本相同，只是省略了水平气流分选系统。

采用上述成型头组成的真空气流成型机，可生产五层结构板；由于水平气流的分选作用，产品表面光洁油腻；纤维通过筛网降落，成型板坯的密度均匀。但由于纤维沉降速度较低，故生产率不高，这种成型机对于干法成型和半干法成型均适用。

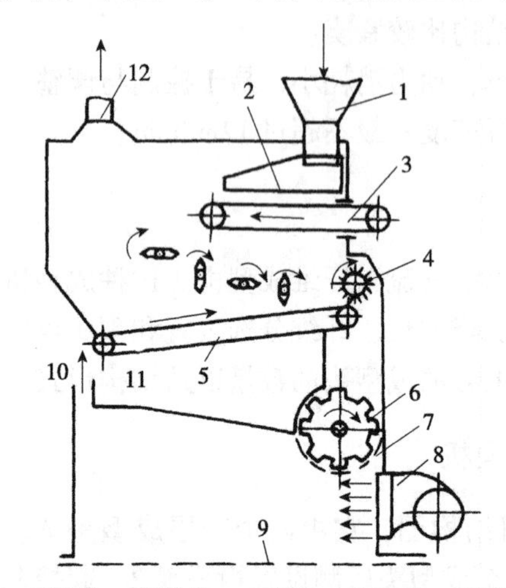


1.摆头 2.缓冲罩 3.运输带 4.计量辊 5.运输带 6.槽辊 7.筛网 8.风机 9.成型输送带 10.排气管 11.耙辊 12.排气管道

图 5-21 表层成型头结构

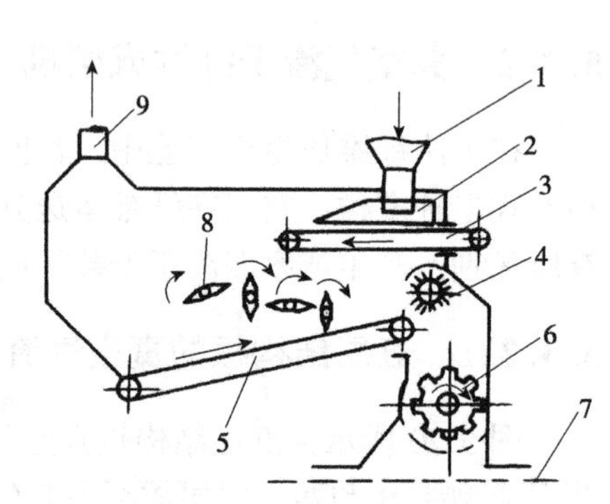


1.摆头 2.缓冲罩 3.运输带 4.计量辊 5.运输带 6.槽辊 7.成型输送带 8.耙辊 9.排气管道

图 5-22 芯层成型头结构

### 5.3.2.2 喷射式真空气流干纤维成型机

图 5-23 为这种成型机原理图，它采用高速纤维气流直接向成型网带喷撒纤维的方法使纤维成型，纤维接近板坯表面时的速度约为 10m/s，因而成型机的生产能力高。当生产厚度为 3.2mm 的纤维板时，成型网带运行速度为 56m/min，日产量可达 300t。

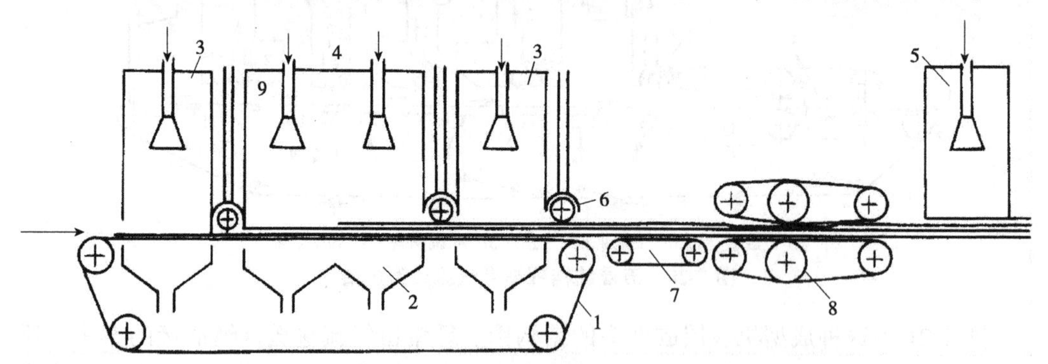


1.成型网带 2.真空箱 3.表层成型头 4.芯层成型头 5.精细纤维成型头 6.尼龙刷辊 7.自动皮带定量秤 8.带式预压机 9.喷头

图 5-23 喷射式真空气流干纤维成型机原理

这种成型机有两个表层成型头 3 和一个芯层成型头 4，芯层成型头有两个喷头 9。载有纤维的气流经摆动喷嘴高速喷撒在成型网带 1 上，成型网带 1 下面装有真空箱 2，形成负压，防止高速气流喷散已成型的板坯，并提高板坯的密度。真空箱 2 内的真空度随板坯厚度增加而提高，一般为 0.033～0.046MPa。随着纤维内的空气由真空箱 2 抽走，纤维吸附在成型网带 1 上，成型的板坯经尼龙刷辊 6 刮平，保证板坯厚度均匀。板坯成型后的密度由自动皮带定量秤 7 检验。如发现板坯密度不合格，指示灯和音响即发出信号，操作人员收到信号后，对进入成型室的纤维量进行相应调节，进入成型室的纤维量相应调节。经称量后的板坯，送入带式预压机 8 预压。预压后的板坯，如有需要还可通过精细纤维成型头 5，铺撒一层最细纤维作为面层。铺撒的最细纤维量为 180～200g/m²，无须刮平。

这种成型机的成型头结构原理如图 5-24 所示。施胶纤维随着气流经管道 1 至喂料漏斗 2，随后到达摆动喷头 3，摆动喷头 3 与喂料漏斗铰接，纤维气流通过喷头的摇动，均匀喷撒在成型网带 5 的全宽上。摆动喷头 3 的摆幅和频率，由凸轮 4 的开程和转速来控制。成型网带 5 下面设有真空箱 10 和抽真空的侧槽 9，真空箱 10 上部有均匀板 8，使板坯受到均匀的负压，保证其密度一致。侧槽 9 将不均匀的边部纤维抽走。成型后的板坯由尼龙刷辊 11 均平，刷下的纤维经管道 12 抽出，排至料仓。

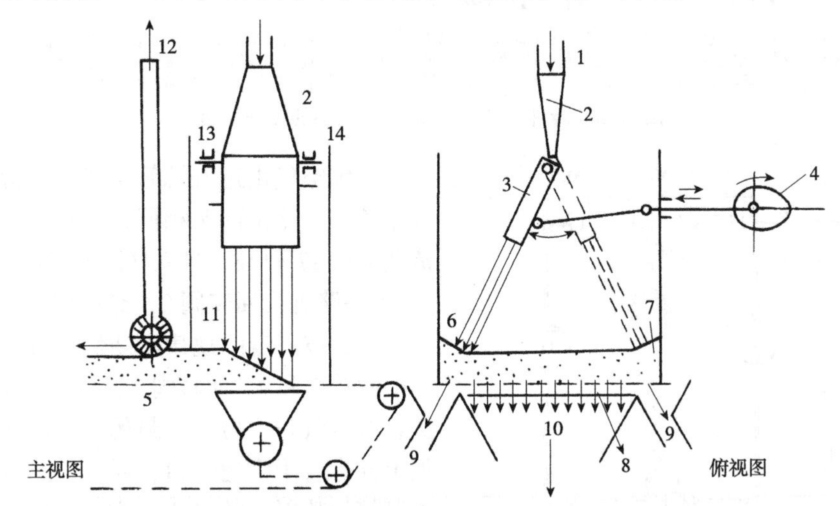


1.管道　2.喂料漏斗　3.摆动喷头　4.凸轮　5.成型网带　6、7.成型纤维板坯　8.均匀板　9.侧槽　10.真空箱　11.尼龙刷辊　12.管道　13、14.挡板

**图 5-24　喷射式真空气流干纤维成型机的成型头结构原理**

### 5.3.2.3　脉冲气流和板坯厚度控制的 MDF 成型机

图 5-25 为脉冲气流干纤维成型机头的工作原理图，这种成型机用于中密度板坯成型。利用脉冲气流控制纤维，均匀铺撒成型，设置接触式板坯高度探测传感器控制板坯厚度，并控制板坯在宽度方向上厚度的均匀性，因而可达到较高的铺装质量要求。

施胶纤维从计量料仓(图中未示出)均匀地送出，由风送机经纤维流入口管道 18 输送到成型头 6 中。在成型头 6 内，纤维气流通过之字形撒料器 7，经布料箱矩形出口 19 落入成型室 13。当纤维从布料箱矩形出口 19 下落时，受到来自两侧脉冲气流箱 10 中脉冲气流的喷射，使纤维在成型室内形成振幅逐渐扩大的正弦波形纤维流，均匀地撒在运行着的成型网带 4 上。输送气流和脉冲气流则透过成型网带，由真空箱 16 抽走。成型板坯离开成型室 13 后，由扫平辊 5 均平板坯，多余的纤维由管道吸回料仓。为防止负压作用卷起板坯表层，扫平辊 5 的下方设有扫平辊真空箱 17。

利用脉冲气流使纤维在成型室内均匀铺撒成型是脉冲气流纤维成型机最主要的特点，其原理如图 5-26 所示。

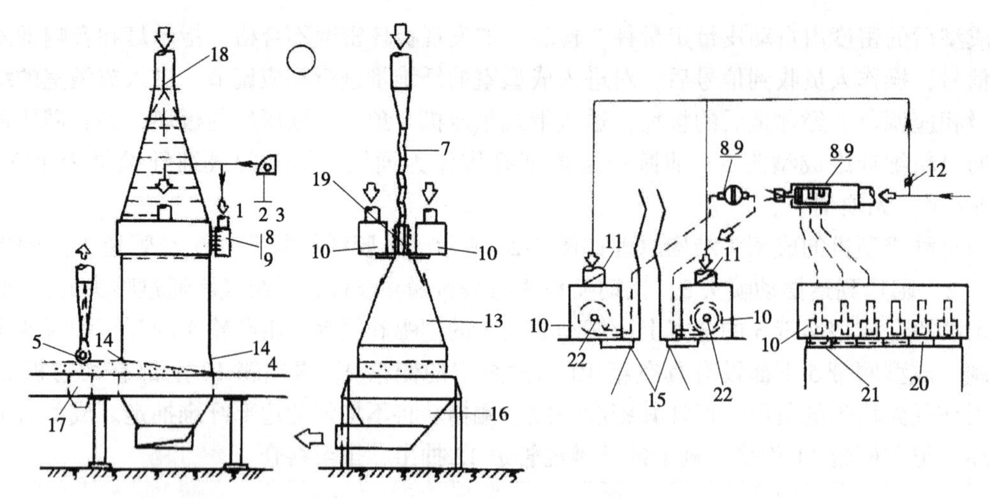


1.脉冲气流风机 2.传动装置 3.电动机 4.成型网带 5.扫平辊 6.成型头 7.之字形撒料器 8.回转阀 9.电机 10.脉冲气流箱 11.两侧气流调节阀 12.气流主调节阀 13.成型室 14.前后门 15.电极 16.真空箱 17.扫平辊真空箱 18.纤维流入口管道 19.布料箱矩形出口 20.喷嘴 21、22.气流分配器

**图 5-25 脉冲气流干纤维成型机头的工作原理**

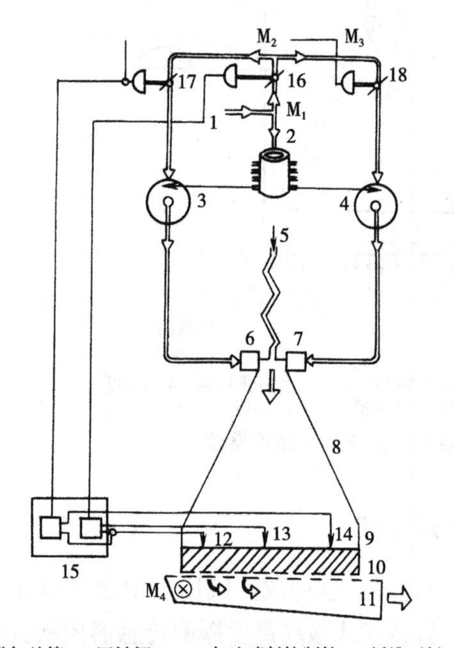


1.进气总管 2.回转阀 3、4.气流喷射控制箱 5.纤维下料口 6、7.气流喷射箱 8.成型室 9.板坯 10.成型网带 11.真空箱 12~14.板坯厚度检测器 15.气流控制器 16.主气流调节阀 17、18.两侧气流调节阀

**图 5-26 脉冲气流控制成型原理**

压缩空气由进气总管 1 进入，分两路进入系统。一路由两条相同的管道，经两侧气流调节阀 17 和 18，进入气流喷射控制箱 3 和 4。另一路进入回转阀 2，经由回转阀 2 上的通气口，按一定的规律周期性地进入气流喷射控制箱 3 和 4。回转阀 2 是一个圆形筒，一头设有进气口，另一头封闭。回转阀 2 圆柱面上开有若干个通气口，通气口与气流喷射控制箱的喷射口数量相对应。在回转阀 2 旋转的过程中，回转阀 2 的通气口相对于气流喷射控制箱 3、4 管口是有开、闭的变化。而回转阀 2 上的通气口是按正弦波效果排列的。因此，当回转阀 2 通气口与气流喷射控制箱 3、4 管口未相通时，经调节阀的气流被喷射进控制箱，直通气流喷射箱，从喷口处射向下落的纤维流；但当回转阀通气口气流喷射控制箱的管口相通时，回转阀的控制气流进入气流喷射控制箱，造成旋转气流，形成闭锁，经调节阀过来的气流不能进入气流喷射箱。气流喷射箱停止喷气，由于回转阀定速旋转，于是便形成了气流喷射箱两侧的脉冲气流。

为保证板坯在宽度方向上厚度的均匀性，在板坯进到扫平辊前，设置了三个接触式板坯厚度检测器 12、13 和 14，对板坯的厚度进行检测，如图 5-26 所示。检测厚度参量 L(左)、C(中)和 R(右)，被送入计算机系统进行运算，由控制系统发出相应的信号，控制执行机构 $M_1$、$M_2$、$M_3$ 和 $M_4$ 产生动作，$M_1$、$M_2$、$M_3$ 和 $M_4$ 分别对应调控气流调节阀 16、17、18 和纤维料仓出料皮带的速度。

# 第 6 章
# 多层和单层热压机

## 6.1 概述

热压机是胶合板、纤维板、刨花板等各种人造板及二次加工生产中的一种关键性设备。热压机一般以油为加压介质(在压力要求不高的场合也有采用水和气体为加压介质),加热通常采用饱和蒸汽和热油,部分生产也有采用热水或电加热等。由于热压机可以在高温高压条件下工作,热压周期较短,生产率较高,因此在20世纪30年代热压机发展迅速,出现了多层热压机,促进了干法纤维板和刨花板工业化生产线的发展。为提高生产率和产品质量,50年代又出现了具有同时闭合装置的多层热压机,70年代出现了大幅面的单层热压机,80年代初又发展了新一代连续式热压机,使刨花板和中密度纤维板生产线更趋自动化、连续化、现代化。

根据热压机工作方式的不同,可分为周期式热压机和连续式热压机;根据热压机层数的不同,周期式热压机又可分单层热压机和多层热压机;根据加压方式的不同,连续式热压机又有挤压机、辊压机和平压机等。

根据被加工制品的形状不同,可分为胶合板热压机、纤维板热压机、刨花板热压机和覆贴板热压机等。

根据机架结构形式的不同,可分为柱式、框式和箱式热压机。

根据板面单位压力的高低,可分为低压、中压和高压等热压机。低压热压机(板面压力1~2MPa),如普通胶合板热压机、覆贴板热压机等;中压热压机(板面压力2~8MPa),如刨花板热压机(压力2.5~3.0MPa)、中密度纤维板热压机(3.5~4.5MPa)、干法硬质纤维板热压机(6~8MPa);高压热压机(板面压力在8MPa以上),如树脂层积板热压机(8~12MPa)、木质层积材热压机(15~16MPa)、酚醛树脂层积材热压机(20MPa)。

按国家标准GB/T 18003—1999《人造板机械设备型号编制方法》规定压机类代号为“BY”,再按组别分成框架式热压机、横向框架热压机、柱式热压机、横向柱式热压机、箱式热压机、挤压机、预压机、其他压机等9种,以加工幅面为主参数,总压力为第二参数。

## 6.2 多层热压机

多层热压机的使用时间最长,应用最为广泛,曾在人造板生产中占有较大的比重,尤其是在胶合板生产中仍占据主导地位。

多层热压机成套设备含装卸板系统。湿法硬质纤维板加工采用有垫板装卸系统，干法中密度纤维板加工和胶合板加工普遍采用无垫板装卸板系统，刨花板加工经预压也采用无垫板装卸系统。部分多层热压机的基本参数见表 6-1。

**表 6-1　几种典型多层热压机的基本参数**

| 种类 | 型号（或代号） | 热压板尺寸（长×宽×厚，mm） | 层数 | 总压力（MN） | 板面压力（MPa） | 热压板间距(mm) | 缸径×数（mm） | 制造单位 |
| --- | --- | --- | --- | --- | --- | --- | --- | --- |
| 胶合板热压机 | BY414×8/8 | 2700×1370×42 | 25 | 8 | 2.5 | 70 | Φ320×4 | 上海人造板机械厂 |
| | BY513×7/5 | 2400×1150×42 | 25 | 4.5 | 2 | 70 | Φ320×2 | |
| | BY514×6/4 | 2100×1370×42 | 15 | 4 | 1.5 | 70 | Φ320×2 | |
| 塑料板热压机 | BY133×19 | 2200×1150×60 | 10 | 19 | 8 | 135 | Φ320×8 | |
| | BY133×7/20 | 2250×1150×62 | 15 | 20 | 9 | 110 | Φ400×6 | |
| | BY134×8/30 | 1370×2650×62 | 15 | 30 | 8 | 100 | Φ450×6 | |
| 湿法硬质纤维板热压机 | BY133×7/13 | 2250×1150×52 | 15 | 12.5 | 5.5 | 88 | Φ320×6 | |
| | BY134×8/20 | 2650×1370×62 | 20 | 20 | 6 | 90 | Φ400×6 | |
| 中密度纤维板热压机 | BY144×12/30 | 4100×1750×100 | 6 | 30 | 4.2 | 300 | Φ400×8 | |
| | Motala 热压机 | 5180×1680×125 | 8 | 24 | 3.6 | 300 | Φ490×8 | 瑞典 Motala 公司 |

图 6-1 所示为框架式热压机 BY133×7/13 型热压机。该机为湿法硬质纤维板生产主机，框架式机架 1 用于承受全部工作压力和安装热压板、液压缸等部件，要求有足够的强度和刚度。6 个柱塞式液压缸 2 垂直安装在机架 1 的下横梁上。柱塞 3 的上端和下顶板 4 通过球面覆盆连接，有利于柱塞 3 的上、下运动而不被卡住。柱塞 3 上升时，将工作压力经下顶板 4 传递到热压板 5 和板坯，使热压板 5 逐层闭合。上顶板 6 用 4 个吊杆螺栓固定在上横梁的下方，螺栓上端悬挂在 4 根天桥 8 上。上、下顶板 6、4 上各固定一块热压板 5，在热压板 5 与上、下顶板 6、4 之间垫一层隔热用石棉板。其他热压板搁置在机架中部的阶梯搁板上。每块热压板内部都有蒸汽孔道用于加热，为便于操作将蒸汽管安装在非工作的一侧。为保持热压板能平稳地升降，设有齿条式平衡同步装置 11。

图 6-2 所示为瑞典 Motala 多层热压机。该机属柱式热压机，总体结构、工作原理与上述热压机基本相同。因用于中密度纤维板生产线上，为提高产品质量，该机设同时闭合机构，并设机械厚度规与线性电位仪等控制装置。

8 个液压缸 1 纵向分成两排垂直安装在热压机下部。立柱 19 和上、下横梁 14、15 通过螺母 18 连接成一固定的机架。热压机闭合或开启过程中，中间各热压板由装在热压机两侧的四组闭合机构的拉杆托起，以保证各热压板之间的间距均匀性，达到同时闭合或张开的目的。热压过程中，下顶板的位置由机械厚度规(图中未画出)和线性电位仪 13 综合控制。机械厚度规用螺栓固定在热压板表面的纵向两侧，可以根据不同板厚

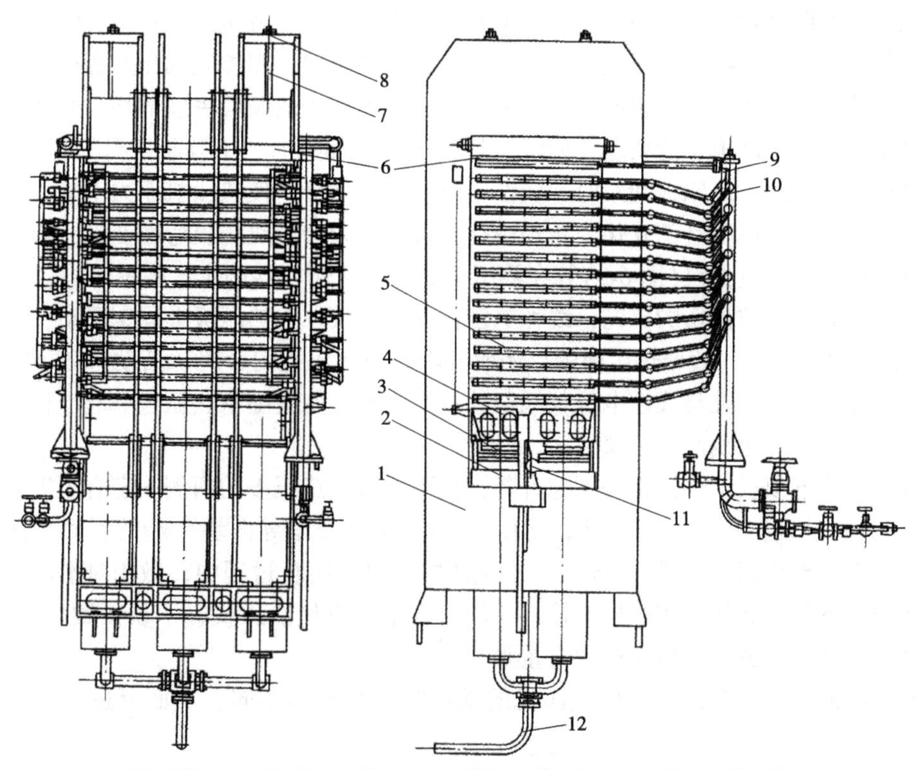


1. 框架式机架　2. 液压缸　3. 柱塞　4. 下顶板　5. 热压板　6. 上顶板　7. 吊杆螺钉
8. 天桥　9. 蒸汽总管　10. 支汽管　11. 同步装置　12. 总进油管

**图 6-1　BY133×7/13 型热压机**

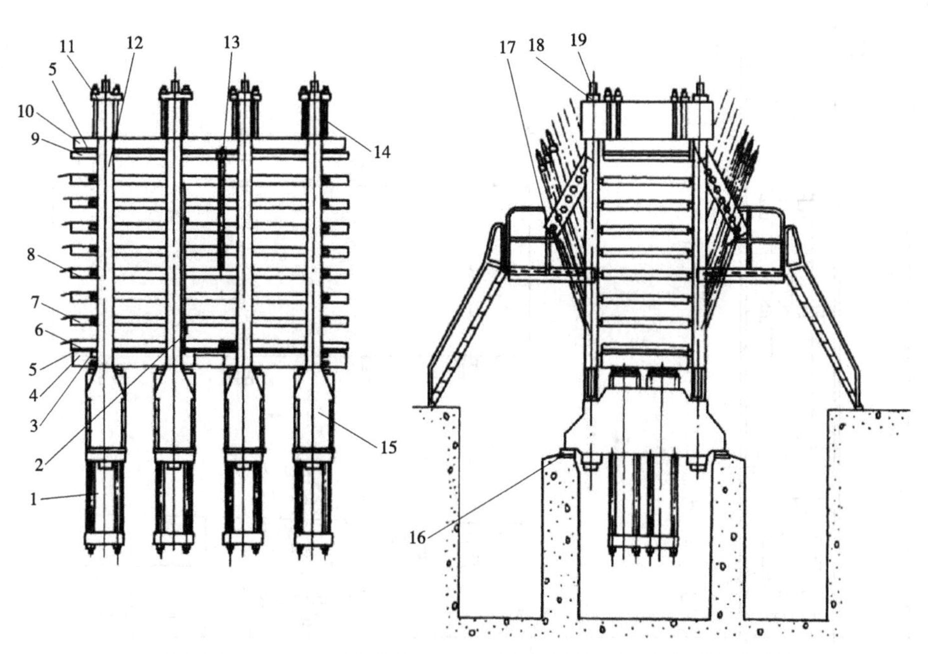


1. 液压缸　2. 限位开关装置　3. 导向板　4. 下顶板　5. 隔热板　6. 下热压板　7. 板头
8. 中间热压板　9. 上热压板　10. 上顶板　11. 吊杆螺钉　12. 定距套管　13. 线性定位仪
14. 上横梁　15. 下横梁　16. 基础板　17. 同时闭合机构　18. 螺母　19. 立柱

**图 6-2　瑞典 Motala 多层热压机**

的要求，更换厚度规，用以限定下顶板上升的最高位置，也就是热压板闭合时的最终位置。线性电位仪用以控制加压或松压过程中下顶板的位置，即控制加压过程中热压板的闭合速率或松压过程中热压板的张开速率，确保压出板子的断面密度的均匀性及防止板子的鼓泡现象，提高板子的质量；同时，热压机闭合加压时，下顶板上升至最高位置，即机械厚度规控制的热压板间距时，线性电位仪发出信号，使热压机压力下降，此时板坯压缩至所要求的厚度且已软化，若仍维持在最高压力会使热压板弯曲变形，影响板子的厚度精度。线性电位仪(图 6-3)装在热压机的纵向两侧，共两个。每一个电位仪有一个装配非常紧密的防损伤的罩壳，线性电位仪支架 1 装在上热压板上固定不动，活动杆 5 固定在下热压板上，随着热压板的启闭而升降。当热压机闭合时，活动杆随下热压板上升，活动杆上的顶锥与线性电位仪端部的槽针接触，使其随下热压板一起上移，将下顶板的位置信号传至线性电位仪。

为了保持下顶板、热压板的平稳升降，在下顶板、热压板的两侧固定有温度补偿导向块(下顶板上设有八个，热压板上设有四个)，温度补偿导向块一端的斜面与固定在定距套管上的导轨面相接触(图 6-4)，在热压机开启或闭合过程中，做相对滑动。导块与热压板、下顶板之间采用螺栓连接，并均可调节，以使热压板、下顶板做对中调整。热压完毕，液压缸放油，热压机因自重张开。

热压机的种类虽多，但多层热压机的基本结构则大体相同。下面分述其主要部件结构。

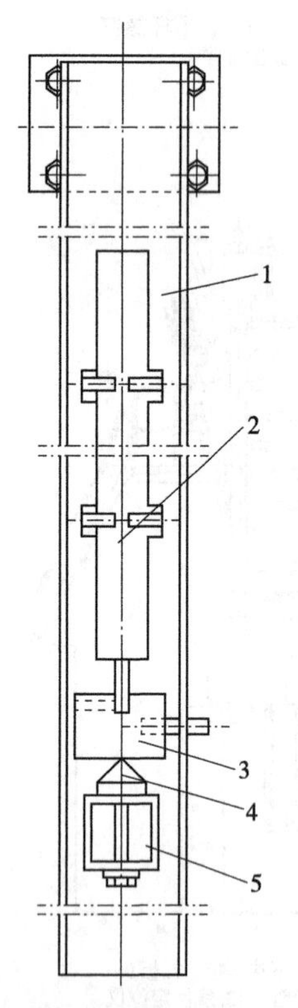


1. 线性电位仪支架 2. 线性电位仪
3. 槽针 4. 顶锥 5. 活动杆

**图 6-3 线性电位仪**

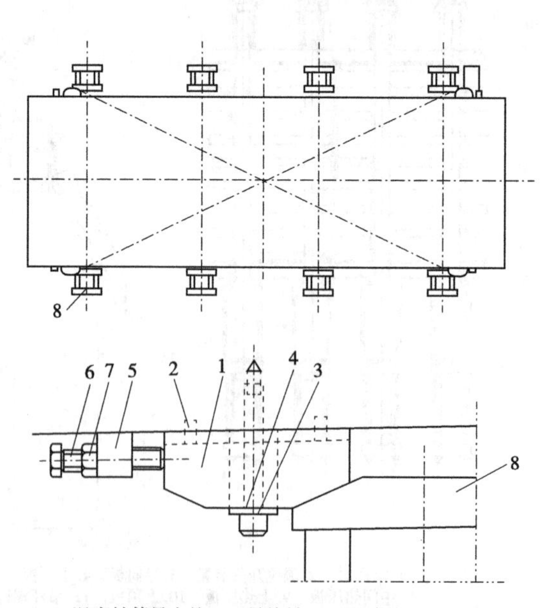


1. 温度补偿导向块 2. 导块销 3、6. 螺钉 4. 垫圈
5. 固定块 7. 螺母 8. 定距套管

**图 6-4 热压板导向装置**

### 6.2.1 机架

机架是热压机的重要部件，用于支承液压缸、热压板等部件，并在工作中承受热压的总压力。因此，机架必须具有足够的强度和刚度，以保持设备在额定压力下能长期正常地工作。

机架有立柱式、框架式和箱式三种类型。对于压力较高的大型热压机及进口的多层中密度纤维板热压机，多采用立柱式机架；国产热压机多为框架式机架；箱式机架多用于试验热压机等小型设备。

图6-5所示为立柱式机架，由立柱3、上横梁2、下横梁1和螺母4等构成。立柱与横梁的连接方式(图6-6)有：无台肩式、双台肩式、单台肩式，均是采用内外螺母的连接。Motala热压机立柱与横梁的连接靠套在立柱外围的方形定距管7及外螺母来连接(图6-7)，定距管由四块钢板焊接而成，并进行了热处理。

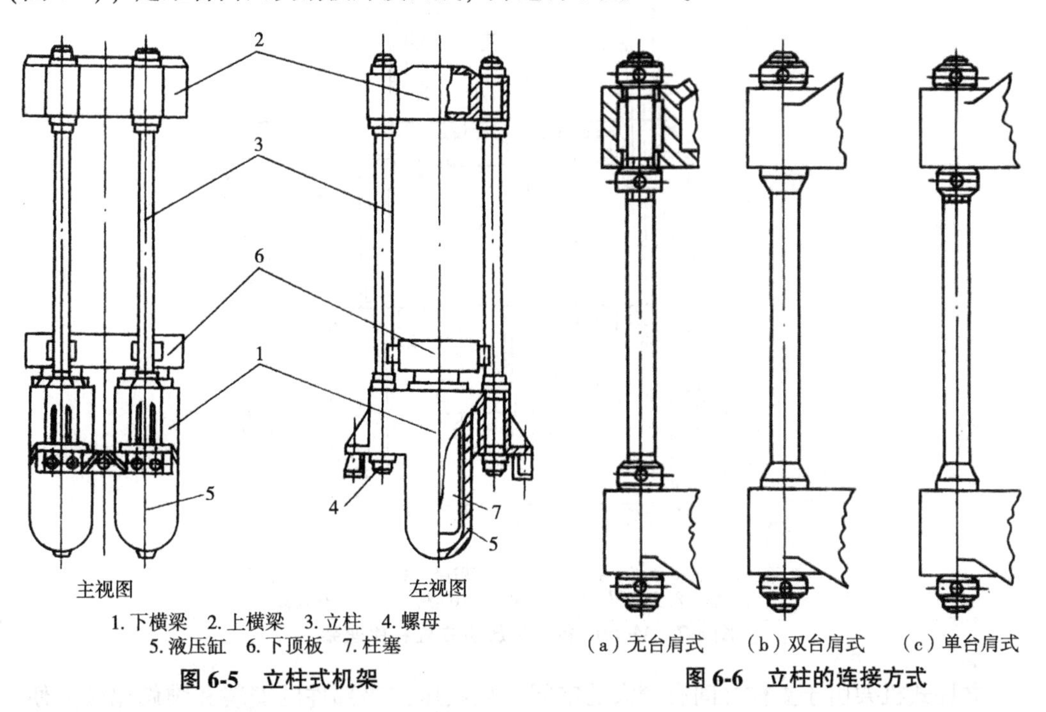


1.下横梁 2.上横梁 3.立柱 4.螺母 5.液压缸 6.下顶板 7.柱塞

**图6-5 立柱式机架**

(a)无台肩式 (b)双台肩式 (c)单台肩式

**图6-6 立柱的连接方式**

因多层热压机属周期式工作，因此在立柱螺扣部分要承受较大的交变应力，使立柱与上、下横梁产生松动现象而影响成品的质量及热压机的使用寿命。为了降低此应力变化所带来的影响，通常在热压机安装时，对立柱应施加预应力，并在使用过程中，每隔一定时期应校验立柱的预应力，防止螺母松动。施加预应力的原理是：通过对立柱端部进行加载或加热，使其伸长至预定的程度时，随即旋紧螺母，然后停止加载或加热，上、下横梁此时即被紧紧地固定于螺母之间。上、下横梁的结构有采用铸钢结构，也有采用钢板焊接式结构：有整体式的，也有组合式的。整体式横梁的装配精度较易保证；组合式横梁则每部分的质量较轻，便于制造、搬运和安装。液压缸设在下横梁的中部。液压缸的缸体与下横梁可结合铸造成一体，也可以做成可拆装的结构形式。图6-6所示的立柱式机架，属上横梁为整体式、下横梁为组合式的铸钢结构，缸体与下横梁铸造成一体；Motala热压机的机架属组合式焊接结构，缸体与下横梁是可拆装的。

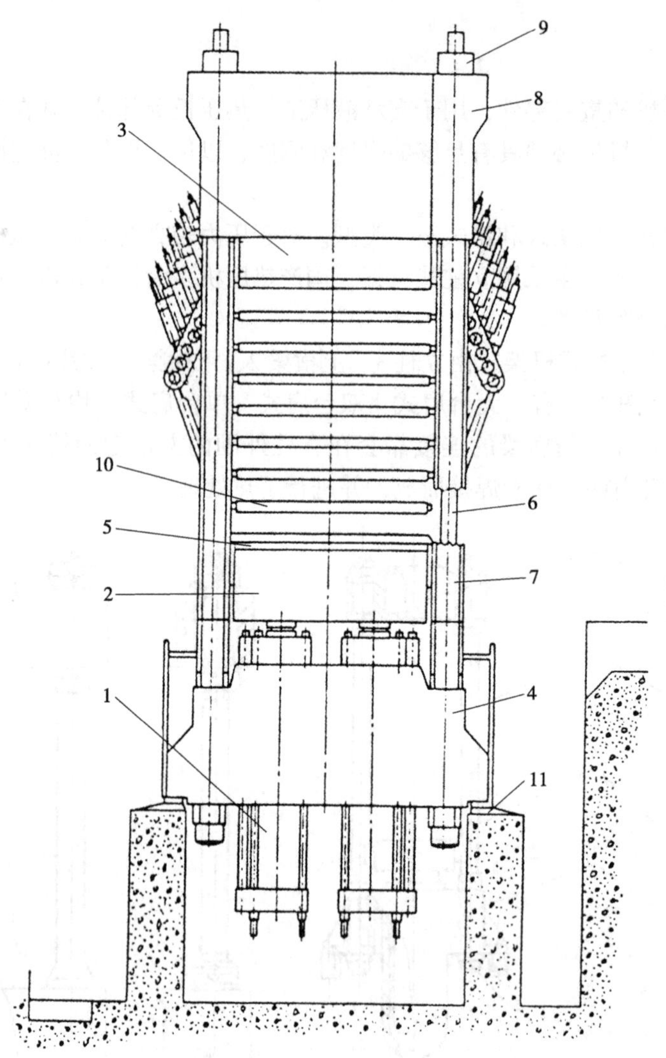


1. 液压缸　2. 下顶板　3. 上顶板　4. 下横梁　5. 隔热层　6. 立柱
7. 定距管　8. 上横梁　9. 立柱螺母　10. 热压板　11. 基础板

**图 6-7　Motala 多层热压机立柱和机座架**

立柱式机架由于立柱之间有较大的空间，故液压缸等部件的安装和维修比较方便，也有利于操作；同时，这种机架可设置直径大的液压缸，故可减少液压缸的数目，这对于设备的维护保养也较为有利。柱式机架的缺点主要是由于构件比较笨重，故需用大型设备制造，加工较为困难，钢材耗用量大，成本比较高，对设备的拆装、维修也带来不便。

如图 6-8 所示为 BY133×7/13 型热压机的框架式机架。组成这种机架的基本构件为框片 1，框片 1 由厚度为 25~50mm 的钢板焊接而成，两块框片先组成框片组 4、5、6，然后再通过连接件将各框片组连接成完整的机架，以便安装和运输。对于重型热压机的机架，每块框片也有采用两块钢板叠合而成的结构。

框架式机架和立柱式机架相比较，其主要优点是不需要笨重的上、下横梁和立柱，加工和安装比较容易，制造费用较低。缺点是液压缸数量较多，故维护保养工作量较大，并因缸多和框架的影响，对液压缸等部件的布局、维修及热压机的操作也造成一定困难。

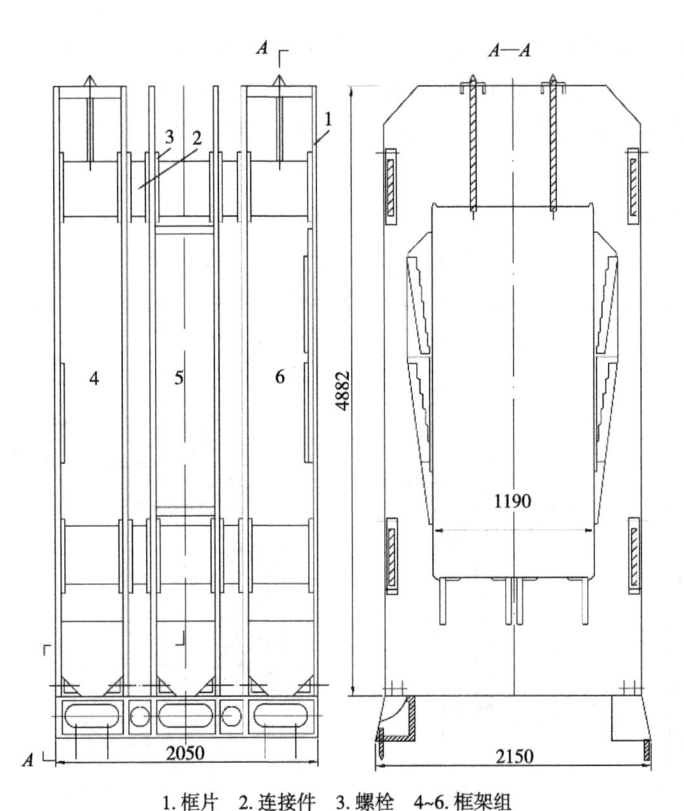


1. 框片　2. 连接件　3. 螺栓　4~6. 框架组

**图 6-8　BY133×7/13 型热压机的框架式机架**

## 6.2.2　液压缸

人造板热压机中的液压缸有单缸、双缸及多缸之分。液压缸数目的多少，应根据热压机的总压力、工艺要求、热压机的结构形式以及制造条件等因素来确定。当热压机的总压力为一定值时，若采用多缸，则缸体和柱塞的直径较小，制造和安装比较容易，但维修工作量会增加，还会增大液压缸所占的布局面积；若采用单缸或双缸，则直径较大，加工比较困难，但缸少对使用及维修较为有利，并且工作时动作比较平稳、协调。当要求板面压力很高时，一般都尽可能少的使用液压缸。否则，多缸会给液压缸在热压机中的布局造成困难。

多层热压机的液压缸一般采用铸钢、锻钢或者钢管组合式结构。液压缸在多层热压机中的安装，有法兰支承式和缸梁一体式两种，最常见的安装方式为法兰支承式。

图 6-9 所示为 Motala 热压机的液压缸结构，采用法兰式支承与机架相连。液压缸缸体的结构为钢管组合式结构，由拉杆将缸体、缸盖、底座紧密组合成一体。活塞杆与缸盖之间的滑动面上装有聚四氟乙烯密封环 1、2 及滑环 3、液压缸上部装有刮油环。图 6-10 所示为 BY133×7/13 型热压机的液压缸结构，与机架的连接也采用法兰支承式。缸体 1 采用铸钢件，底部为焊接结构。缸体上端部支承法兰 9，由固定螺钉 8 与热压机机架相连，其侧面设有排气塞 4，用于定期排除缸内积存的气体。位于排气塞下侧的为排油塞，用于排出困油。用耐磨材料制成的导向衬套 3(如青铜、球墨铸铁或耐磨铸铁)作为柱塞运动的导向，并可避免柱塞与缸体内壁直接接触、磨损后修复困难等问题。衬套长度一般为柱塞直径的 0.4~0.6 倍，当柱塞行程长，直径小时则取大值，密封圈 5

下部由衬套支承，上部由压盖 7 上的均布螺栓与缸体紧固。柱塞顶部有大曲率的覆盆 6，以保证柱塞运行自如，达到延长密封圈使用寿命的目的。

法兰支承式液压缸结构简单，但缸端法兰的过渡区域会产生较大的应力集中，容易造成疲劳破坏。

缸梁一体式结构是将液压缸的缸体直接和横梁铸造成为一体。这种方式适用于直径大的液压缸，它可以使液压缸柱塞的面积尽量扩大，减小横梁的尺寸。单缸或双缸柱式热压机常采用这种结构的液压缸，使设备内部比较紧凑。但必须充分保证缸体与立柱连接孔处的铸造质量，并且必须重视该部位的应力集中问题。

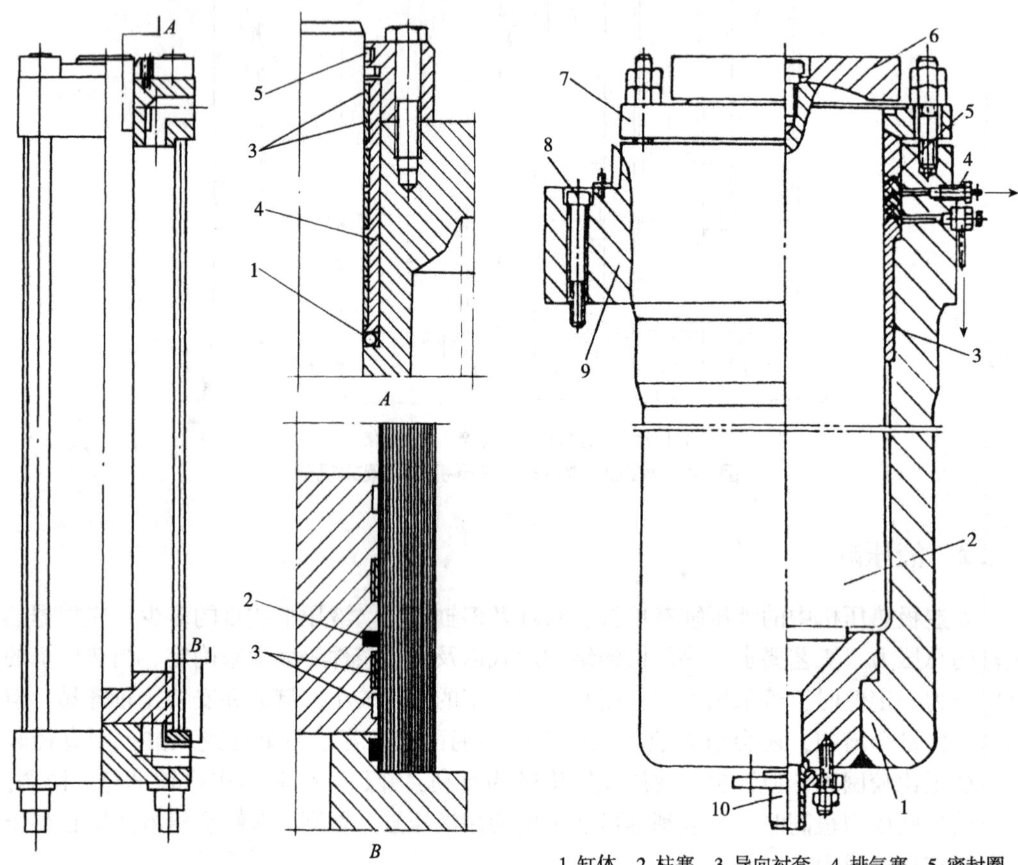


1、2. 聚四氟乙烯密封环 3. 滑环 4. 衬套 5. 刮油环

**图 6-9 Motala 热压机的液压缸结构**

1. 缸体 2. 柱塞 3. 导向衬套 4. 排气塞 5. 密封圈 6. 覆盆 7. 压盖 8. 固定螺钉 9. 法兰 10. 油管接头

**图 6-10 BY133×7/13 型热压机的液压缸结构**

## 6.2.3 热压板

热压板是热量、压力的传递部件，其传热性能的好坏、机械强度与刚度的大小及其加工精度等对产品的质量和产量都有不同程度的影响。因此，热压板应满足以下条件：每块热压板各处的温度及其传导的热量应均匀，以使被压制板坯受热均匀；必须具有足够的强度和刚度，并能承受因高温变化而引起的热应力；热压板上、下表面有足够的平行度及其表面的平直度、粗糙度；热介质在热压板孔道内流通阻力要小等要求。

热压板通常采用厚钢板加工而成。热压板幅面的大小决定着制品的尺寸规格，它是热压机最基本的技术参数。热压板的厚度关系着热压板的强度和刚度，并且影响到加热孔道和热容量的大小。较厚的热压板，有利于增大热压板的热容量和刚度，但要耗用较多的钢材并对设备的高度有一定限制。由于所压制品的种类、板面压力及其幅面尺寸等的不同，热压板的厚度有着显著差别。一般热压板厚度控制在 40~130mm。普通胶合板热压机的热压板较薄，在 40~50mm；硬质纤维板热压机的热压板厚为 50~65mm；刨花板热压机的热压板厚为 90~100mm；中密度纤维板热压机的热压板较厚，在 90~130mm，如 Motala 热压机的热压板采用厚 125mm 的辊轧钢材加工而成。

热压板的内部按一定的要求加工出许多孔道，并经堵头及焊封后形成特定形式的回路用于通入饱和蒸汽(或热水、热油)对热压板及板坯进行加热。

热压板加热孔道的回路形式是否合理，对于提高制品质量和缩短热压时间起着决定性作用。回路布局合理，板面的温差小，所得制品的质量就好；反之，回路不合理，或者容易被堵塞，板面温差就大，制品受热不均匀，各处的含水率不一致，就容易产生翘曲并影响制品强度，同时还会延长热压时间，造成产量下降。另外，合理地布置回路也可减小因钻孔而使热压板的刚度、强度削弱的程度，并能减小热介质在孔道内的流通阻力。

图 6-11 所示为几种典型的热压板加热孔道的回路形式。

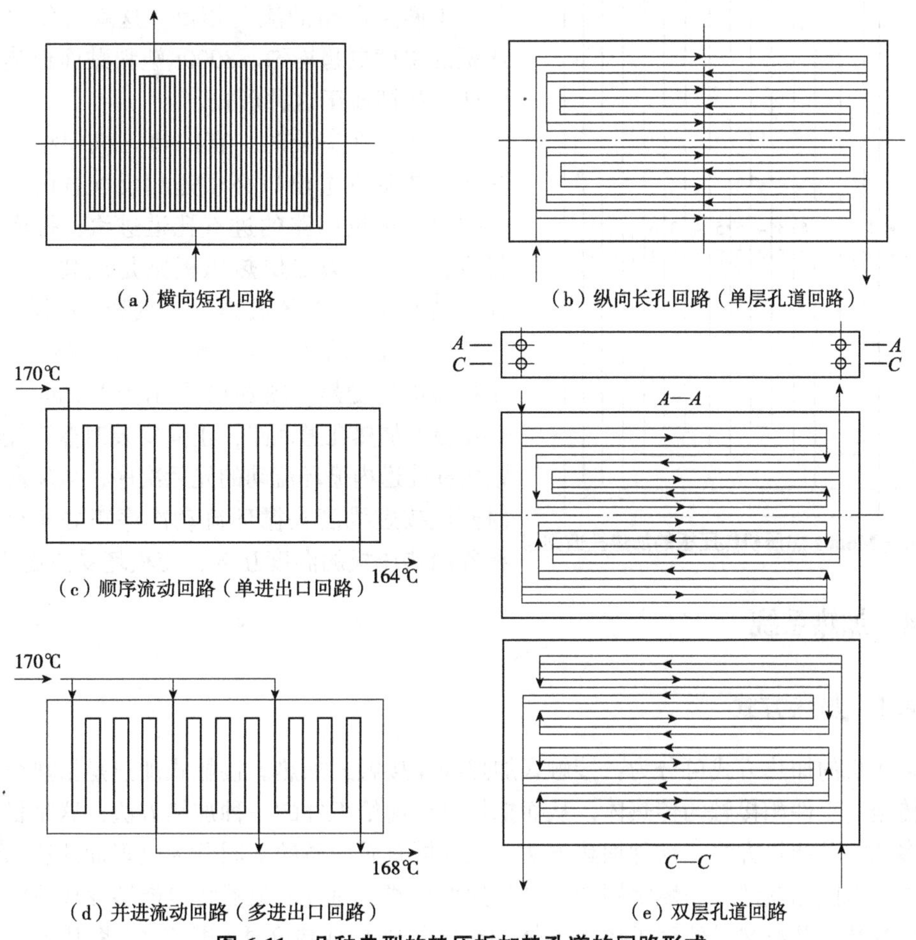


**图 6-11　几种典型的热压板加热孔道的回路形式**

根据孔道的排列方向，有横向短孔回路[图 6-11(a)]和纵向长孔回路[图 6-11(b)]之分。从热压板的强度、刚度以及热介质的流通阻力与传热性能方面来看，纵向回路要比横向回路有利；但长孔的加工则比较困难。

根据加热介质的流动方式，有顺序流动回路[图 6-11(c)]和并进流动回路[图 6-11(a)(d)]之分。图 6-11(c)所示的回路，热介质从一端进入热压板后，沿一条孔道依次通过整块热压板，然后在另一端排出。这种形式会造成热压板前、后两区域的温度差别比较大，因而影响制品质量，因此只适用于小幅面的热压机。图 6-11(a)所示的回路，热介质从一侧进入热压板后便分成前后回路，同时加热整块热压板，最后汇合从另一侧排出，其优点是热压板的温度升高得快，板面温差较小，但加工复杂些。

根据孔口的数量，有单进出口回路[图 6-11(c)]和多进出口回路[图 6-11(d)]之分。对于大幅面热压机，尤其是长度尺寸很大的热压机，热压板纵向长孔很难加工，只能横向钻孔，并使孔道分段组成单独的回路，分别与外接管相连。这种多进出口连接的回路，有利于使大幅面热压板的温度比较一致。大幅面单层热压机往往采用这种形式。

根据孔道的层数，有单层孔道回路[图 6-11(b)]和双层孔道回路[图 6-11(e)]之分。厚度大的热压板，可在板内开出上下两层孔道，并使上下两层回路的流向相反。这就可使整块热压板的温度更趋均匀。8000t 塑料贴面板热压机的热压板即属于这种形式。

热压机在安装时，有的热压机中相邻两块热压板的蒸汽进出口必须是相反配置的。如第一层热压板按回路的进汽孔道进汽，排汽孔道排汽，那么，第二层热压板则是反装，用排汽孔道接进汽管，进汽孔道接排汽管，这样，相邻两块热压板上的高、低温区可以互相补偿，有利于板坯均匀受热。图 6-12 所示为 Motala 热压机热压板的加热孔道回路，正向安装时蒸汽按实线箭头在孔道内循环流动的先后次序，与反向安装时蒸汽按虚线箭头循环流动次序正好相反，使相邻两热压板的温度互补，使板坯受热更均匀。

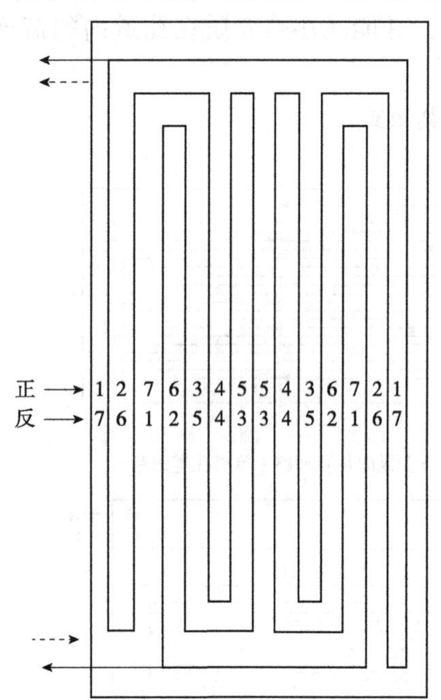


图 6-12 Motala 热压机热压板的加热孔道回路

## 6.2.4 加热系统

### 6.2.4.1 加热方式

热压机的加热方式可分为：接触式加热和非接触式加热。接触式加热是指热介质将热量传至与工件相接触的传热体，从而把热量传递给工件的一种加热方法，这是目前用得最多的一种加热方法。这种加热方法，又根据介质性质的不同分为电阻加热法和流体加热法。电阻加热法，一般常用的是电阻丝加热器，通过电阻器将电能转变成热能，使热压板受热，并将热量传至板坯。流体加热法，则是载热介质(即流体)将其本身的热量(焓)通过热压板再传给工件的一种加热方法，它又可分为气体加热法和液体加热法两种。气体加热法在热压机中最常用的就是蒸汽加热法。液体加热法中有过热水加热、导热油加热等。目前国外用得较多的是导热油加热。非接触式加热，一般是指工件(板坯)不与任何介质或传热物体相接触，而是依靠本身的分子运动产生热量而被加热的一种方法。如高频感应加热法，就是利用了高频电场感应，使板坯中的分子剧烈运动，产生热量而得以加热的。

#### 6.2.4.2　加热系统的组成

与其他动力系统相似，加热系统一般由以下部分组成：热力源、控制部分、传递部分和执行部分。对于电加热来说，热力源就是电源，由自动仪表进行控制，用导线将电传至热压板中的电阻加热器，使热压板被加热。对于蒸汽加热来说，热力源来自锅炉房，经管道通过控制仪表，经挠性管道装置，将热介质传送到执行机构——热压板的孔道里，从而使热压板加热，而后再传至工件使之加热。对过热水加热系统来说，所需设备就更多了。除有过热蒸汽输入外，还需有一个进行热交换的热水罐。对于塑料贴面板一类的热压机，制品加热成型后还必须使其冷却，还得有一套冷却系统。通常情况下是使用同一条管道，采用轮流输入热介质和冷却介质的方式进行的，不再另设一套冷却管道。但必须有一套冷却水的循环装置和控制装置。

#### 6.2.4.3　蒸汽加热系统

图 6-13 是常用的单向蒸汽加热系统。来自动力源(锅炉，图中未示出)的饱和蒸汽，由管道 1 经过气动薄膜调节阀 2 进入集汽总管 3，由此通过调节阀 4 和配汽管 5，分配到执行机构——热压板 6 中。将已冷却的冷凝水经排汽管 7 集中到排汽总管 8，经过滤器冷凝阀 9 排出。热压板的温度由温度指示器 10 表示，当温度低于预定值时，发出信号，与蒸汽压力指示调节器 11 比较，产生气压信号使气动薄膜调节阀 2 产生相应的变化——开大或减小阀口，从而达到自动调温的目的。

系统的循环回路可以是单向的，由热压机的一侧加入蒸汽，另一侧排出废汽。这种方式，往往会导致进汽侧温度高于排汽侧温度，温度不够均匀。为了克服这个缺陷，可采用双向循环，即热压机两侧各有二根集汽总管和排汽总管，相邻两块热压板的进出汽口互相重叠。这样可使热压板的加热温度趋于均匀一致，如图 6-14 所示。

这种系统，在确定总进出汽管的位置时，应设计进出汽总管不要在同一高度上，而应使一个处于较高位置，另一个处于较低位置，这样可使每块热压板的热流相当，而且连接管不会形成滞堵现象。同时，在修理管道时，容易使加热系统排空，便于检修。

图 6-15 是 8000t 塑料贴面板热压机的加热冷却系统。采用蒸汽加热、冷水冷却。加热时最高温度可达 135℃，冷却后温度可降至 35℃。该热压机的热压板采用双层多孔道回路结构，上下层的流向相反，所以是双层双向循环的加热系统，可以达到更均匀的加热温度。这样，系统中就有两根集汽总管 1 和两根排汽总管 2。总管与热压板相连的配汽管 3 采用曲拐回转臂形式，经过使用证明，这种形式效果较好，具有运动灵活、密封严密、维修方便等优点。加热与冷却两个系统，只是在进出口处分开。冷水用两台 4DA8X3 型，扬程($H$)为 42.6m，流量($Q$)为 200L/min 的离心泵(6YD，7YD)强制通入。进水方向与排汽方向正好相反。在系统通入冷却水前，必须先将剩余的蒸汽放掉，以免出现强烈的“水锤”现象。加热与冷却的交替用电接点温度计 4 通过电动闸阀 8YD、

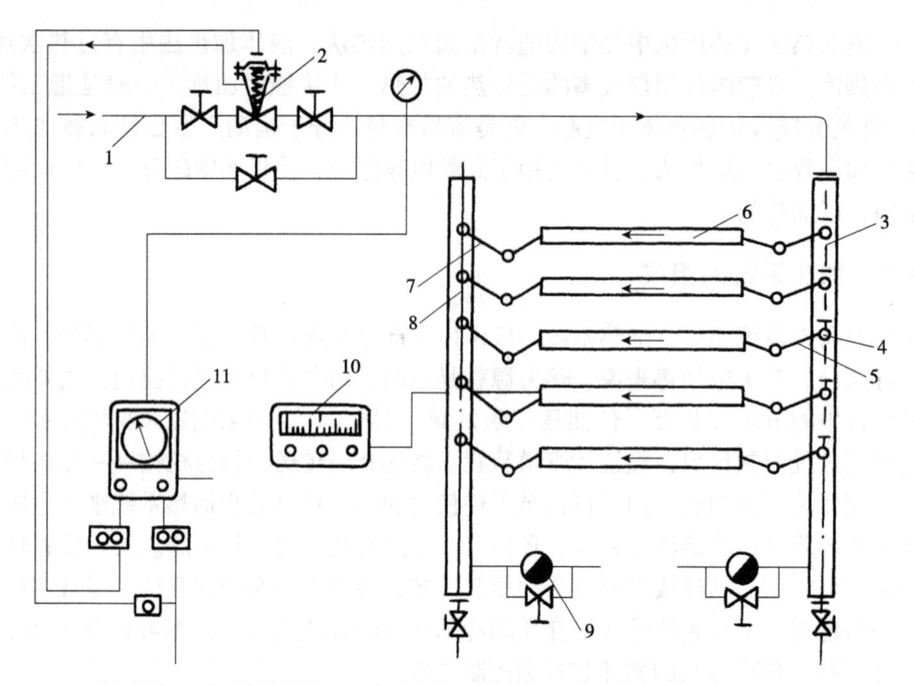


1.蒸汽管道 2.气动薄膜调节阀 3.集汽总管 4.调节阀 5.配汽管 6.热压板 7.排汽管
8.排汽总管 9.冷凝阀 10.温度指示器 11.蒸汽压力指示调节器

**图 6-13 单向蒸汽加热系统**

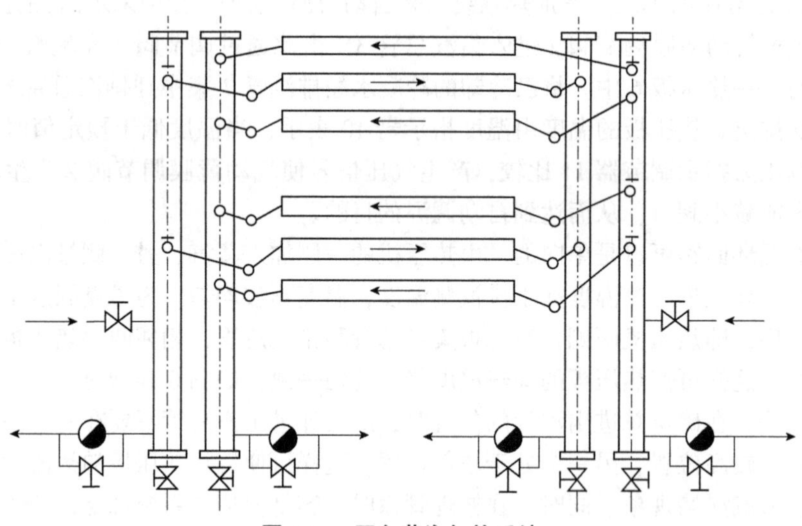

**图 6-14 双向蒸汽加热系统**

9YD、10YD、11YD 加以控制。当温度达到上限时，电接点温度计 4 使时间继电器开始计时，热压周期开始。当到达加热周期终了时，发出电信号，关闭 8YD，切断蒸汽通入；打开 9YD、10YD 放汽，经过规定时间，如 5min 后，即关闭 10YD；接通冷却水泵 6YD 或 7YD，供给冷却水，使冷却水在热压板中循环后从进汽侧排出，达到强制冷却的效果。在加热过程中，11YD 开启，放出冷凝水，在冷却时，则应关闭。温度的自动调节由气动温度调节器完成。当测得的汽压（或温度）高于或者低于预定值时，调节器会产生相应的压力变化，使气动薄膜阀 5 的阀口作相应的变化——减小或增加进汽量，从而达到自动调节温度的目的。此外，气动温度调节器同时还可自动记录温度。

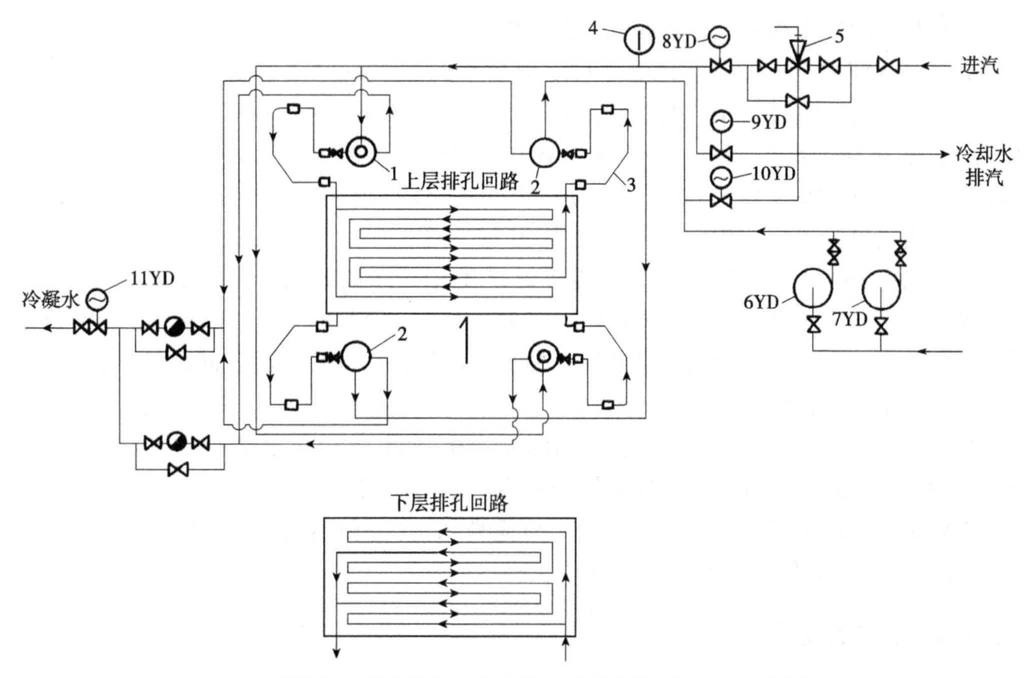


1.集汽总管 2.排汽总管 3.配汽管 4.电接点温度计 5.气动薄膜阀

**图 6-15 8000t 塑料贴面板热压机的加热冷却系统**

图 6-16 是蒸汽加热管道中常用的一种气动温度自动调节和控制装置。该装置可以使热压板温度保持在恒定状态，这种装置可在 0~300℃调节。它有四个主要机构：调节器 1，带有测温系统并能自动将测得的值记录下来；调压器 2；空气过滤器 3 和调节执行机构——气动薄膜阀 4。其工作原理如下：测温系统测得温度，一边记录在表盘的极坐标纸上，一边根据温度的高低，控制压缩空气的进入量。压缩空气直接由车间网路接入，经空气过滤器 3 到达调压器 2 而进入调节器 1。调节后的压力气体被送到调节阀，再作比较，最后决定使气动薄膜阀 4 的阀口开大还是关小。测温表插入热压板预先打好的测温孔中。

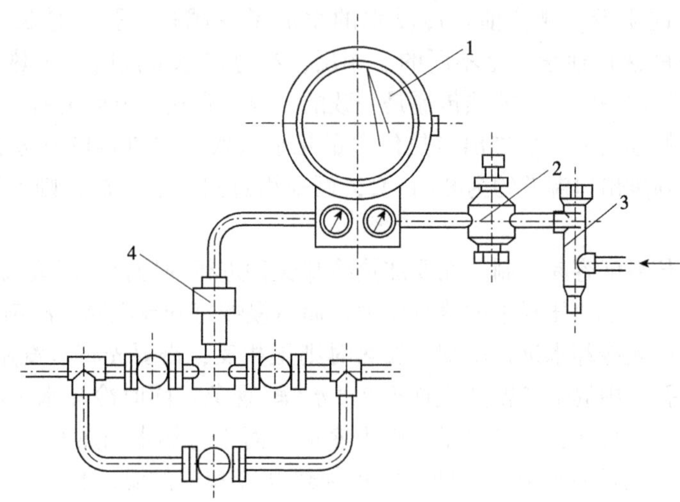


1.调节器 2.调压器 3.空气过滤器 4.气动薄膜阀

**图 6-16 气动温度自动调节和控制装置**

一些常用的压力和温度控制仪表及其特性如下：

①WTZ-288 型电接点压力式温度计　适用于测量 20m 以内的温度。并能在工作温度达到和超过给定值时，发出电信号。温度计也可用来作为温度调节系统内的电路接点开关。电源为 24~380V，50Hz，接点功率 10W 以下。测量范围：0~50℃，20~60℃，温包耐压力 1.6MPa。另一测量范围是：0~100℃，20~120℃，60~160℃，100~2000℃，温包耐压力 6.4MPa。定装螺纹均为 M24×2。

②WTQ-278，410，618 型压力式温度计　适用于距离 60m，温度 0~300℃；被测介质的最大压力为 6MPa，适用于周围温度 5~50℃，相对湿度不大于 80%的条件下使用，可分为自动记录装置和无记录装置。根据自动记录传动形式的不同，又分为钟表机构式和 TD 同步电动机式。

③WX 型电接点压力表　适用于周围温度-40~50℃，相对湿度 80%以下的条件工作。当指针达到给定值时，它与导电针相接通，发出电信号。

④XCT 系列动圈式温度指示调节仪　与检测元件(各种热电偶、热电阻或辐射高温计)相配合使用，测量范围为-200~2000℃。

#### 6.2.4.4 过热水加热

热压板的多采用蒸汽加热法进行加热，但当要求温度很高时，这种方法就无法满足要求。蒸汽加热的理论极限压力不高于 1.4MPa，极限温度为 190℃，而且效率低，损耗大(15%~20%)，热荷波动大，管道连接困难等缺点。近来，热压板加热正在向液体加热法发展，其中最常用的就是过热水加热。

(1)与蒸汽加热相比，过热水加热优点

①温度分布均匀稳定　在用蒸汽加热时，蒸汽因放热而失去热量变成冷凝水，也就是说它是以蒸汽的潜热进行加热的。这样生成的冷凝水必须迅速排除，否则就会影响蒸汽流动，妨碍热交换的进行。在加热过程中，若有一部分冷凝水滞留在热孔下部，就会使热孔上下部的传热性能不一致，也就是在横截面上的传热性能不均匀。另外，从长度方向来看，越往前走冷凝水的生成量就越多，孔道越长，热传递就越少，因此进出口的热传递量总是不同的。相反，在过热水加热时，过热水总是充满整个孔道而流动，其同一断面上的热传递是一致的，只是在流动方向上有所变化。但用调节过热水量多少的办法便可使进出口热传递量几乎一致。如图 6-17 所示的热压板，如用蒸汽加热法，则进出口温差约为 8~11℃，而采用过热水加热法，则上述温差可降低 2~5℃。

②加热或冷却温度容易控制　在要加热冷却交替进行的场合，用蒸汽加热法，首先需要关闭蒸汽阀，减小热压板中的蒸汽压力，而后慢慢打开放汽阀，渐渐放走热压板中的蒸汽，最后再压入冷却水进行冷却。加热时则正相反，需要先将蒸汽用冷却水顶出，此时，水在高温孔道中局部急剧蒸发而产生“水锤”现象。同时冷却水中的杂质附在热孔壁上，使传热性能恶化，并使热压板产生变形。而用过热水加热时，只要控制阀门，切换高温低温水，或者混合流动，即可实现加热和冷却时的温度控制。在温度控制方面，蒸汽加热，一般只能以控制其流量来调节温度；而过热水加热，除控制流量外，还可以用改变循环过热水的温度来控制，所以更能严格地控制温度。

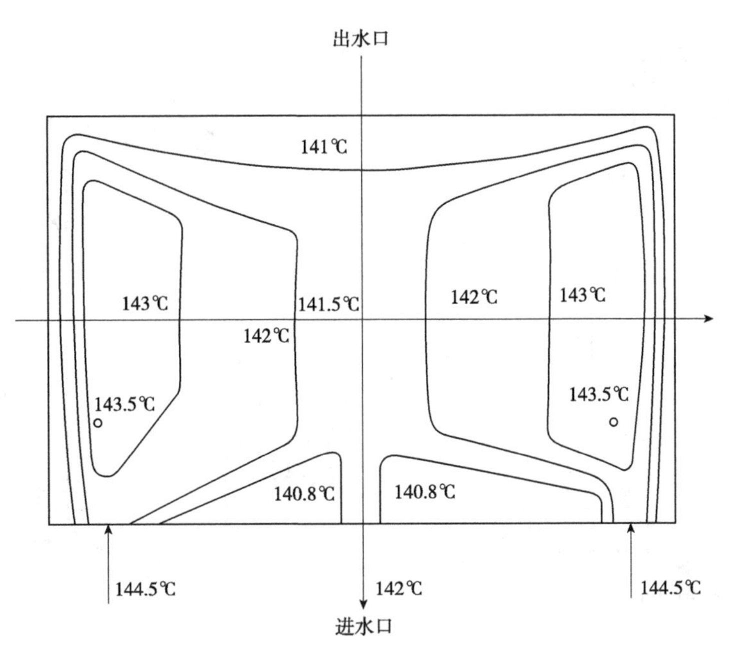

**图 6-17　过热水加热热压板表面温度分布**

③热效率高，能耗小　尽管蒸汽的单位重量的热容量比过热水大，但由于在设备等方面都是用容积比较来决定的，而过热水单位体积的热容量远比蒸汽大，因此，对热压机来说，过热水加热一般效率可提高 20%左右。下面我们用 0.6MPa 压力的过热水和蒸汽为例加以比较说明。蒸汽的容积热为 1735kcal*/m$^3$，而过热水的容积热为 53800kcal/m$^3$。两者的容积比 $i=53800/1735\approx31$。即对于同样的加热要求，用蒸汽加热时所要求的体积为过热水加热时的 31 倍左右。由此可见，过热水加热所用的配管要比蒸汽加热的小得多。

其次，蒸汽加热是用蒸汽的潜热加热热压板的，而过热水加热则是用过热水的显热来加热热压板。过热水在其热量用掉以后，可以通过再加热反复使用，理论上的效率是 100%，而蒸汽加热则不然。

在需要 200℃的热源的情况下，若用 200℃的饱和蒸汽，则其压力为 1.6MPa。压力一高，对于蒸汽作介质的管道系统，在防止泄漏，维修方面来说，均要比液体加热管道麻烦得多。

对于压制纤维板来说，三段热压法中在低压蒸发阶段，需要热量特别大，也就是热负荷特别大。这时直接由锅炉供应蒸汽对板坯加热，其热荷波动就很大，对锅炉是很不利的。而过热水加热法即可克服这一缺点。过热水罐就好像是一个大的蓄热库，在高峰热荷时提供大量的热量而不会影响到锅炉。

（2）过热水加热系统

图 6-18 是 4000t 纤维板热压机的过热水加热系统。来自锅炉房的高压蒸汽不是直接进入热压机的热压板，而是进入热水罐 1。经过热交换，将蒸汽的热量变成热水的热量

* 1cal = 4.182J。

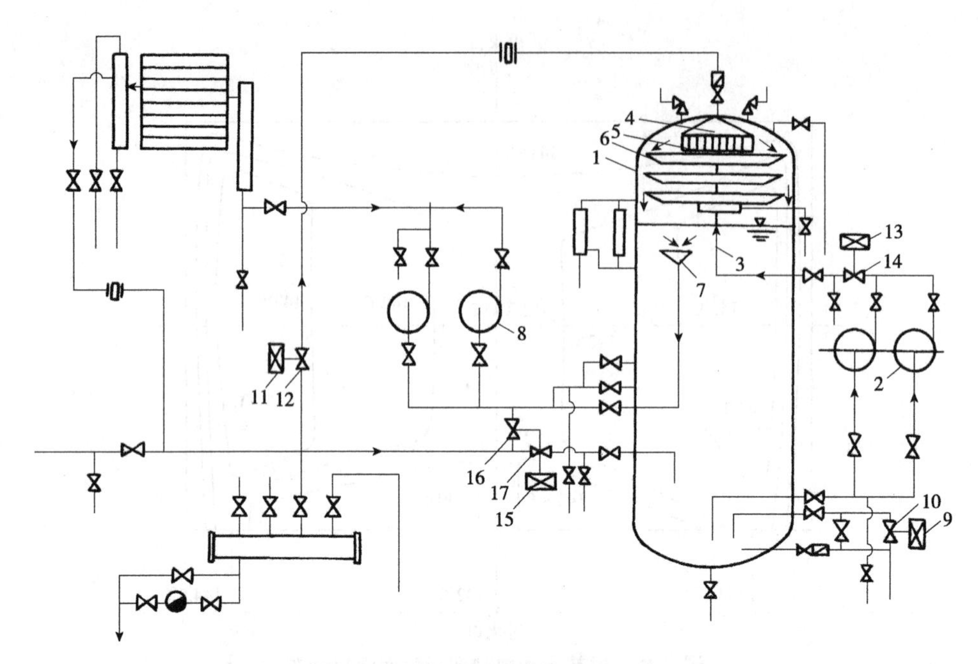


1.热水蓄能器　2.热水循环泵　3.管　4.锥面　5.隔板　6.锥盘　7.进水管　8.水泵
9、11、13、15.电动执行器　10、12、14、16、17.阀

**图 6-18　过热水加热系统**

而后再将热水送到热压机中循环，将热量传给制品的。因此，加热系统就增加了以下设备：

①高压的热水蓄热器(热水罐)　贮存一定量的热水，并在此完成汽和水的热交换过程。

②吸热循环系统　来自锅炉房的高压蒸汽从热水罐的顶部喷入；罐下部的低温水，由热水循环泵 2 经管道 3 打入罐体顶部，碰到管顶的倒锥面 4，低温水即从栅状隔板 5 中喷射出来，形成雾状或小水滴，并与喷入的蒸汽进行热交换。然后，掉入密布小孔的锥盘 6。当经过一次热交换的水从锥盘漏出时，又一次与顶部喷入的蒸汽相遇而再次进行热交换(吸热)。如此反复三次后，热水罐上部的热水达到或接近蒸汽的温度，完成了吸热循环的过程。这种热交换称为混合式热交换，或称直接热交换。

③放热循环系统　加热后的热水从进水管 7，由水泵 8 打入热压板孔道，将热量传给制品后(放热)，低温水分成两路：一路回到热水罐的下部，这是当循环回路的水温度很低不能再用的场合。另一路直接回到水泵 8 的入口处，再次进入热压机。比如，当热压机开启状态(加料)，没有热消耗时，热水无须经热水罐再热，而由水泵 8 使之再进入热压机循环。控制这两路上的阀门的相互开启量，就可以控制放热过程的循环水的温度。

整个循环回路可简述如下：饱和蒸汽进入热水罐顶部——蒸汽与由罐循环泵输入门低温水相遇进行热交换，低温水被加热(吸热过程)——在热水罐上部已加热的水进入总管——由热压机循环泵打入热压机进水管——在热压机热压板内部回路中加热制品(放热过程)——热压机排水管——经回水总管进入热水罐下部(或者再次进入热压机循环泵再循环)——由热水罐循环泵将低温水打入罐体上部进行热交换，多余的冷凝水排掉，返回锅炉房。

整个热力控制包括热工仪表测量和自动调节两个部分，采用 DDZ-1 型电动单元组合式检测调节仪表。热水系统的热力控制采用单参数控制方式，即控制压力、液面、温度和流量四个参数，热力控制机构介绍如下。

①液化调节器　其设在热水罐下部去锅炉房的管道上，主要用来控制热水罐中的液面高度。在热交换过程中，大量蒸汽变成冷凝水；使罐内液面不断增高。液位调节器就是为控制液面在一定范围内(±320mm)而设置的。当液面超出允许范围时，与液化器相通的比例单元发出信号，使电动执行机构9控制回锅炉房，管道上的蝶阀10的开口度，进行自动调节，将多余的水放回锅炉房，保持恒定水面。水位允许变化范围较大，要求较低，故用直接磁功率放大系统即可。

②压力调节器　其设在蒸汽进入管道上，主要用来控制热水罐内的压力，使其保持在一恒定值。压力调节器的信号源由罐顶部的细管引出，其对压力的调节要求较高，其采用比例—积分单元。当压力超出允许值时，比例—积分单元发出信号，使电动执行机构11改变设在进汽管道上的蝶阀12的开启度来控制输入蒸汽的压力。

③流量调节器　其设在热水罐循环泵的出口管道上，主要作用是稳定锅炉房进入热水罐的蒸汽压力，减轻锅炉房蒸汽压力的尖峰负荷。其作用原理是：当锅炉来的蒸汽压力发生变化时，使电动执行机构13改变设在循环泵2出口进入热水罐上部的管道上的蝶阀14，来改变进入热交换器的水量，从而改变对蒸汽的消耗量以达到稳定蒸汽压力的目的。比如，锅炉房来的蒸汽压力因某种原因下降了，调节器就使蝶阀14的开启度减小，降低进入热水罐上部的水量，以减少热交换，甚至停止热交换，从而稳定锅炉房的蒸汽压力。信号源来自进汽管道上，采用恒流单元检测。在流量调节过程中，由于热水罐蓄热器本身有贮存能量的作用，因此不会因流量调节过程中热交换情况的改变而受到其影响的。

④温度调节器　其设在热压机循环回路中，主要作用是调节热压机进口的热水温度，使其保持在一定范围之内，从而保证制品的质量。信号源来自进入热压板前的进水管道上由电动执行机构15同时控制两个执行机构——机械互锁的蝶阀16和17。热水经过热压机的循环，有三种可能的情况：第一种是由管道7吸入热水，经热压机循环放热后，由蝶阀17回到热水罐下部；第二种是可能由泵8使热水经蝶阀16又回到热压机；第三种是同时进行这两种循环。当热压机进水温度趋于下降时，热电偶测温计发出信号给调节器比例积分单元，调节器接收到信号再控制蝶阀16使其关闭，蝶阀17打开到最大限度，使低温水不再进入热压机管道。相反，若进水温度高时，使蝶阀17关闭，蝶阀16打开，让热水再一次工作循环。

除上述蓄能式热交换器外，还有环状管热交换器，即蒸汽通到浸没在被加热水中的环状带密集小孔的管子中，蒸汽由小孔喷出与外面的水直接进行热交换。

调节器除上述电动单元组合检测调节仪表外，在国外一些热压机的热水系统中，则采用液动直接式调节器或喷射式液动调节器，这两种液动调节器均属比例式调节器。热水罐中的水质必须严格控制，最好采用冷凝水，至少需要砂过滤并经处理过的软水。水的pH值，即氢离子浓度应控制在8~9或稍高于此值，以免在罐体和管道、热压板孔道中产生水垢和锈蚀，而降低传热效率，以及产生堵塞等现象。因此，在热水系统中常常专门设置一台输碱泵来保证水中的pH值。

过热水加热法必须有高压蒸汽作为热源，需要有高压锅炉装置。而且管道处于高压状态，对管道连接、密封等以及使用维修仍带来很大困难，尤其是，当温度超过220℃

以上时，更为困难。近来，不少国家越来越广泛地应用热交换器和高沸点的矿物油和高温有机介质作为传热介质。

#### 6.2.4.5 高温有机介质加热系统

(1)高温导热油和有机传热介质与饱和蒸汽和过热水比较

①油和有机介质的沸点高，因此在大气压力下就可以加热到很高的温度。热发生器就不必在高压下工作，也无须锅炉房了。常压下，用热水加热，只能达到100℃；而26.5%的$(C_6H_5)_2$和73.5%的$(C_6H_5)_2O$的混合液作有机介质温度可达250℃；分子式为$CH_3—C_6H_6—CH_2—C_6H_6—CH_3$作有机介质温度可达到300℃。而另一种分子式为$(CH_3)_2—C_6H_4—CH_2—C_6H_4—(CH_3)_2$作有机介质温度则可达到340℃。

②热发生器可直接设在热压机近旁，从而减少生产和基本建设费用。

③大大缩短了管道长度，减少热量损失。

④无须化学水处理车间，避免热压板内产生水垢，从而改善了由热介质到被压制工件间的传热过程，减少了污水处理的费用。

⑤由于压力低，热压板和管道之间的活动接头可用低压挠性金属接头代替。

(2)高温有机介质加热系统

图6-19所示是高温有机介质加热系统。主循环泵2(或2a)保证给热压机的热压板输送传热介质(主循环管路)，辅助循环泵4(或4a)保证传热介质在热发生器6(或6a)内循环，辅助循环泵4和4a的流量要比主循环泵2和2a的低得多，因而介质在热发生器中的加热程度要比在热压板中的冷却程度高得多，保证了正常的加热过程。流量调节器3，由来自热压板的温度脉冲作用自动实现系统的流量调节。系统中有两个储液罐，主罐5接受介质由于加热到工作温度而膨胀产生的剩余量，辅助罐7与主罐5相连通，可消除大气与主罐内的介质直接接触。热压机热压板被分为五段用五个并联回路加热，可使温差减少到2~3℃。加热孔直径为44mm，用直径84mm的金属软管连接。总管直径300mm。热发生器示意图如图6-20所示。

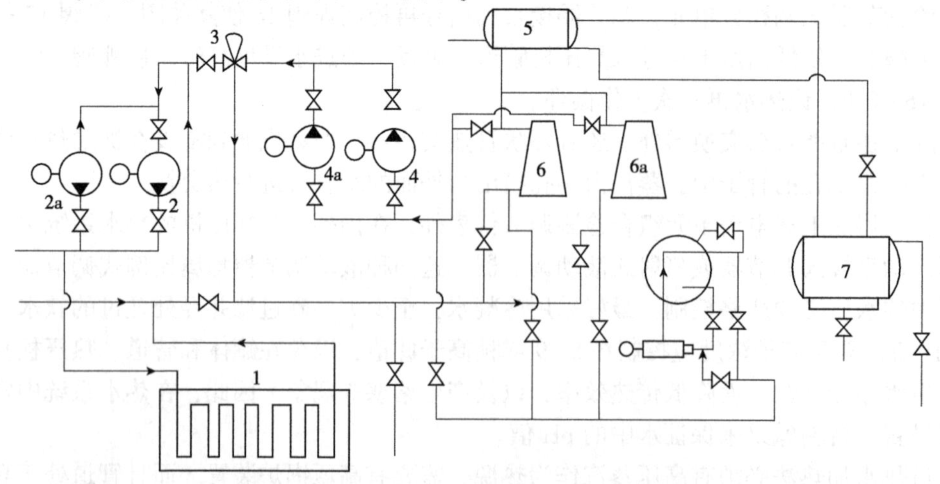


1. 热压板 2、2a. 主循环泵 3. 流量调节器 4、4a. 辅助循环泵 5. 主罐 6、6a. 热发生器 7. 辅助罐

图6-19 高温有机介质加热系统

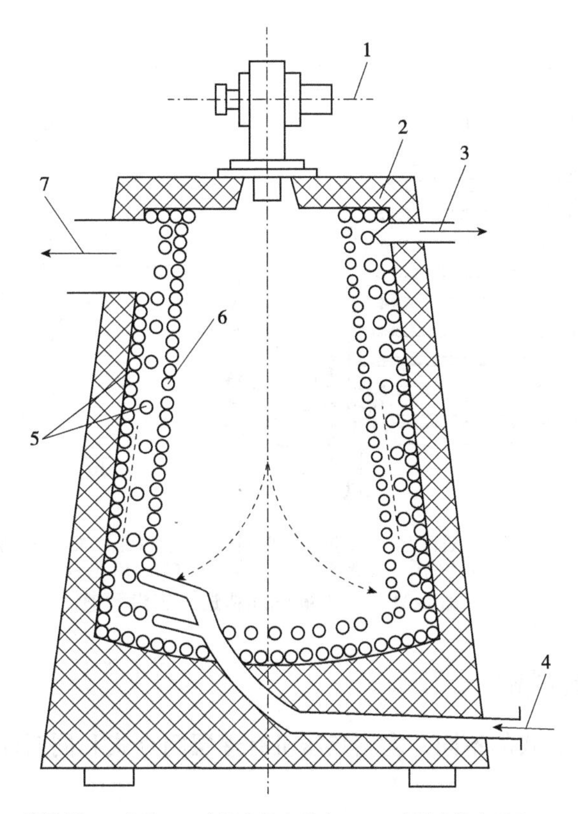


1. 燃烧器　2. 炉体　3. 高温有机介质出口　4. 高温有机介质入口
5. 中间和外层受热管　6. 内层受热管　7. 燃烧废气出口

**图 6-20　热发生器示意**

### 6.2.5　热压机的蒸汽管道

热压机的蒸汽管道由进汽管道和出汽管道两部分组成。各进汽管的一端与一直立的进汽总管 1(图 6-21)相连，另一端分别与相应热压板的进汽接口相连；各出汽管的一端与另一直立的出汽总管 4 相连，另一端分别与相应热压板的出汽接口相连。蒸汽(或热水、热油)由进汽总管，经各进汽管通入热压板内进行加热，冷凝水及残余废汽(或冷水、冷油)经热压板的出汽口流至出汽管汇集于出汽总管排出。安装时，进汽总管应装得高些，出汽总管应装得低些，这样使每一块热压板的热流量相等。此外，蒸汽管道不能形成垂兜形态，以免系统排空造成困难。

热压机在工作时，除最上面一块热压板外，其余热压板都必须做上下运动(即闭合与张开)，与热压板相连的蒸汽管也应能随之做相应的运动，以维持正常供汽，并能长期保持良好密封而不漏汽。

多层热压机的蒸汽管结构有曲臂式、伸缩式、橡胶软管及金属软管等形式。目前，最常用的属曲臂管连接，如图 6-21 所示的形式。这种形式的蒸汽管由几段连接管 7，通过管接头 10 连接成一可相对转动的曲臂形管道。工作时，在两连接管处只做角度不大的相对转动，故密封件不易磨损，密封性能好。此外，这种形式的蒸汽管在高度上的排列不受空间位置的严格限制，因此，能适用于层数较多的热压机，如高达 70 层的胶合板热压机，采用的也是这种曲臂管连接。

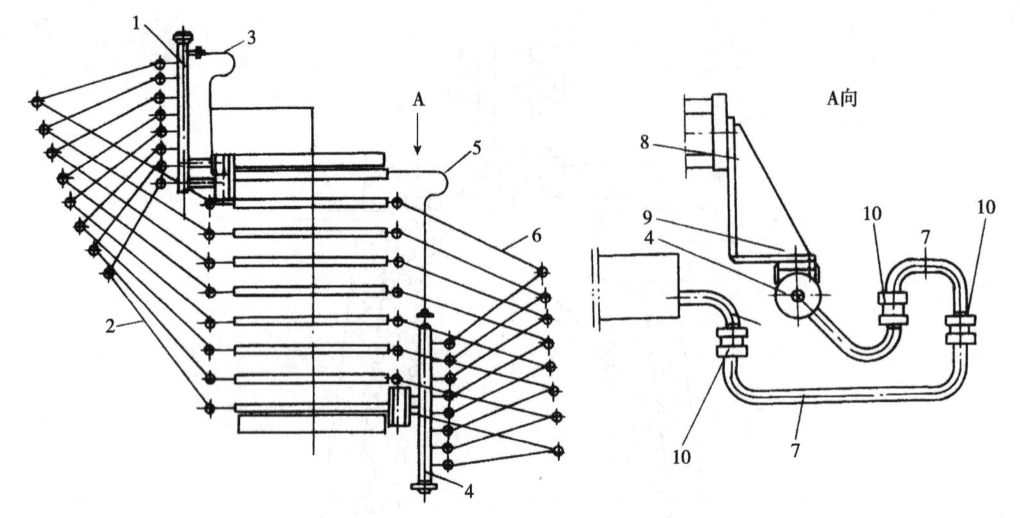


1. 进汽总管　2. 进汽管　3. 上热压板进汽管　4. 出汽总管　5. 上热压板出汽管
6. 出汽管　7. 连接管　8. 支撑　9. 螺钉　10. 管接头

**图 6-21　Motala 热压机进、出汽管道**

## 6.2.6　同时闭合机构

按热压板闭合方式的不同，多层热压机有逐层闭合式和同时闭合式(设有同时闭合机构)两种形式。

逐层闭合式的热压机在工作时，其热压板是依次从下而上逐层合拢的，上部热压板比下层热压板闭合得迟。这样，不仅使热压机的生产能力降低，而且由于各层热压板不能同时闭合，使上、下层中的板坯受热程度也各不相同，由此造成热压机下部间隔中的板坯胶料提前固化，影响产品质量。尤其是层数多并且采用快速固化胶时，其影响更加不利。同时，逐层闭合式热压机的热压板升降速度和液压缸柱塞的运动速度相同，但各层热压板不是同时运动的。为了提高设备的生产率，往往需要加快热压板的闭合速度。然而，闭合速度过快会造成板坯物料产生喷散现象或错位；当热压板快速张开时，又会将空气中的灰尘杂质吸入于热压板之间的空当中，以致影响制品的质量。为了避免上述缺点，有些热压机设置了热压板的同时闭合机构。

同时闭合式的热压机在工作时，所有热压板间隔同时合拢与分开，热压板间的相对速度降低，而且有可能缩短热压机总的启闭时间。由于各层热压板同时启闭，也使各层板还同时均匀加热。在热压机开启过程的最初阶段，各层间同时启开，又可使每层成板均有适宜的排汽，有利于保证成板质量；因同时闭合机构对各层热压板都有一个向上的拉力，可以抵消热压板和板坯的自重，使各层板坯负荷一致，故使制品的密度比较均匀。

目前，热压机上最常用的同时闭合机构是杠杆式同时闭合机构，其典型的结构形式如图 6-22、图 6-23 所示。

四组同时闭合机构对称地安装在热压机的四个角上。每套机构都由摆杆 1、推杆 2 和拉杆 3 等组成。推杆 2 的上、下端通过铰链分别与摆杆 1 下端和下顶板相连，摆杆 1 的上端再铰接于热压机的上顶板或框架上。各拉杆的上端挂于摆杆上，其下端与热压板铰链相连。当液压缸的柱塞推动下顶板上升时，通过推杆 2 使摆杆 1 绕其上端的铰链转动，此时各热压板便同时被拉杆 3 拉起。当推杆 2 使摆杆 1 转至一定角度时，全部热压

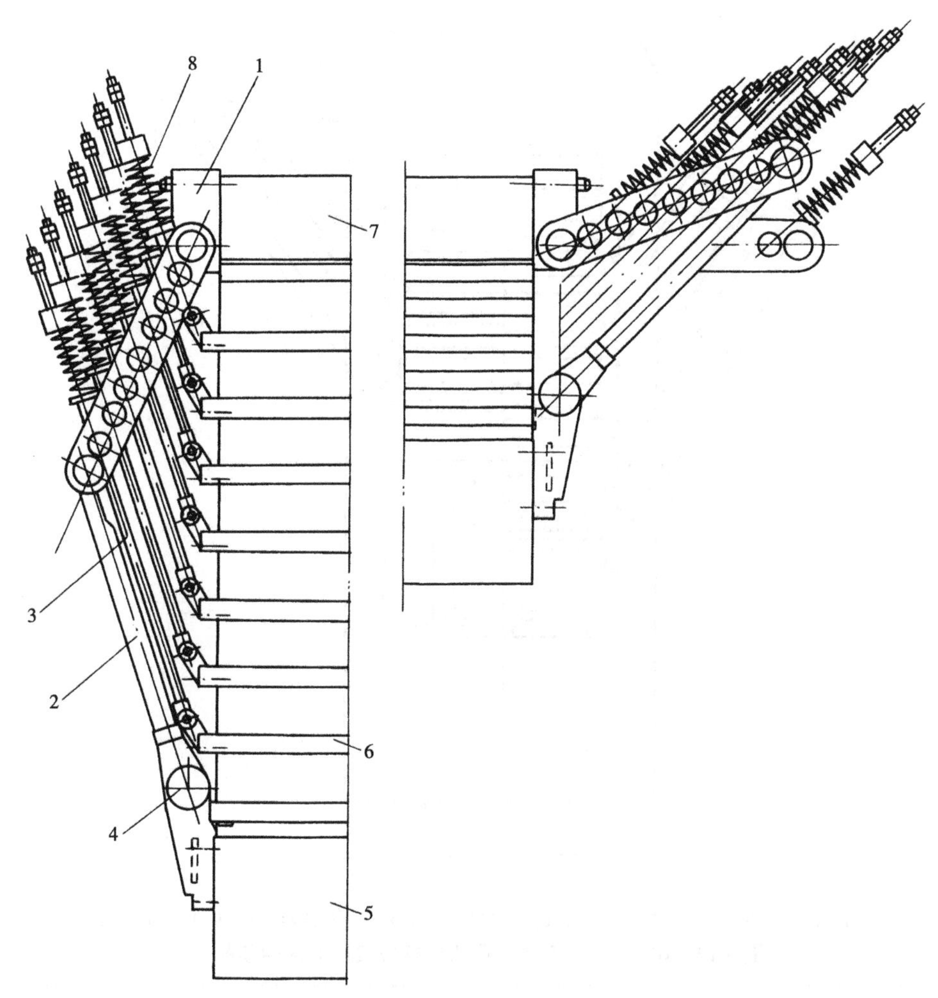


1. 摆杆 2. 推杆 3. 拉杆 4. 铰链 5. 下顶板 6. 热压板 7. 上顶板 8. 弹簧补偿装置

**图 6-22 Motala 热压机的杠杆式同时闭合机构**

板都同时合拢，并继续在油压力作用下对板坯进行加压。热压周期结束后，液压缸卸荷，热压板同时张开至原位。

由于"同时闭合"只是一种理论上的理想状态，实际上由于设备的制造误差、装配误差及板坯的厚度误差等原因，致使"同时闭合"的实际状态与理论状态之间有一定的差距，从而使热压机闭合后，各拉杆的长度要产生不等量的拉长与缩短。为了补偿这种变化，改善和提高同时闭合机构的性能，通常在各拉杆上设有补偿装置。

常用的补偿装置的结构有弹簧式和液压缸式等形式。Motala 热压机上采用的是弹簧式补偿装置，设置在摆杆上侧及每根拉杆的上端，其结构如图 6-24 所示。

拉杆穿在装于压缩弹簧 7 的套管之中，套管外的固定环 5 与滑罩 1 保证弹簧具有一定的预压缩量。拉杆端头固定于调节螺母 10，通过过载保护装置 6 压在滑罩的端板 3 上。热压机在张开或闭合过程中，热压板与板坯的质量由四组拉杆承受，其作用力最终通过拉杆，经过载保护装置及滑罩传至弹簧。因此，每组弹簧至少要能承受 1/4 的热压板与板坯的自重。

热压机闭合加压时，当其承受的拉力超过弹簧的预紧力时，弹簧便进一步压缩，拉

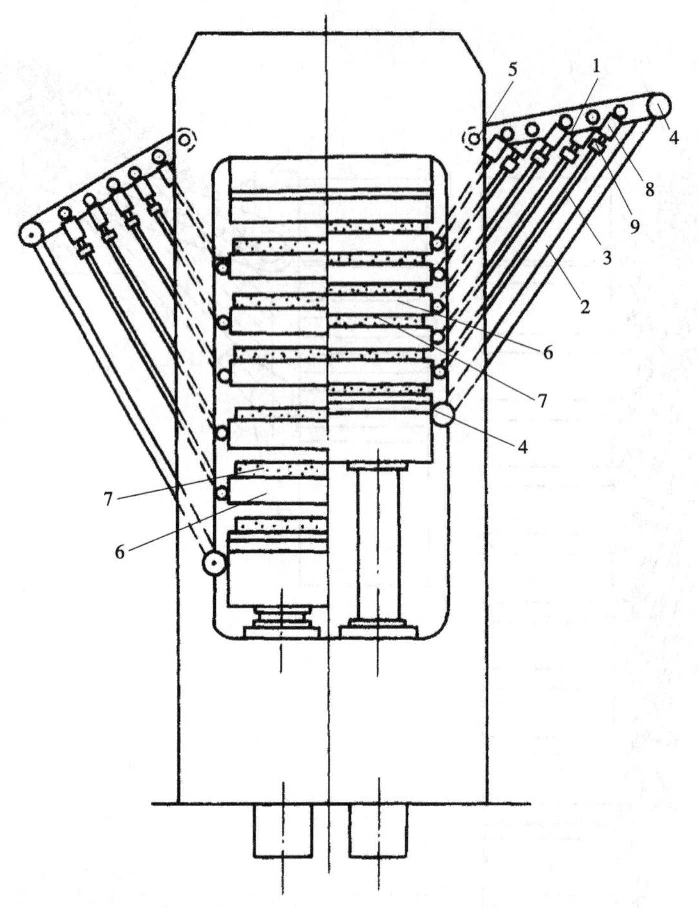


1. 摆杆 2. 推杆 3. 拉杆 4、5. 铰链 6. 热压板 7. 板坯 8. 补偿装置 9. 调节装置

**图 6-23 BY133×7/13 型热压机的杠杆式同时闭合机构**

杆向下拉伸；反之，则可沿套管自由滑移，此时拉杆不受力，以防折断。过载保护装置是为了防护拉杆在装板失误时(如某些间隔中未装入板坯，或某些间隔中装入两块板坯等)受到过度应力而拉断。当损坏后，此种过载保护装置极易卸换。热压机装配时，为确保各热压板停止在正确的位置上，各拉杆的长度做成可调的。调节螺母 10 即可调节拉杆的长度；适当地调节各热压板四个角上的拉杆长度，即可调节各热压板的位置。

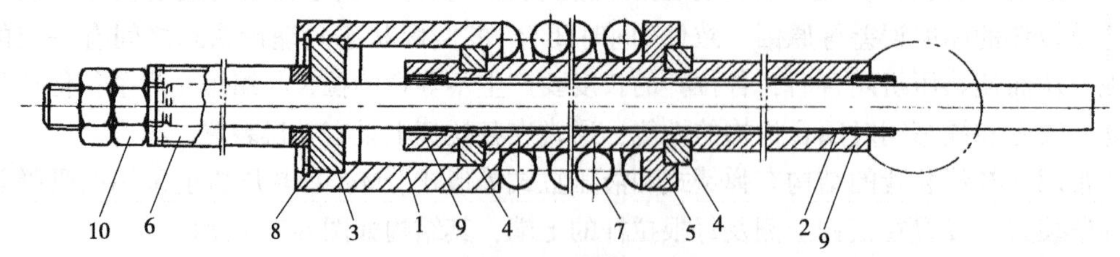


1. 滑罩 2. 套管 3. 端板 4. 锁紧环 5. 固定环 6. 过载保护装置 7. 压缩弹簧 8. 止动圈 9. 支承套 10. 调节螺母

**图 6-24 弹簧补偿装置**

国产的热压机上常用的是液压缸式补偿装置(图 6-25)，通常装于摆杆的下侧，它由缸体 1、空心活塞 2 和拉杆 3 等组成。拉杆 3 下端与热压板相连，上端穿过空心活塞 2 装于缸体 1 内。缸体 1 顶端与摆杆铰接，下部开有孔口与油管相接。热压机张开式闭合过程中，热压板、板坯等质量通过拉杆 3 作用在空心活塞 2 上，与活塞下腔的油压作

用力相平衡。热压机闭合加压时，需伸长的拉杆，当其承受的拉力超过油压作用力时，液压油被挤出，活塞下移，拉杆伸长；需缩短的拉杆，则沿着空心活塞伸入缸体内空腔，此时拉杆也不受力。热压机安装时，各拉杆的长度调节由调节装置(图6-25)加以调整。杠杆式同时闭合机构，按铰接位置的不同，又有对置式和偏置式的区别。图6-22所示为对置式，其摆杆、推杆及各拉杆与热压机的铰接点的连线，处于一铅垂线上。图6-23所示为偏置式，其摆杆、推杆及各拉杆与热压机的铰接点不处于一铅垂线上，而是偏开一定距离。

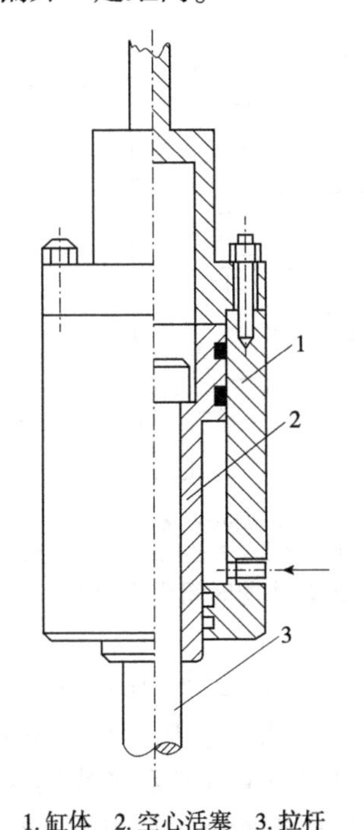


1. 缸体 2. 空心活塞 3. 拉杆

**图6-25 液压缸式补偿装置**

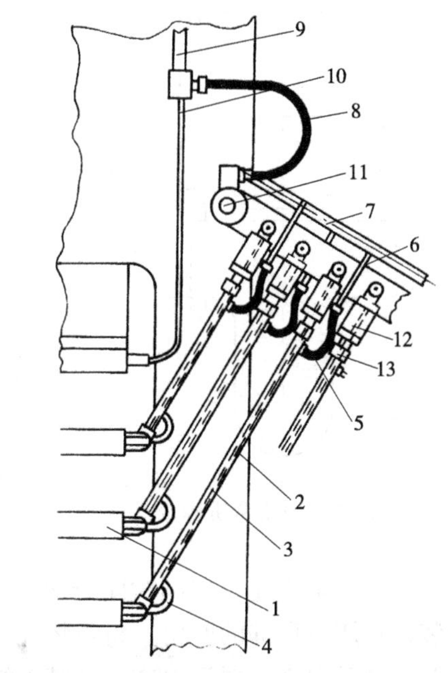


1. 热压板 2. 拉杆 3. 孔道 4、5、8. 软管 6、7. 热介管 9. 总管 10. 蒸汽管 11. 铰链 12. 补偿装置 13. 调节套

**图6-26 同加热管道结合的杠杆式同时闭合机构的局部结构**

对置式同时闭合机构可以实现恒定的同时闭合，亦即热压板无论上升到任何高度位置，各层热压板均呈等间距分布。偏置式同时闭合机构则不能实现上述理想状态，只能满足工艺状态下的同时闭合，亦即在热压机闭合过程中，仅在板坯厚度所要求的工艺位置时，各层热压板才能等间距分布而实现特定的同时闭合。因此，当板坯厚度变化时，装有对置式同时闭合机构的热压机仍能实现同时闭合，而装有偏置式同时闭合机构的热压机，各层闭合则有先有后，不能完全实现同时闭合。

图6-26所示是一种同加热管道相结合的杠杆式同时闭合机构的局部结构图。为了向热压机输入蒸汽，各拉杆2都采用空心的结构。蒸汽由总管9经软管8、热介管7与6、软管5、空心拉杆的孔道3和软管4至各热压板1。固定于最上层的热压板由蒸汽管10供汽。这种将加热与同时闭合结合为一体的装置，可使设备所占的空间显著缩小，结构比较紧凑，并可节省钢材消耗及降低制造成本，而且有利于改善设备的维修工作条件。

对于层数很多的超高层热压机，有的采用杠杆式同时闭合机构(图6-27)。这种装置中的每套拉杆可带动两块热压板。工作时，热压机的全部热压板分先后两批同时闭合，即第一次有一半间隔同时闭合，第二次另一半同时闭合。这种闭合机构的杠杆可省掉一半，简化了结构，有利于降低制造成本和减少安装、维修工作量。

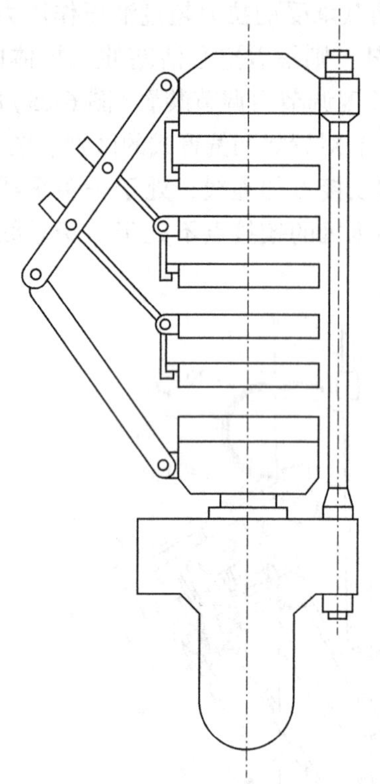

图 6-27 杠杆式同时闭合机构

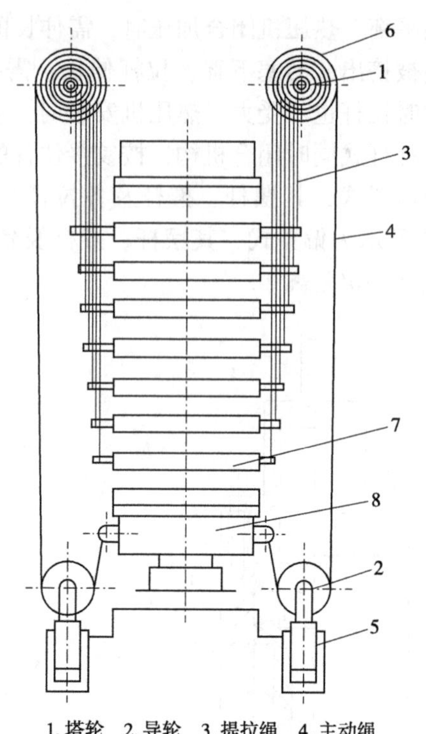


1. 塔轮 2. 导轮 3. 提拉绳 4. 主动绳
5. 行程控制器 6. 制动装置 7. 热压板 8. 下顶板

图 6-28 绳轮式同时闭合机构

有的热压机上也采用绳轮式同时闭合机构，如图 6-28 所示。它由四组塔轮装置组成，分别安装在热压机顶部的四角。每组塔轮都由塔轮、导向滑轮、提拉绳、主动绳、行程控制器及安全反向制动器等组成。各塔轮组一方面通过提拉绳分别和各块热压板连接；另一方面通过主动绳及导轮和下顶板连接。当液压缸的柱塞推动下顶板上升时，通过主动绳使塔轮转动，并通过塔轮和提拉绳带动所有热压板同时向上运动。当热压板闭合终了时，行程控制器便使整个装置停止动作。当各层热压板处于完全张开状态时，反向控制器的棘爪便将塔轮制动，保持热压板不致下落。

虽然塔轮式同时闭合机构的结构比较简单，但在长期工作中绳索因伸长而引起的误差较难补偿，目前已很少采用。

图 6-29 是铰接杠杆式同时闭合机构。这种机构由四组相同的铰接杆系统组成，当热压机液压缸的柱塞使下顶板上升时，推动用铰链相连的杠杆系统，致使各层热压板均向上运动而实现同时闭合。加压完毕后，各层热压板靠自重作用恢复原来位置。

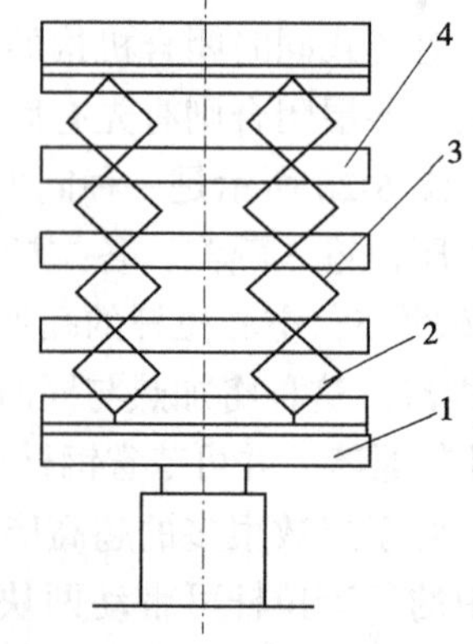


1. 下顶板 2. 铰链 3. 铰接杆 4. 热压板

图 6-29 铰接杠杆式同时闭合机构

## 6.2.7 液压传动系统

热压机的液压系统是根据加工工艺要求绘制的“压力—时间”曲线和“下顶板位置—时间”曲线或“速度—时间”曲线来进行设计的。因工艺要求不同，热压机的液压系统各有差异，但也有共同之处。一般来说，热压机在闭合时要求快速，即需要液压系统提供大的流量及低的压力，以缩短辅助时间，提高产品质量；当热压机闭合开始加压时，则需要较高压力及小的流量。为保证液压系统可实现快速闭合，并在加压过程中能保持一定的压力或下顶板达到一定位置，需要设置热压机快速闭合和加压回路、充压回路，以及热压机加压结束后的降压回路等。

### 6.2.7.1　热压机的几种典型液压回路

(1)热压机的快速闭合和加压回路类型

①采用小流量高压泵和快速液压缸的回路(图6-30)　这种回路适用于层数不多、所需流量不大、高压时间较短的热压机。

工作开始时，液压泵的供油全部注入直径较小的辅助液压缸(快速缸)，使热压机快速合拢。同时，主液压缸内的柱塞由热压机下顶板的带动而上升，因而产生负压。这时油箱中的油大量地注入主液压缸中。热压机合拢以后，回路中的压力增高使顺序阀工作，液压缸便向快速缸和主轴缸同时供油。直到达到所要求的最高压力时，通过电控压力表的作用，油泵电机自动停止或空运转。回油时，转动总阀凸轮，打开总阀中的两个阀门，使快速缸和主液压缸同时回油。这种油路的缺点是：必须设置专门的辅助液压缸和充液阀，而且主液压缸靠负压充油，常因充油不足而造成闭合后的加压时间延长，故这种形式的液压系统在热压机层数较多的情况下已很少采用。

②采用高、低压泵的回路(图6-31)　为了实现快速闭合和高压加压，可采用由大流量的低压泵和小流量的高压泵组成复合泵组的油压系统。

开始工作时，高、低压泵同时供油，使热压机快速合拢。当系统中的压力达到一定值时，电控表(或压力继电器)使低压泵的电动停止或空运转，仅高压泵继续工作，直至达到所需的最高压力时为止。

为了更合理地利用液压泵的电机功率，有时在热压板合拢后又分为两级或三级加压，即随着油路系统压力的增高，逐级减少高压泵的流量。

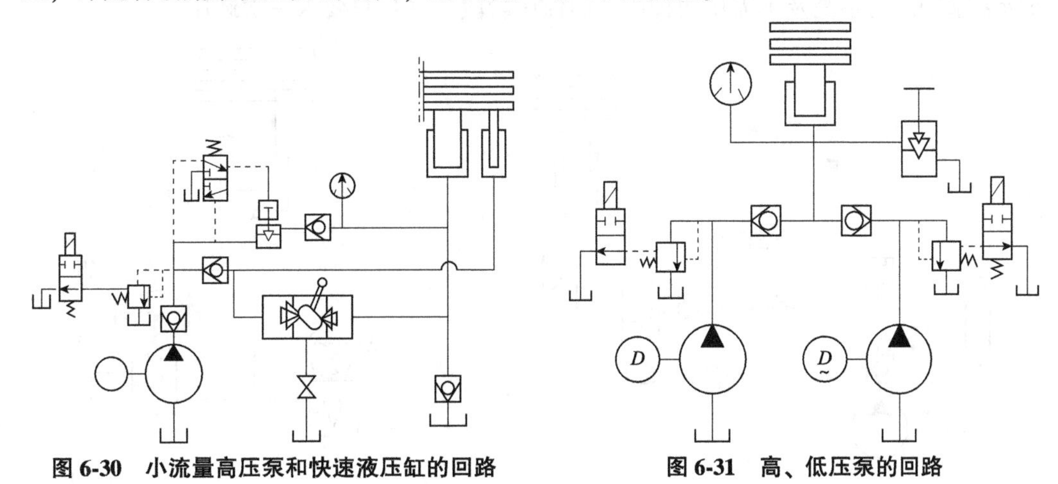


图6-30　小流量高压泵和快速液压缸的回路　　图6-31　高、低压泵的回路

③高低压泵和低压蓄能器的回路　采用小流量的高、低压泵与低压蓄能器实现热压机的快速闭合、加压及保压，是一种比较合理的油路系统。尤其是对于大型热压机，更

显得优越。因为它可以采用较小流量的低压泵，在整个加压周期内，低压泵获得充分利用。其缺点是必须专门设置蓄能装置，制造较为复杂，成本较高，占地面积较大。

图6-32是一种采用高、低压泵及低压蓄能器的热压机油路系统图。工作开始时，高、低压泵及蓄能器联合供油，使热压板快速合拢。在热压机加压过程中，低压泵便向蓄能器充液贮压。这种系统低压泵的流量小，故电机功率也小，又能满足快速闭合的要求。对于层数多或热压板开档很大的热压机，这种系统比较合适。

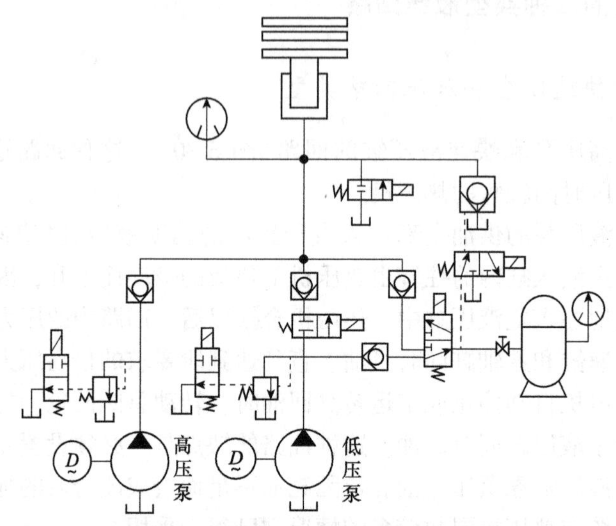


图6-32 采用高、低压泵及低压蓄能器的热压机油路系统

④用低压泵单独传动及用增压阀加压的油路系统(图6-33) 热压机工作时，先由大流量的低压泵所供给的低压油使热压板快速合拢。然后随着油压力的升高，打开顺序阀启动增压阀，使工作油压增高，实现加压工序。

⑤采用泵蓄能器间接传动的回路(图6-34) 采用泵蓄能器间接传动，对数台热压机同用一个泵站时较为合适。它有利于合理地使用电动机功率。热压机快速闭合和加压时，开通气动阀A。在卸压回油时，关闭气动阀A而使B开启。这种系统适用于热压机所要求的压力不高及不需用两种压力的保压阶段，并且只要求一次卸压。

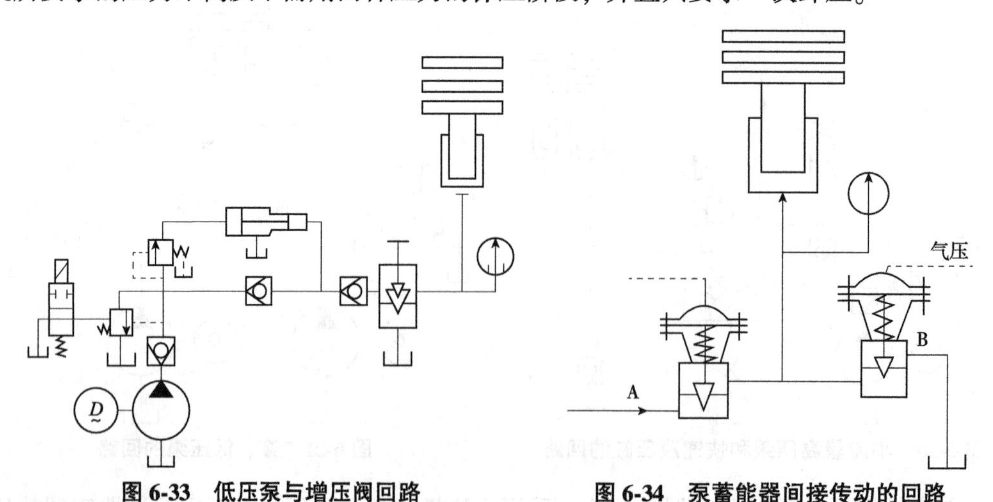


图6-33 低压泵与增压阀回路

图6-34 泵蓄能器间接传动的回路

常见的降压控制方法有手动、电动和液动三种。

图6-35是电磁阀控制的降压回路。当电磁阀E得到电信号后，从Ⅰ位变为图示的Ⅱ位，将高压油路和溢流阀接通，进行降压。系统压力降低至溢流阀Y所调的预定压力时，便自动停止溢流，电磁阀变至Ⅰ位，截断降压油路。

图6-36所示是一种采用液控单向阀的溢流降压回路。当液控制单向阀D得到控制压力信号后，便接通高压油和溢流阀Y的通路，使工作系统中油压降至Y所调定的压力值时为止。

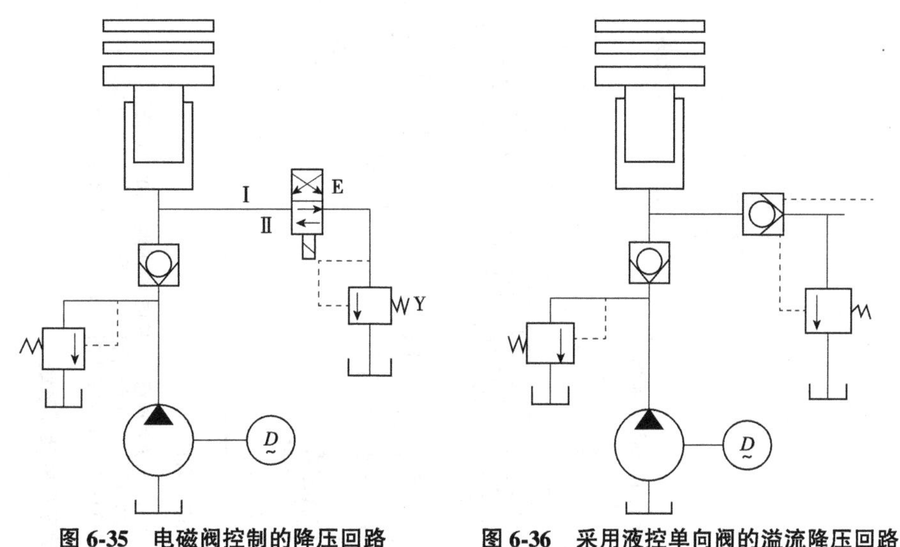


图6-35 电磁阀控制的降压回路　　图6-36 采用液控单向阀的溢流降压回路

(2)充压回路

在硬质湿法纤维和其他人造板生产时，当生产环节到了热压机热压周期时，板坯的高压脱水、加热干燥及高压塑化等阶段，均需进行保压。为了及时补充由于系统中漏油和板坯塑性变形所引起的压力下降，便需要反复地启动液压泵进行充压。在热压机的回路系统设计中，可考虑采用以下三种充压方法：

①反复启动和停止高压液压泵　这种方式一般在高压泵的流量不大的情况下才被采用。对于小型热压机，因其泵的功率较小，故较多采用这种充压方式(如试验用热压机等)。在大型热压机中，往往需用大功率的高压泵，若反复启动，则不合理。

②采用单独的充压泵　采用小流量的高压泵充压，可以节省电力消耗。一般均选用小型柱塞泵。这种充压方式，可以使大流量的高压泵在每个热压周期内只开动一次。当系统中需用控制回路时，充压泵又可兼作控制泵。

③采用增压阀增压　在热压机需要升压和充压时，可启动和停止增压阀来实现。以上大部分为热压机油路系统的局部回路，并不能直接作为实际的液压系统。

### 6.2.7.2 热压机的典型液压传动系统

BY133×7/13型热压机的液压系统如图6-37所示。根据硬质纤维板热压工艺要求。热压机在热压过程中应满足图6-37(b)所示的压力—时间曲线要求。加压过程压力由各电接点压力表控制，时间由时间继电器控制。整个热压周期主要包含以下几个阶段：

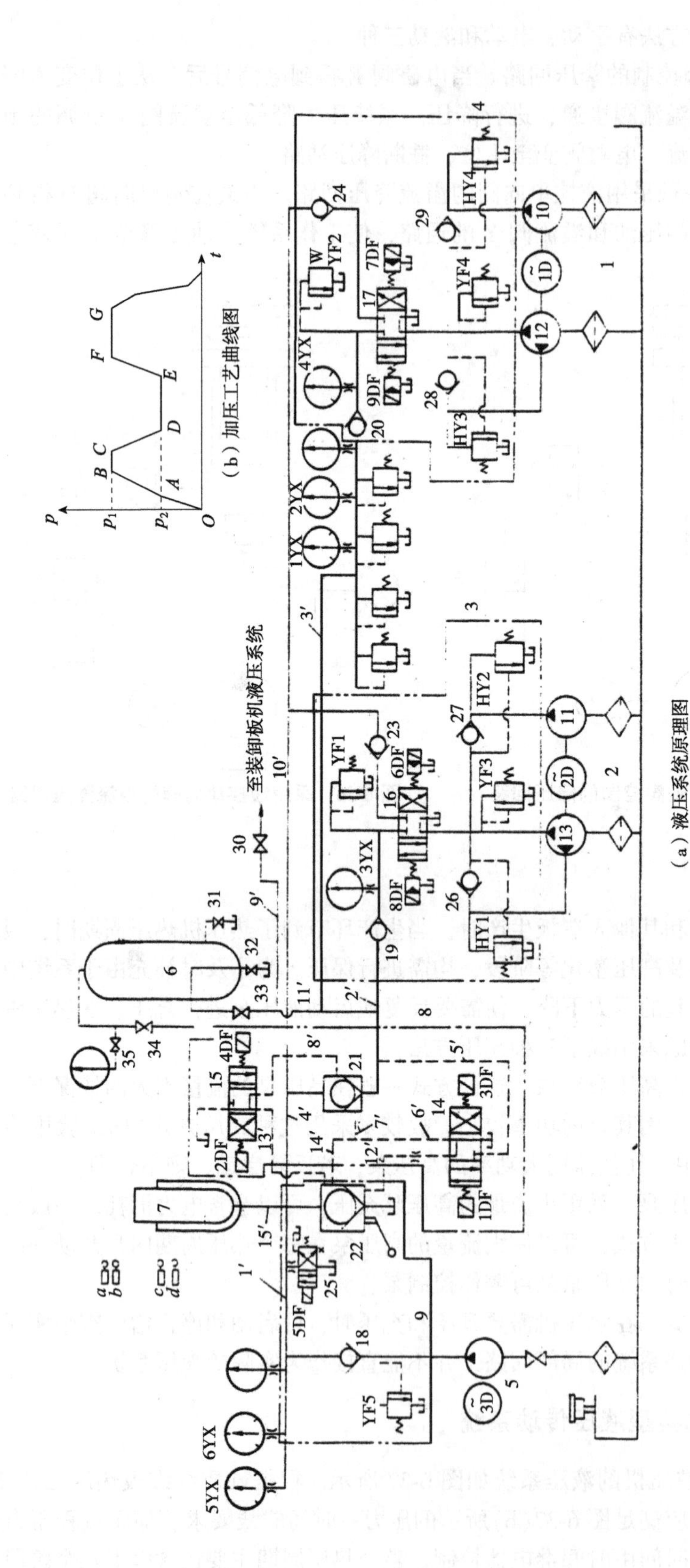


（a）液压系统原理图

（b）加压工艺曲线图

1、2. 主液压泵组　3、4. 液压泵阀组　5. 充压泵　6. 蓄压器　7. 热压机油缸　8. 充液阀组　9. 单向控制阀组　10、11. 低压泵　12、13. 高压泵　14、15、25. 电磁阀　16、17. 电液阀　18~20、23、24、26~29. 单向阀　21. 液控单向阀　22. 手、液控单向阀　30~35. 截止阀　1′、15′. 油路　a~d. 限位开关　YF1~YF5. 溢流阀　11Y1~11Y4. 卸荷溢流阀　1YX~6YX. 电接点压力表

**图6-37　BY133×7/13型热压机的液压系统**

第一阶段为闭合、升压阶段[图6-37(b)]中曲线*OAB*段。热压机首先慢速启动，然后快速闭合，以缩短热压周期。至接近热压板闭合时，热压机转为慢速闭合，以保证热压机平稳运行。

热压机闭合后，板坯压缩，压力逐渐升高，直至到达最高压力。

第二阶段为高压脱水阶段(曲线*BC*段)。热压机在高压下维持一段时间，以挤干板坯中的自由水分，保压时间根据工艺要求由时间继电器控制调节。

第三阶段为降压、低温干燥阶段(曲线*CDE*段)。高压脱水完毕，热压机降压，并在低压下保持一段时间，以使板坯干燥，保压时间根据工艺要求由时间继电器控制调节。

第四阶段为升压、塑化阶段(曲线*EFG*段)。低压干燥完毕，热压机再次升压至最高压力，并保压一段时间，以便板坯形成具有一定强度的板子，保压时间根据工艺要求由时间继电器控制调节。

第五阶段为降压、开启阶段。热压机首先慢速降压。使板坯内的高压蒸汽逐渐释放，以免板子产生分层、鼓泡等缺陷。然后热压机快速开启，当热压机下降至临近终点时，转为缓慢着落，以免冲击。

据“压力—时间”曲线和热压机闭合或开启速度要求设计的液压系统如图6-37所示，其主要由以下几部分组成：

①两套主液压泵组1和2以及其液压泵阀组3和4、一台充压泵5、两套主液压泵组的油路结构相同，均由两台液压泵组成，一台为低压叶片泵，它的流量为200L/min，压力由卸荷溢流阀HY2、HY4控制，控制油压力6MPa；另一台为高压柱塞泵，它是二级泵，最大流量为163L/min，第一级压力由卸荷溢流阀HY1、HY3控制，控制油压为14MPa。当达到此压力时，一个出油口卸荷，而另一出油口继续供油，用以系统内升压，其最大压力由溢流阀YF3、YF4控制，控制油压为27.5MPa。

电液阀16或17用于控制主液压泵的液流方向的。6DF、7DF得电，则主液压泵向液压缸充油；8DF、9DF得电，则主液压泵向蓄压器充油。溢流阀YF1、YF2被连接于蓄压器的供油管路中。其压力调定为4MPa(与电接点压力表2YX调定值相适应)。

一台充压泵为高压柱塞泵，其最高压力由溢流阀YF5控制，主要用于热压机在保压阶段向液压缸充压。充压泵的充压压力及其启停，在高压脱水和塑化阶段由电接点压力表5YX控制，在干燥阶段由电接点压力表6YX控制。

②蓄压器6　主要用于热压机快速闭合时向液压缸供应大量液压油。蓄压器的压力由电接点压力表1YX和2YX控制。1YX调定压力值上限为3.8MPa，下限为3.6MPa；2YX为极限控制压力，其上限值4.2MPa，下限2.3MPa。当向蓄压器充入干燥氮气时，先将油位放至截止阀31的水平段接管位置，再经截止阀34充入氮气使压力达到2.3MPa。当向蓄压器充入油液时，其中压力上升到1YX所控制的3.8MPa即自动停泵，同时使8DF和9DF失电。

③充液阀组8和手、液控单向阀22　用于控制蓄压器至液压缸及液压缸至油箱的通路，即在闭合阶段，通过电磁14和15控制液控单向阀21的开启程度，使蓄压器到液压缸的充油流量得以控制，从而控制热压机闭合速度；在热压机开启阶段，通过电磁阀14和15控制单向阀22的开启速度，使液压缸至油箱的回油流量得以控制，从而控制热压机的开启速度。具体动作见表6-2。

④电磁阀25　用于液压缸降压，由于其流量较小，因此5DF得电时，液压缸只能

部分泄油降压。当突然停电时，手、液控单向阀 22 也可使液压缸降压，并快速将油排至油箱，以免板子在热压机内停留过久而报废。

**表 6-2　电磁阀 14、15 动作及功能说明**

<table>
<tr><th></th><th>电磁阀 14</th><th>电磁阀 15</th><th>阀 21 或 22 的开度</th><th>工作状态</th><th>说　明</th></tr>
<tr><td rowspan="3">热压机闭合时</td><td>3DF(+)</td><td>4DF(+)</td><td>阀 21 开得最大</td><td>蓄压器向液压缸快速充油</td><td rowspan="3">3DF(+)：控制油液流至阀 21 将其顶开<br>3DF(-)：控制油液无法流至阀 21 将其顶开<br>4DF(+)：流至阀 21 的控制油液→8/→阀 15，没有被泄走，阀 21 开得最大<br>4DF(-)：流至阀 21 的控制油液→8→阀 15 被泄走，阀 21 开度减小</td></tr>
<tr><td>3DF(+)</td><td>4DF(-)</td><td>阀 21 半开状态</td><td>蓄压器向液压缸慢速充油</td></tr>
<tr><td>3DF(-)</td><td>4DF(-)</td><td>阀 21 关闭</td><td>蓄压器停止向液压缸充油</td></tr>
<tr><td rowspan="3">热压机开启时</td><td>IDF(+)</td><td>2DF(+)</td><td>阀 22 开得最大</td><td>液压缸快速回油</td><td rowspan="3">IDF(+)：控制油液流至阀 22 将其顶开<br>IDF(-)：控制油液无法流至阀 22 将其顶开<br>2DF(+)：流至阀 22 的控制油液→13/→阀 15 没有被泄走，阀 22 开得最大<br>2DF(-)流至阀 22 的控制油液→13/→阀 15 被泄走，阀 22 开度减小</td></tr>
<tr><td>IDF(+)</td><td>2DF(-)</td><td>阀 22 半开状态</td><td>液压缸慢速回油</td></tr>
<tr><td>IDF(-)</td><td>2DF(-)</td><td>阀 22 关闭</td><td>液压缸停止回油</td></tr>
</table>

注：阀 21、22 系指系统中液控单向阀 21 和手、液控单向阀 22。

## 6.2.8　装卸设备

按装卸料方式的不同，主要分为有垫板式装卸机和无垫板式装卸机两种，目前多采用无垫板式装卸机。

### 6.2.8.1　有垫板式装卸机

图 6-38 为 BY133×7/13 型热压机的有垫板式装(卸)机，其结构主要由机架 1、装板架 2 和推板(拉板)装置 3 组成。

装卸机的机架主要由槽钢焊接而成，通过机架的上梁与热压机固定连接为一体，用于支承装卸机的其他部件。

装板架(俗称吊笼)主要也是槽钢及角钢焊接的结构，用于装载带有垫板的板坯(或制品)。装板架的层数及其间格尺寸都与热压机相一致。装板架的搁板分左右两侧呈悬臂式排列，使其中间形成一条纵向通道，以适应推板装置(或拉杆装置)实现工作运动所需。各层板坯(或制品)，即由两侧悬臂架支承。悬臂架端头设有滚子，以减少垫板与搁板相对运动时的摩擦力。

装板架四角设有滚轮，与机架上的导轨相接触。工作时，装板架通过两侧垂直安装的柱塞式液压缸沿导轨做升降运动。为了使整个装板架在升降时保持动作的协调和平稳，在装板架的底部有用钢丝绳和导向滑轮组成的同步装置，其结构如图 6-39 所示。

推板(拉板)装置悬挂于机架顶部，通过滚轮或滑块沿着纵向导轨做前后运动，用于将板坯(制品)与垫板推入(拉出)热压机。推板(拉板)装置的驱动方式有采用液压传动的方式[图 6-40(a)]，也有采用链轮链条传动的方式[图 6-40(b)]。

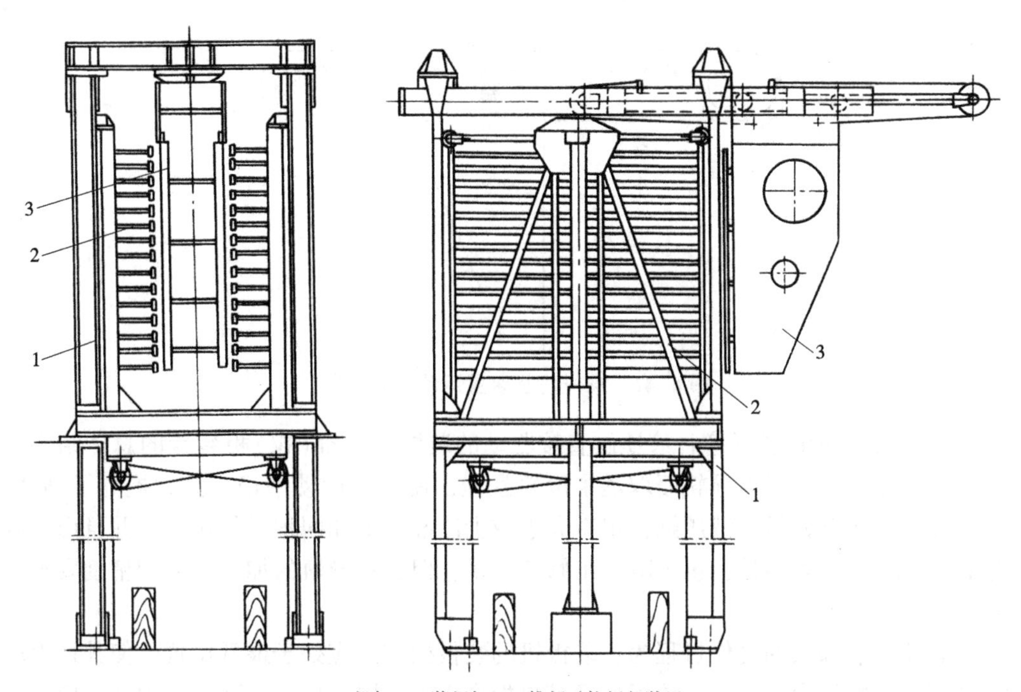


1. 机架　2. 装板架　3. 推板（拉板）装置

**图 6-38　BY133×7/13 型热压机的有垫板式装(卸)机**

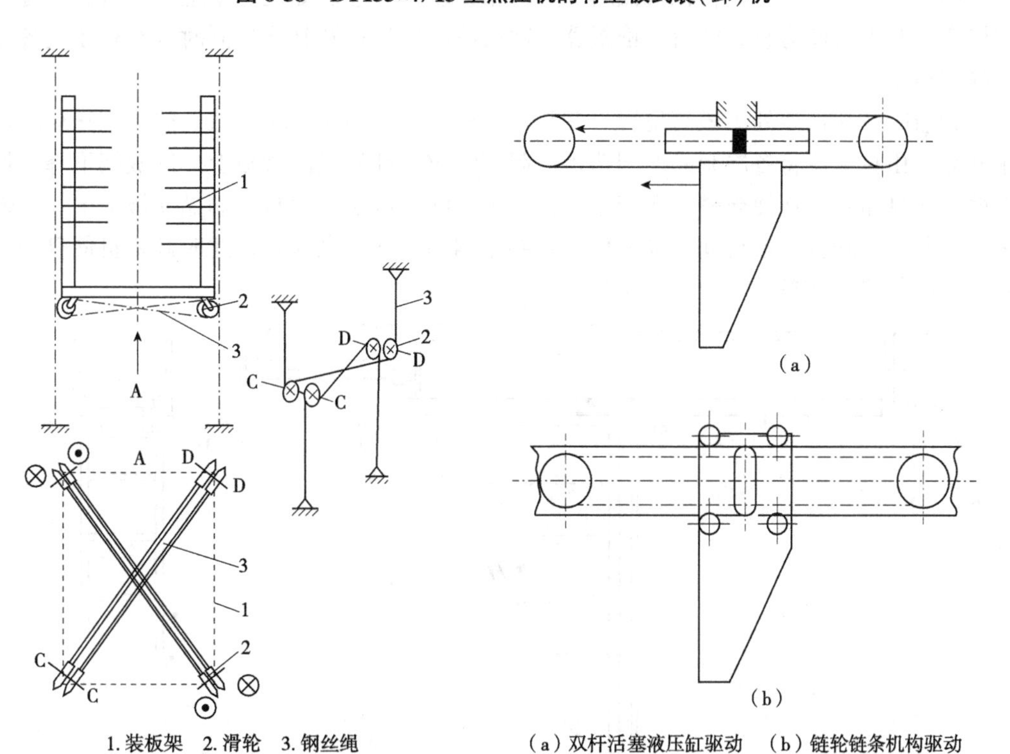


1. 装板架　2. 滑轮　3. 钢丝绳

**图 6-39　装卸机的同步装置原理**

（a）双杆活塞液压缸驱动　（b）链轮链条机构驱动

**图 6-40　推(拉)板装置的驱动方式**

如图 6-40(a)所示为采用双杆活塞液压缸直接驱动的装置。这种驱动机构可使推(拉)板装置的运动速度为 $V_2=2V_1$，如图 6-41 所示，即其行程可增大为 2 倍，故活塞的长度可缩小一半左右。

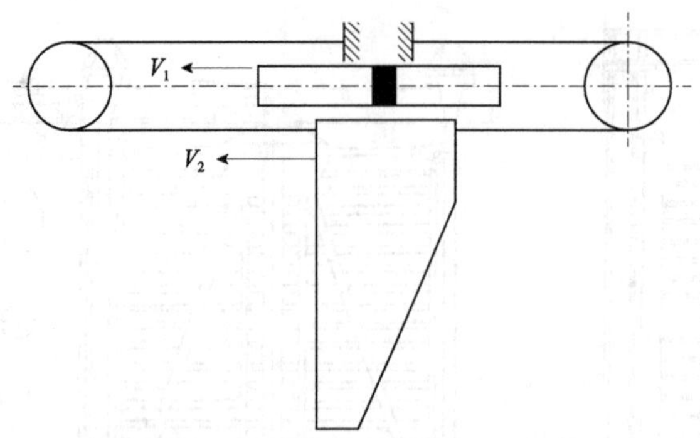


图 6-41 推(拉)板装置运动速度示意

如图6-42所示的长活塞杆液压缸直接驱动的装置可使推(拉)板装置的总体结构比较紧凑；由于采用燕尾形导轨而取消了滚轮悬挂，使推板运动平稳，大大提高了刚性；同时，由于采用单杆活塞液压缸，也有利于减少泄漏，增加回程时的速度，并且由于取消了钢丝绳和滑轮等零件，也可减少维修工作量，但这种导轨的加工与装配精度要求比较高。

工作中，装卸板的动作过程为：装板机的装板架初始应处于最低位置，使其最上层的间格对准进料辊台。当第一块板坯及其垫板进入第一层搁板后，通过行程开关使装板架自动升高一格，这时进料辊台便对准第二格并装入板坯。如此逐格上升，直至将各层间格全部装上板坯为止。然后，推板器一次就将各层板坯及其垫板同时推至热压机各相应的间格中。

卸板时，卸板架处于最高位置，并与热压板张开时的状态相一致。热压完毕热压板张开后，由拉板器将各层制品连同垫板一起同时拉至卸板机的搁板上。卸板架下降，最下面一块制品和垫板便被搁置在链条运输机上。随着链条的运行，制品便被输出。每输出一块制品，卸板架便自动下降一格，直到把制品全部卸完为止。此时卸板机便自动上升到最高位置，准备下一个工作循环。

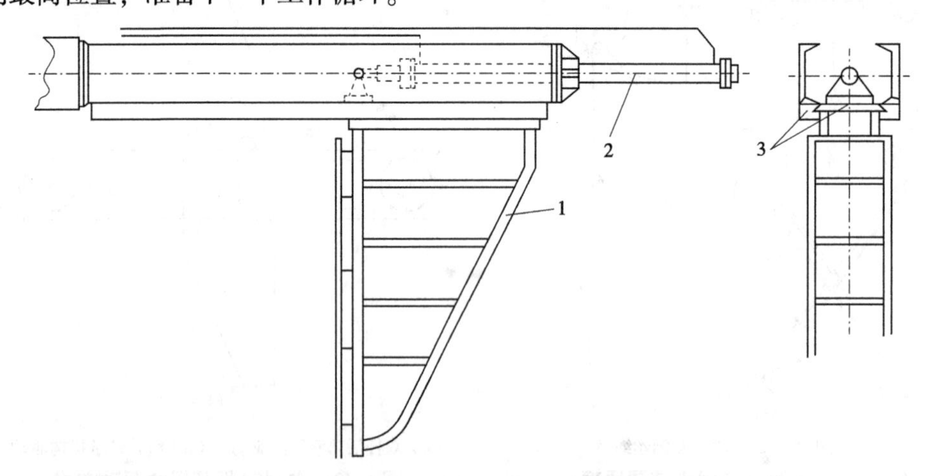


1. 推板器 2. 单杆活塞长液压缸 3. 燕尾形导轨

图 6-42 长活塞杆液压缸直接驱动的装置

由此可见，装、卸板机的结构和工作原理基本相同，主要区别在于装板机的推板动作改为卸板机的拉板动作。相比之下，实现推板的推板器结构简单，而实现拉板的拉板器则相对要复杂一些。

如图 6-43 所示为卸板机的拉板装置。在拉板装置的前端(靠近热压机处)装有钳形夹杆式拉板器。它由碰撞杆 1、挡块 2 和 6、摆杆 3、立杆 4、扇形齿轮副 5 和钳形夹杆 7 所构成。工作中，拉板器随同整个板装置一起由机架顶部的驱动机构所带动。当拉板器朝着热压机方向运动至终点时，碰撞杆与固定的挡块 2 相碰而向后移动，从而带动摆杆摆动。由于摆杆与立杆为刚性连接，使两个立杆上端的扇形齿轮副各自绕立杆相对转动。结果使固定在立杆上的一对钳形夹杆也相对转动而合拢，从而卡住垫板前端的箭头形卡钩(俗称“鱼头”)，随同拉板装置的后退，拉板器将垫板及制品全部拉出热压机。当到达相应位置时，碰撞杆与挡块 6 相碰，钳形夹杆张开，各层垫板及制品随即被搁置在卸板机的搁板上。

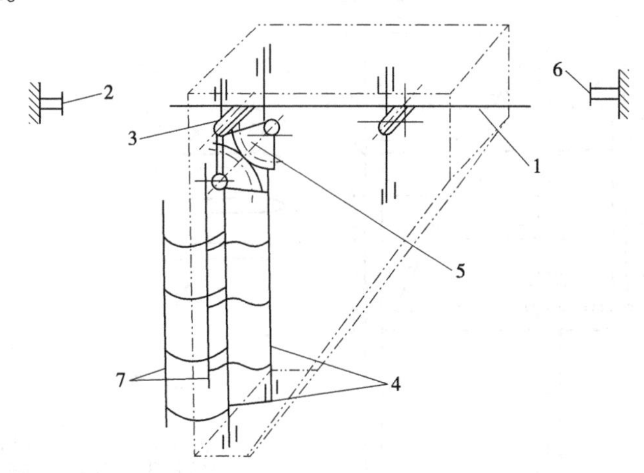


1. 碰撞杆 2、6. 挡块 3. 摆杆 4. 立杆 5. 扇形齿轮副 7. 钳形夹杆

**图 6-43 卸板机的拉板装置**

实现钳形夹杆的合拢与张开这一动作，除了采用上述机械式的以外，还有液压式、气动式或电动式等多种类型，其结构都较为复杂，但因属于带有动力的强制性启、闭机构，因此工作中不易松脱，高层大型设备中应采用较多。

#### 6.2.8.2 无垫板式装卸机

无垫板式装卸机与有垫板式装卸机相比较，具有以下优点：取消了垫板及其回送设备，大幅减少了占地面积；省去了垫板的热能消耗，并能加快传热，缩短热压周期，有利于提高热压机的生产率；有利于操作和维修。但在无垫板装卸作业中，对有关装置的动作协调配合要求比较严格，板坯必须经过预压，有些无垫板装卸机还需适当增大热压机的开挡。

图 6-44 是国产干法纤维板热压机的无垫板式装板机结构简图和动作原理图。它由机架、升降架和装载小车等几部分组成。升降架不是多层的搁板架，而只是一个由型钢焊接而成的框架。它由两侧的柱塞液压缸来驱动，可沿机架上的垂直导轨做升降运动。升降架两侧底梁上有水平导轨，装载小车通过滚轮即可沿着水平导轨做前、后运动。装载小车上安装有与热压机层数相同的搁板。每层搁板都装有微型电动机驱动的悬伸式皮带送料装置。各层皮带送料装置的最前端都装有一个铲头，作为铲推式卸板装置。

装板机的前面还设置有板坯预装机，工作中它将板坯逐块地预先装到装载小车的每层输送平皮带上。当小车对热压机进行装板坯时，由专门电动机通过变速装置驱动小车向热压机方向运动，使输送平皮带连同板坯一起伸入于各层热压板间格中。与此同时，处于最前端的铲头，先将热压板上已经热压好的制品铲推出热压机，使之装到卸板机的搁架上。当装载小车到达指定位置时，电动机便反向运转，使小车后退；这时，各层输送平皮带在各自的电动机带动下，做与小车后退方向相反的向前运行[图 6-44(b)]。由于小车后退的速度 $V_1$ 和皮带向前运行的速度 $V_2$ 相等，致使板坯与热压板之间的相对速度为零。故在小车后退过程中，即可使板坯落在热压板的适当位置上。

装载小车后退复位后，各层送料皮带已无板坯，升降架随即下降至最低位置，准备下一个工作循环。

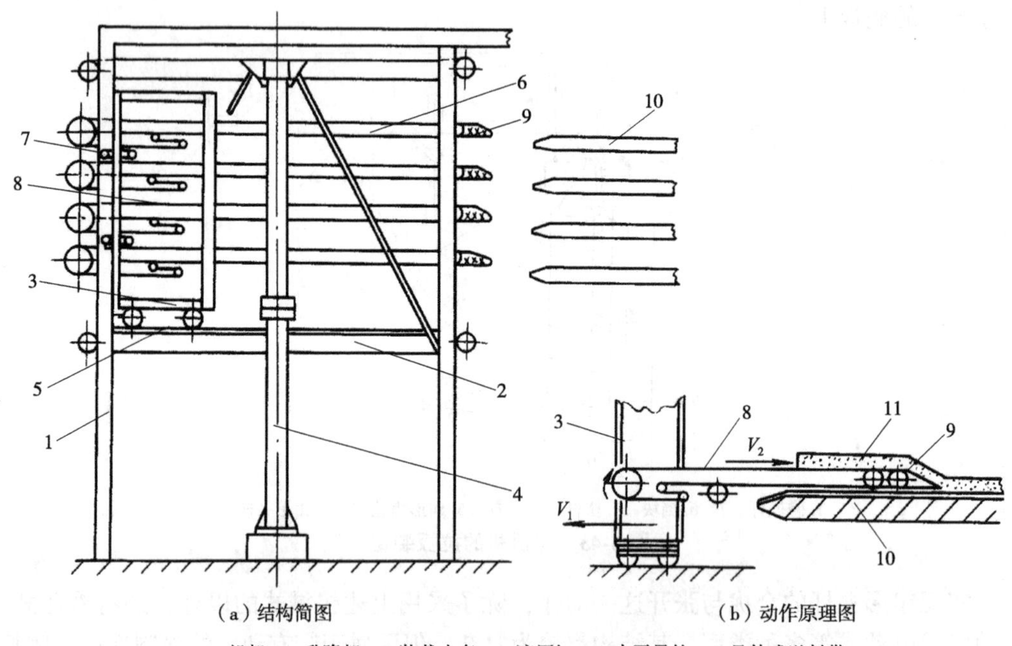


（a）结构简图　　（b）动作原理图

1. 机架　2. 升降架　3. 装载小车　4. 液压缸　5. 水平导轨　6. 悬伸式送料带　7. 微型电机　8. 输送平皮带　9. 铲头　10. 热压板　11. 板坯

**图 6-44　国产干法纤维板热压机的无垫板式装板机**

## 6.3　单层热压机

单层热压机与多层热压机相比，具有以下优点：取消了复杂的装卸板等配套设备，总体设施较为简单，维修工作量也较少；单层热压机热压板的支承刚性好，且消除了多层热压机的层与层之间的厚度误差，因此产品的厚度误差小；由于热压出制品的幅面大，裁边损失相对减小，使原材料消耗降低。因此，单层热压机在生产中应用日益广泛，特别在刨花板生产中，有取代多层热压机的趋势。下面介绍非连续法单层热压机生产线。

单层热压机的装卸料，一般都是与板坯的铺装成型设备相配合，通过钢带或网带输送来完成。根据从板坯铺装至热压作业线上采用的运输带的条数，主要有三条运输带的单层热压作业线和一条运输带的单层热压作业线两种形式。

(1) 三条运输带作业线

图 6-45 所示为三条运输带的单层热压作业线。它由固定式铺装机、预压机、横截圆锯机、单层热压机和钢带运输装置等组合而成。生产过程中，在连续运行的铺装带上，铺装机 8 将原料不断地铺装成连续的板坯带，并通过连续式预压机 7 预压后，由横截锯控制产品所需长度将板坯截断。截断后的板坯在另一输送带上加速运行，并由热压钢带送入热压机中进行热压。为了缩短热压时间和减小钢带的温度应力，热压钢带 3 先经预热装置 4 进行预热。有的作业线上还设置了高频加热装置 9，铺装后板坯先经高频加热装置进行预热，有利于缩短热压周期。

在单层热压作业线中装设预压机有很大好处：可使热压机快速闭合，而不致发生板坯上表层材料被吹散的现象；在热压机施加压力时，预压过的板坯阻力较小。因此，热压机热压板接触板坯后，能很快达到所需压力。这就有利缩短加压时间，提高产量，经过预压的成板内部结合较好，密度相对均匀，从而提高成板的质量。

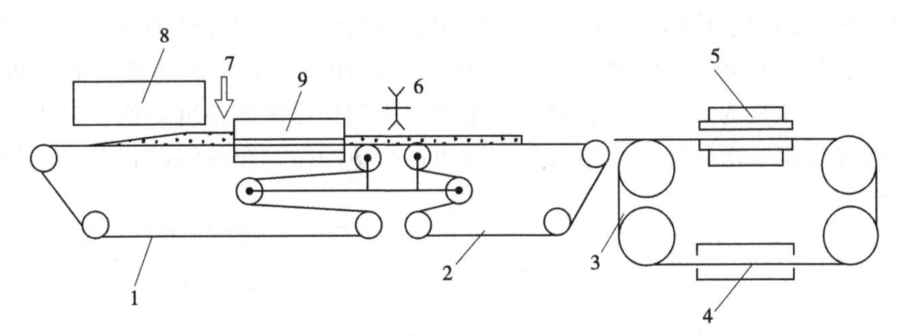


1. 板坯铺装带　2. 运输钢带　3. 热压钢带　4. 预热装置　5. 单层热压机
6. 横截圆锯机　7. 连续式预压机　8. 铺装机　9. 高频加热装置

**图 6-45　三条运输带的单层热压作业线**

(2) 一条运输带作业线

一条运输带的作业线又有移动式铺装和移动式热压之分。

图 6-46 所示为一条运输带的移动式铺装单层热压作业线。它由移动式铺装机、平板预压机、单层热压机和钢带输送装置等组成。循环运行的长钢带，同时用于板坯的铺装、运输和热压机的装卸料。生产中，板坯不是连续进行铺装的，而是配合热压机的工作周期，铺装一定范围内的区域，由移动式铺装机边移动边铺装，逐块铺装成型。然后，板坯逐块输送至预压机中进行预压。预压好的板坯在热压机张开出板的同时由钢带送入单层热压机中，逐一热压成为制品。

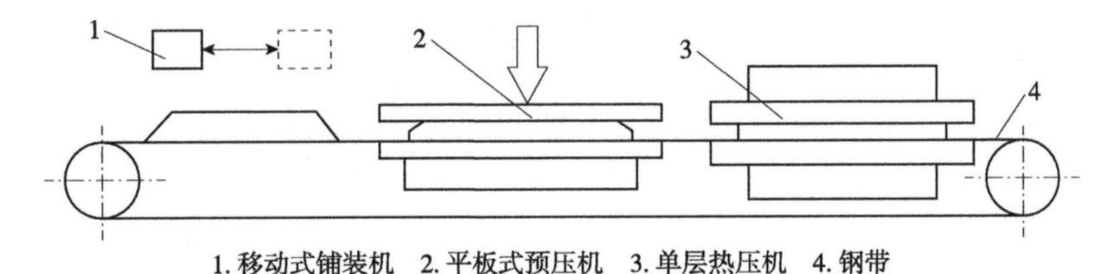


1. 移动式铺装机　2. 平板式预压机　3. 单层热压机　4. 钢带

**图 6-46　一条运输带的移动式铺装单层热压作业线(一)**

图6-47所示为一条运输带的移动式单层热压作业线的另一种形式。它由铺装机、横截圆锯机、移动式单层热压机和循环运行的网带等组成。在恒速运行的网带上，多头式铺装机将原料铺装成型，板坯经横截后送入单层热压机。热压过程中，热压机和网带一起，以相同的速度向前运行。热压完毕后热压机开启，并迅速向铺装方向返回，接着对下一块板坯进行热压。

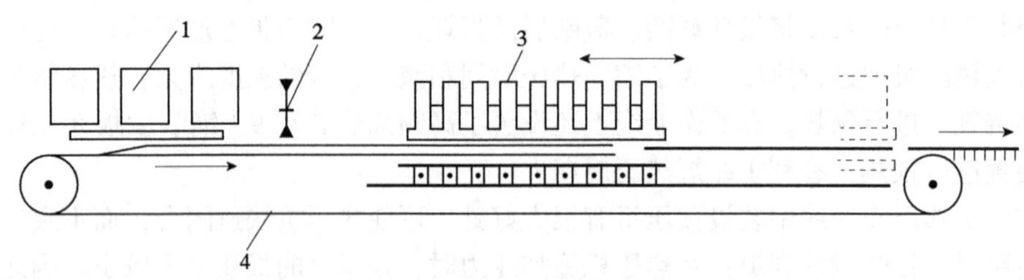


1. 铺装机 2. 横截圆锯机 3. 移动式单层热压机 4. 网带

**图6-47 一条运输带的移动式单层热压作业线(二)**

一条运输带的单层热压生产线，也可以用非连续法压制出连续的板带，此时热压机要稍做改进，如图6-48所示，将上热压板的入口端加工成波纹形的倾斜面，防止压溃板坯；上、下热压板的入、出口过渡区的温度比中间热压区域温度要低，使入口倾斜过渡区中的板坯经第一次热压后在出口过渡区再进行热压，直至最终胶料完全固化。

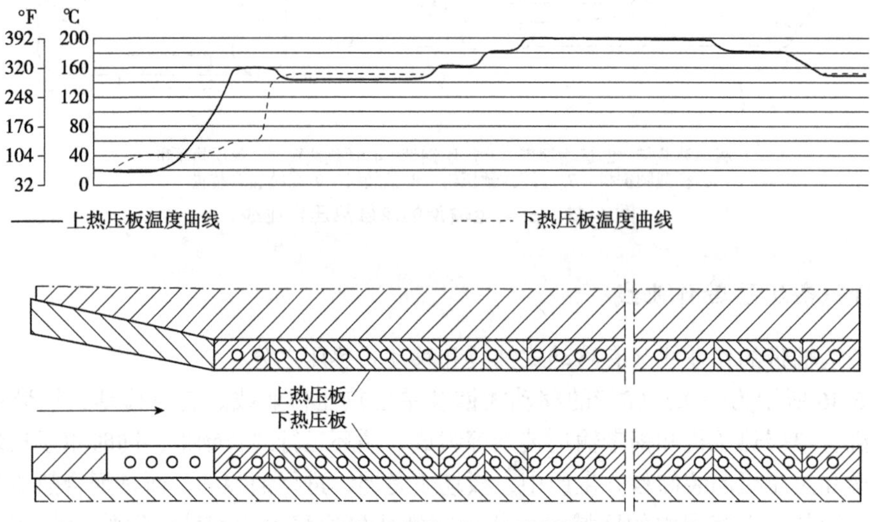


**图6-48 热压机进料端的楔形入口及热压板温度曲线**

# 第 7 章 连续式热压机

## 7.1 概述

在人造板生产中，热压机是主要生产设备之一。热压机性能的好与坏，不仅影响人造板的生产能力，更影响人造板的质量。当然，其对经济效益的影响也是不言而喻的。

自从 20 世纪 70 年代首台双钢带连续式热压机在德国问世后，连续式热压机开始逐步取代传统的单层或多层周期式热压机，成为人造板生产线上的主流热压设备，北美洲、欧洲及亚洲的大型人造板生产线中 85%以上配置了连续式热压机，连续式热压机的采用已经成为人造板生产企业先进性的标志。

所谓连续式热压机，就是铺装后的人造板坯，不经横向锯断就连续不断地直接进入到热压机中。板坯在热压机热压板施压下，在钢带夹持下向前移动，板坯移动过程中经高温高压完成固化成型，从而制成连续不断的人造板，在连续人造板带行走中将根据需要锯裁成不同的宽度或长度。

1977 年，德国 Kusters 公司设计生产出了钢带辊杆链毯式连续式热压机，安装在比利时年产 12 万 $m^3$ 的刨花板生产线上。1981 年，德国 Bison 公司设计制造出了钢带油膜连续式热压机，又称门德(Mendo)热压机，用于刨花板生产，钢带油膜连续式热压机长度 44m，生产线最大年产量可达 35 万 $m^3$。1984 年，德国 Siempelkamp 公司设计制造出了用于中密度纤维板生产的连续式热压机。1990 年，德国 Dieffenbacher 公司也设计制造出了本公司第一台刨花板生产线连续式热压机。1997 年，该公司研制出了世界上第一台带有微波预热的连续式热压机，用于单板层积材生产，1998 年研制出了日产 2000$m^3$、长度达 50m 的刨花板生产线连续式热压机，2000 年研制出了宽 12 英尺*、年产 70 万 $m^3$ 定向刨花板生产线的连续式热压机。

经过不断的技术创新和改进，连续式热压机目前在新建刨花板和中密度纤维板生产线和设计中已占主导地位，促进了人造板工业向大规模方向发展。连续式热压机与间歇式多层或单层热压机相比具有以下优点：生产效率高、没有辅助时间、板的厚度偏差小、板面光滑平整、砂光损失小、生产板的规格灵活性大、锯成规格产品损耗小、板的断面密度分布合理以及生产能耗低等。连续式热压机最适宜压制厚度为 2.5~25mm 的薄板和中厚板。

---

* 1 英尺=0.3048m。

## 7.2 连续式热压机分类

连续式热压机根据加压方式不同，可以分为平压连续式热压机和辊压连续式热压机。

平压连续式热压机，主要适合中、高密度纤维板、刨花板、胶合板和单板层积材的生产。设备制造商主要有德国的 Kusters、Bison、Dieffenbacher、SiempelKamp 公司，上海人造板机器厂有限公司、中国福马机械有限公司、吉林敦化亚联机械制造有限公司等。与平压连续式热压机相比，辊压连续式热压机主要适合 2~12mm 厚度的高密度纤维板、刨花板的生产。设备制造商主要有德国的 Bison 公司、吉林敦化亚联机械制造有限公司等。

根据连续式热压机中热压板与钢带的接触方式，连续式热压机还可以分为辊杆链毯接触式和油膜等压接触式两种，目前人造板生产线主要是应用长、短轴辊杆链毯接触式连续式热压机，油膜等压接触式连续式热压机主要用于胶合板、单板层积材和人造板表面覆贴装饰材料。

## 7.3 平压连续式热压机

### 7.3.1 概述

最早出现的平压连续式热压机是巴尔特列夫(Bartrev)型连续式热压机，用于压制刨花板，但由于结构太复杂，因此未获普及。20 世纪 70 年代末至 80 年代初，国外发展了新一代连续式热压机，即用于生产中密度纤维板、刨花板生产线的平压连续式热压机。

平压连续式热压机结构如图 7-1 所示。夹持输送板坯的上、下钢带张紧在前后鼓轮上，直流电动机通过行星齿轮减速装置驱动鼓轮回转。加载荷补偿控制鼓轮回转，保持上、下钢带的速度均匀一致。液压缸推动装在热压机后部鼓轮轴承座，一方面可以调节钢带的张紧力，另一方面可以控制钢带的跑偏。

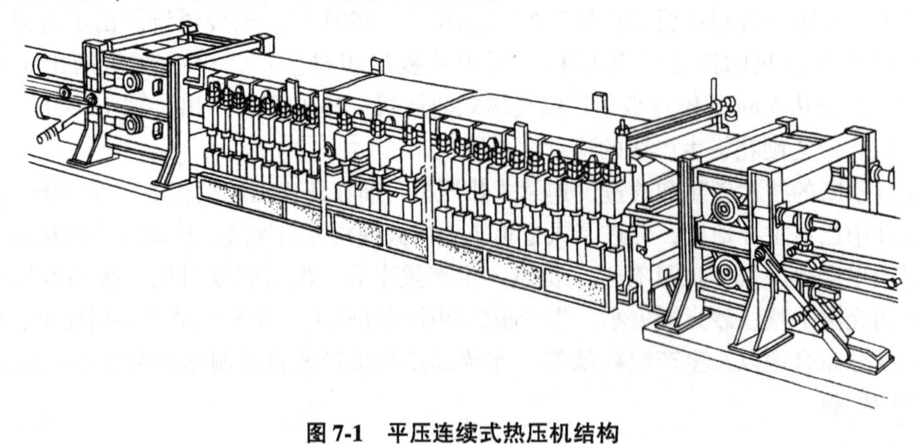

图 7-1 平压连续式热压机结构

### 7.3.2　平压连续式热压机的特点

连续式热压机，尤其是平压连续式热压机，具有一些独特的优点，因此得到广泛应用，其优越性主要表现在以下方面：

①生产连续化　连续式热压机的采用，消除了人造板生产线上连续化的唯一障碍，使整个生产线全部实现了流水式的连续化生产。

②产品质量好　板材表面平整、质地细密、断面密度梯度分布合理，接近理想状态。所压制的板材比强度高，在板材密度减小4%时，仍具有与周期热压机所热压板材有相同的强度。

③板材厚度精度高　由于平压连续式热压机不仅在纵向各区段可自动调节压力，而且沿热压板横向压力也可自动精密微调，因而板材厚度精度高。一般厚度公差不大于±0.2mm，有的达±0.1mm。

④原材料消耗率低　原材料消耗率为周期式热压机的90%。由于受热与受压同步，板材预固化层极薄，因而可不砂光或少砂光，一般中密度纤维板砂光量仅为0.2mm(单面)。压出的连续板子带无横向裁边损失。一间年产10万$m^3$的中密度纤维板厂，可减少砂光损失和横向裁边损失约9800$m^3$。

⑤选用板材范围广　首先是板材幅面大，宽度可达3000mm，长度几乎不限。板材厚度可在2~38mm任选，且“经济板厚”区间宽，即对由于板材厚度不同而引起的生产率波动不甚敏感。

⑥生产率高　热压过程中，不存在热压机闭合、开启、装板和卸板等辅助时间，因而生产率高。生产率为相同幅面单层热压机的1.5倍，多层热压机的2.3倍。

⑦能耗低　在整个热压过程中，钢带始终接触板坯，加压系统无空载，峰值压力也无大幅度的波动，系统压力近乎恒定，处于一种半静止状态。按热压曲线不同要求，设计调节热压板不同区段的压力、温度，而不是像周期热压机那样按最高压力、最高温度和最大供应量设计，因而节电、省热，直接电耗仅为周期式热压机的1/2，热耗减少10%~15%。

⑧生产设备简化　采用平压连续式热压机的人造板生产线，不需装板机、卸板机、加速运输及快速运输机等设备，从而缩短了生产线，降低了厂房造价。当产量相同时，平压连续式热压机与多层热压机、单层热压机所占作业面积之比为1∶1和10∶16.5。

⑨材尽其用　平压连续式热压机，可根据不同的压力区段，对主要受力件，按等强度设计，因而可以节约制造材料。多层热压机和单层热压机则是按最高压力设计，而最高压力只能短暂达到。

即使平压连续式热压机有上述优点，但平压连续式热压机设计及制造难度较大，材料品种多，要求高，金属热处理工艺复杂。零、部件制造精度及安装都要求很高，保养、维修也比较困难，结构重量大，价格昂贵，与相同产量的单层热压机比，单机重量约增重20%，价格要高26%。

尽管平压连续式热压机价格昂贵，但由于它生产的产品质量好，生产效率高，节能、省原料等一系列优点，用于生产规模较大的人造板生产线，仍有明显优势，被公认为热压机首选机种。

近年来，我国引进连续式热压机人造板生产线的同时，国内人造板机械生产企业，相继研发试制成功平压连续式热压机和辊压连续式热压机，用于刨花板或中密度纤维板生产。

### 7.3.3 平压连续式热压机概述

图 7-2 所示为 ContiRoll 平压连续式热压机的工作原理图。热压机的总体结构为在单层热压机上加一套夹送板坯运行的钢带及辊杆链毯。辊杆链毯连续平压热压机的基本工作原理类似于滚柱轴承，连续式热压机的上、下热压板，上、下辊杆链毯和上、下钢带类似两个滚柱轴承，热压板相当于是轴承内圈，钢带相当于是轴承外圈，辊杆是轴承的滚柱，链条相当于是滚柱支架。工作中，热压机的热压板处于闭合热压状态，热压板施加板坯的压力通过辊杆、钢带施加给板坯，辊杆在链条联接下成为链毯在热压板、钢带表面滚动滑移，板坯在钢带夹持下受压受热，胶黏剂固化，板坯成型。上、下热压板和钢带的间距沿热压机长度、即板坯行走方向上逐渐变小，根据热压工艺调整热压板长度方向上各段的压力和温度，板坯在上、下钢带的夹送下连续通过热压机，并在运行过程中受到加热和加压，至热压机后部出口处，板坯已被压制成具有一定强度和厚度的板带。

上、下二条钢带 4、4′纵向穿过热压机，工作时直接与板坯接触。钢带厚 2. 3mm、2. 7mm 或 3. 0mm，安装在前、后钢带鼓轮 1、12 上。前、后钢带鼓轮 1、12 表面镀有耐磨层，前、后鼓轮分别通过轴承安装于机架 7 的前、后端。后鼓轮为主动轮，由直流伺服电动机驱动。钢带在传感器监控下运行，防偏液压缸和张紧液压缸 11 分别使钢带防偏和张紧。为了防止刨花、纤维粘在钢带上，钢带的内、外表面装有清洁装置。钢带的内表面(与辊杆链毯接触)使用的是刮板清洁装置，其外表面(同板坯接触)利用压缩空气直接吹去粘在钢带上的纤维、刨花等杂质。

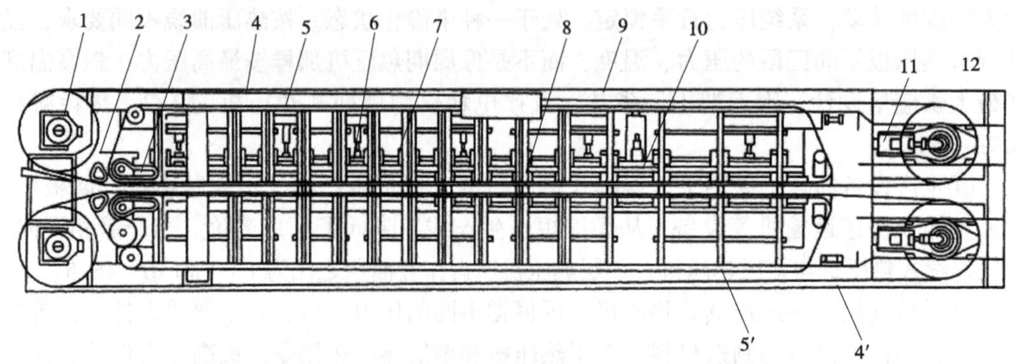


1. 前钢带鼓轮 2. 浮动块 3. 引入链 4、4′. 上、下钢带 5、5′. 上、下辊杆链毯 6. 提升液压缸 7. 机架 8. 加压液压缸 9. 上顶板 10. 上热压板 11. 张紧液压缸 12. 后钢带鼓轮

**图 7-2 ContiRoll 平压连续式热压机的工作原理**

在钢带与热压板之间有与钢带同步运动辊杆链毯，以降低钢带与热压板相对运动时的摩擦力。辊杆链毯由许多平行排列的高硬度、高精度的抛光辊杆组成，其端部通过链条连成一体。辊杆直径为 18mm，辊杆中心距为 20mm。辊杆侧向间隙为 2mm，辊杆长度与钢带宽度相适应。热压机工作时，热压板与钢带间的辊子呈自由滚动状态，前移的钢带使上、下辊杆链毯 5、5′在钢带与热压板间纯滚动运行。因此，钢带与热压板之间仅有很小的滚动摩擦力。为防止热压板表面磨损，热压板与链毯接触的上、下表面安装一层球墨铸铁的防磨垫板，防磨垫板磨损后便于更换，以保护热压板。连续式热压机工

作时，自上向下热压板辊杆、钢带和板坯的位置如图 7-3 所示。这种工作状态类似在板坯的上、下有两个巨大的滚柱轴承在运转，载着板坯运行的钢带相当于是轴承的外圈，而静止的热压板就是轴承的内圈，辊杆相当是滚柱，辊杆边缘联接的链条就像轴承的保持架，轴承保持架的速度是外圈的一半，这就意味着钢带和辊杆链毯的运行速度比是 2∶1。

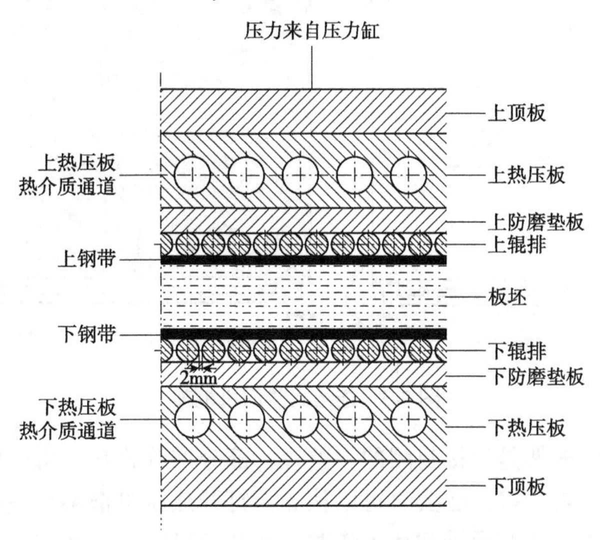


图 7-3　板坯、钢带、辊杆链毯与热压板示意

## 7.3.4　平压连续式热压机结构

### 7.3.4.1　机架

机架为钢板焊接结构，由多片钢板框架和上、下纵梁组成。框架上、下有纵梁，通过上、下纵梁组合所有框架成为一个整体(图 7-4)。热压机框架在垂直方向上承受油缸作用力，纵梁在热压机长度方向上承受钢带的张力。加压液压缸 8 吊装在框架上横梁上。其柱塞与上热压板相连(图 7-5)。工作中，液压缸压力通过上热压板、防磨垫板、上辊杆链毯、上钢带传至板坯，因此，板坯在热压过程中，所受的压力不是面压力，而是各辊杆碾压而过产生的线压力。由于钢带与板坯的运行速度与辊杆链毯的前移速度是不一致的，因此，板坯纵向各点所受的碾压作用力是均匀的。

机架是连续式热压机的床身，油缸、钢带张紧和驱动鼓轮安装在机架上，液压系统供油管道、加热系统热介质管道也安装在机架上，机架联接热压机各部分成为一个整体，承受加工过程的各种载荷。

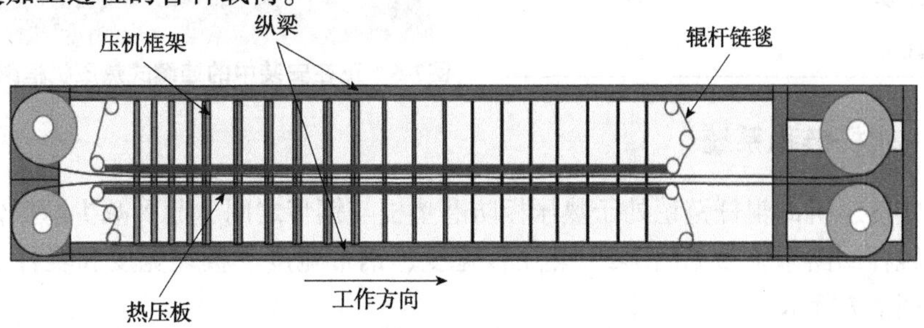


图 7-4　连续式热压机框架、纵梁、热压板钢带和辊杆链毯示意

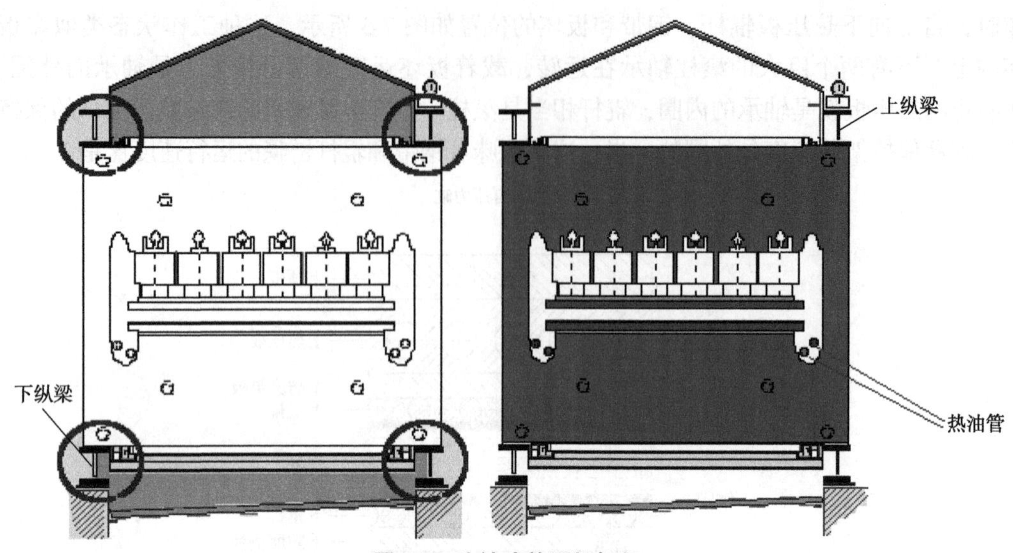


图 7-5 连续式热压机框架

连续式热压机的框架是焊接封闭的一整块，部分连续式热压机的框架一侧立柱板与上横梁板、下横梁板是铰接，必要时可以从侧面打开热压机框架对热压板、油缸等进行维修。连续式热压机框架在承受载荷工作时，其几何尺寸和形状方面的变形应控制在允许的范围内。

沿连续式热压机长度方向上有多组框架，框架组的数量与热压板长度有关，也与钢带运行速度、热压周期、热压的板材厚度有关(表 7-1、图 7-6)。框架间的距离沿热压机长度前后不等，在高压区域密集，在板坯进口处，框架间距为 530mm，在热压机其余部分，框架间距为 830mm。

表7-1 热压板有效长度和机架数量的对应关系

| 热压板有效长度(m) | 对应的机架数量(个) |
| --- | --- |
| 20.72 | 24 |
| 24.24 | 28 |
| 27.76 | 32 |
| 31.28 | 36 |
| 34.80 | 40 |
| 38.32 | 44 |
| 41.84 | 48 |
| 45.36 | 52 |

图7-6 正在安装中的连续式热压机框架和纵梁

### 7.3.4.2 辊杆链毯系统

连续式热压机的辊杆链毯处于热压板防磨垫板与钢带之间，起到减少摩擦传递动力的作用。辊杆回路系统参见图 7-2，热压板宽度、钢带宽度、板坯宽度和辊杆长度的尺寸关系如图 7-7 所示。

辊杆直径 18mm，钢带厚度 2.3mm、2.7mm 或 3.0mm，压制中密度纤维板和刨花板

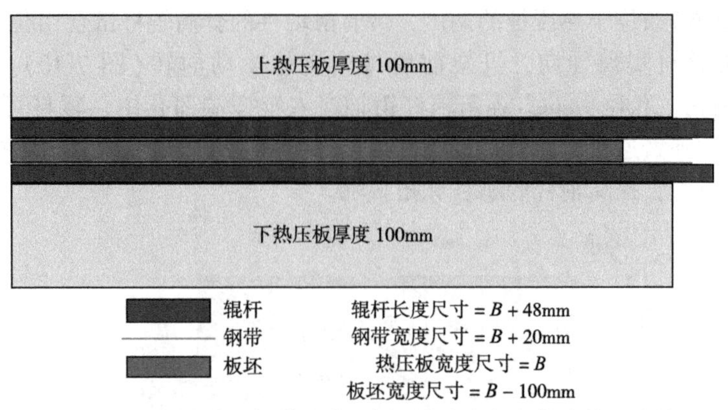


**图 7-7　热压板宽度、钢带宽度、板坯宽度和辊杆长度的尺寸关系**

板坯最大厚度 40mm。

如图 7-8 所示为热压板、钢带、辊杆和板坯的空间排列结构，辊杆密集排布，钢带不承受弯曲应力，钢带对板坯均匀地施加压力，热压板无须表面处理，钢带、辊杆、热压板之间存在润滑油。热压机在热压板幅面宽度范围内施加的压力及传递的热量是连续的，辊杆与热压板、钢带间只存在滚动摩擦，无滑动摩擦钢带和辊杆链毯的结构如图 7-9 所示。

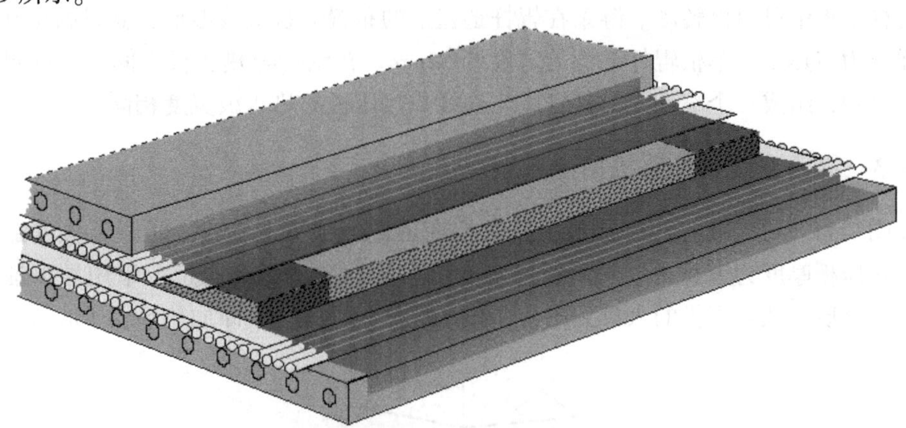

**图 7-8　热压板、钢带、辊杆和板坯的空间排列结构**

**图 7-9　钢带和辊杆链毯**

辊杆链毯的链条位于热压板的两侧，带有滑动件的套筒辊杆链毯由位于热压板两侧机架上的链条导轨实现导向，机架前后端的链轮驱动回转(图7-10)。辊杆外径为18mm，两端钻孔，孔径9mm，链条辊杆销轴穿入辊杆端部孔中，辊杆可以自由转动，辊杆与链条通过弹簧连接，弹簧允许辊杆可以在空间上15°范围内自由偏摆，以补偿钢带错位产生的应力，提高辊杆的刚性和耐久性。

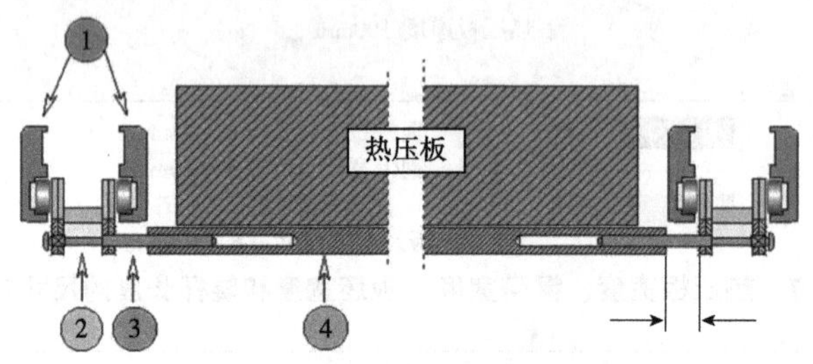


1. 链条导轨 2. 链条 3. 链条销轴 4. 辊杆

**图7-10 辊杆和链条的位置**

德国的Kusters公司供应市场的连续式热压机采用短轴多排辊杆链毯组成的辊杆链毯。辊杆链毯的结构及其在热压机中的布置如图7-11所示。每根辊杆链毯由长度相同的辊子组成，辊子中间交错地开有两个链条联接槽，两根联接链条将辊子联成一体，辊子在辊杆链毯中可自由转动。链条在辊杆链毯上的布置形状呈波浪形，其目的是利于均匀传递压力与热量。单根辊杆链毯的宽度约55mm。在钢带与热压板之间，多排辊杆链毯并行排列，组成一个滚动面，其宽度与连续式热压机的热压板宽度相同。

### 7.3.4.3 平压连续式热压机加热系统

如图7-11所示，上、下热压板分别固定在上、下顶板上，在上顶板连接油缸的柱塞上，热压板厚度为100mm。热压板内部加工出加热介质循环孔道，采用导热油作为板坯加热介质。从热压机的入口到出口，热压板分三个区段，即加热区、中心区和保温

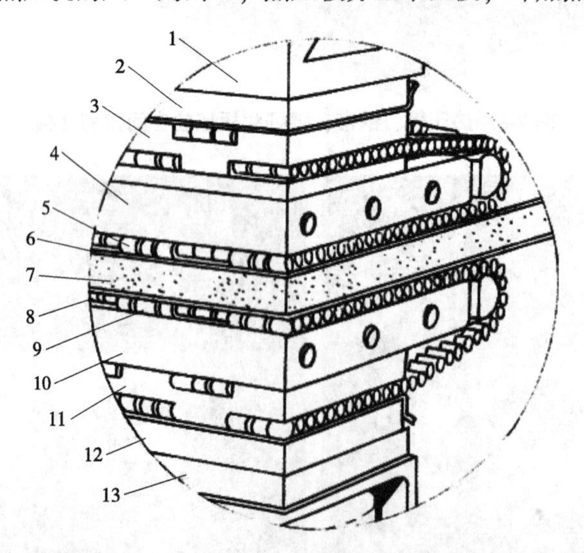


1. 上横梁 2. 上隔热板 3. 上回链导板 4. 上热压板 5. 上辊杆链毯 6. 上钢带 7. 板坯 8. 下钢带 9. 下辊杆链毯 10. 下热压板 11. 下回链导板 12. 下隔热板 13. 下横梁

**图7-11 连续式热压机的短轴辊杆链毯**

区，根据压制人造板品种的不同，各个区段占热压板总长度的比例也不同。

热压板是热压机加热加压的执行部件，对热压板的基本要求是其表面要有良好的耐磨性，在板坯反作用力范围内具备一定的弹性，可以划分出多个独立的加热区段。目前热压板的宽度尺寸主要有 1450mm、1600mm、1750mm、2060mm、2370mm、2670mm 等常用规格。

热压板分段供油以调节热介质温度和循环速度，控制热压板分区的温度，同时保证热压板各点温度差在控制的范围内。连续式热压机导热油供给系统主要包括以下环节，分别为热压板进出热油、热压机导热油进油和回油系统，如图 7-12～图 7-14 所示。

在热压板的全长上，设有数个循环回路。每个循环回路有各自的温度控制装置。根据所选循环回路的数目，在热压部分可取得不同的温度曲线效果，这就保证了能满足各种工艺的要求。目前连续式热压机的加热介质均采用导热油。

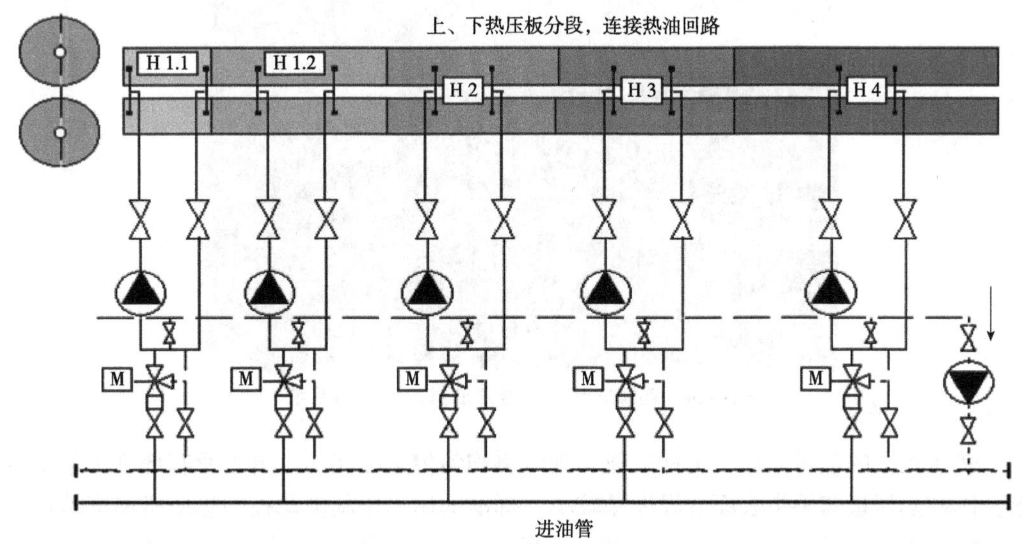


图 7-12　导热油供给系统

图 7-13　热压板热油进出示意

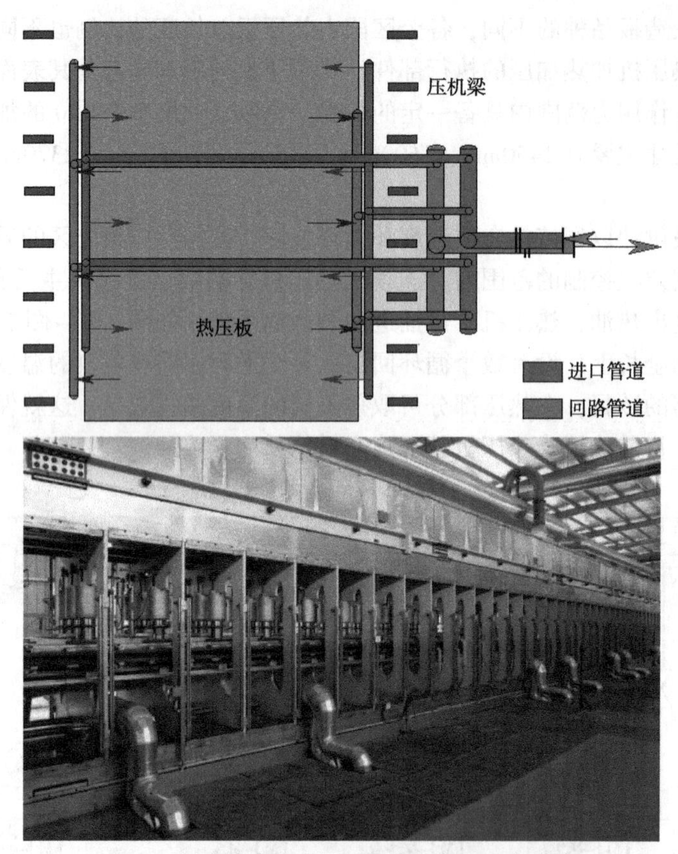


图 7-14 连续式热压机导热油进油和回油系统

热压板上的热量是通过辊杆链毯、钢带再均匀传至板坯的，由于所有部件都紧密接触，因此热压板与钢带表面的温度差较小。标准的用于压制刨花板的热压机温度差可低于 10℃，且在上回链导板与机架上横梁之间、下回链导板与控制板之间设有隔热层。

由于上、下顶板的内侧分别与上、下热压板固定，上、下顶板有可能单面受热而产生热变形，而导致成品板的厚度不均。因此，连续式热压机外侧的热油通道进油和回油相间交替通入热油介质，以保证其两侧受热均匀，保持其平整。另外，在上顶板与液压缸、下顶板与框架的接触面上，加有隔热层，以防热量扩散。

热压过程中，上、下热压板所保持的间距由楔形厚度规控制，所有楔形厚度规由直流电机同时调整，以满足所压制板子的厚度要求。热压机停止生产时，上顶板及上热压板可由提升液压缸拖动上升。

### 7.3.4.4 连续式热压机液压系统

连续式热压机的液压系统提供上热压板输出作用力，压缩板坯达到一定的密度，在胶黏剂固化过程中，让组成各种人造板的单元充分接触，胶接成为一个整体结构。

板坯进入连续式热压机，从前至后通过热压机的过程，即为一个热压周期。据不同人造板的热压工艺要求，板坯在一个热压周期内，不同的时间段对板坯施加的压力是不一样的。因此，在连续式热压机热压板全长上，各段热压板对板坯施加的压力应符合工艺要求，连续式热压机从前至后，按热压板输出的压力的大小一般分为三至四个区段：高压压缩区（入口模式）、过渡区（中间模式）、中压区（尾部模式）、低压区（低压模式），对板坯施加不同的压力是靠热压机的热压板上加压液压缸的分布密度来实现的（图 7-15）。

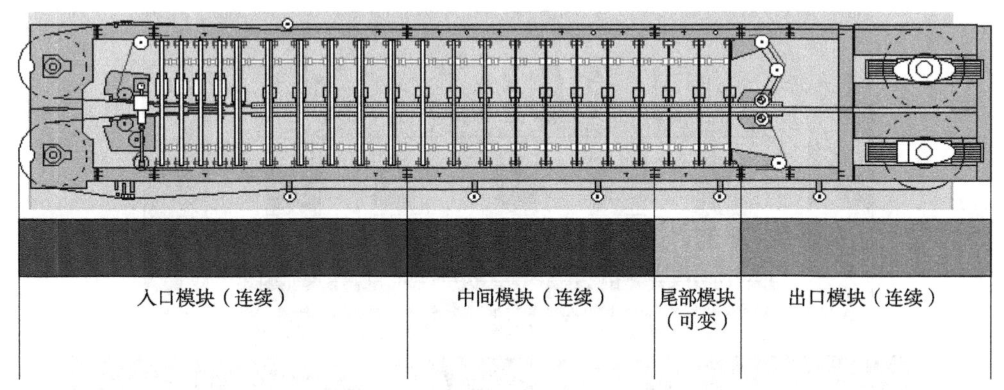


**图 7-15 连续式热压机分段模式**

液压缸的分布在热压机纵向上呈“前密后疏”的趋势。热压机前端横向设有六只加压缸，且纵向间距较小，热压机后部横向只设四只加压缸，且纵向间距较大。因框架要承受热压时的工作力，因此机架框片的间距分布也与之相适应，也呈“前密后疏”的状态。为了防止板坯进入热压机时突然加压而压溃，在热压机的进口处设有楔形弹性加压区，可使板坯逐渐压缩变形进入热压机。这段楔形加压区也便于热压机内板坯的空气和蒸汽的排出。这对刚入口的板坯芯层同时起到预热的作用，有利于提高板坯内部的胶合强度。

如图 7-16 所示，根据连续式热压机长度，加压油缸分成若干控制单元，每个控制单元分三个单独的油路控制油缸输出的作用力。

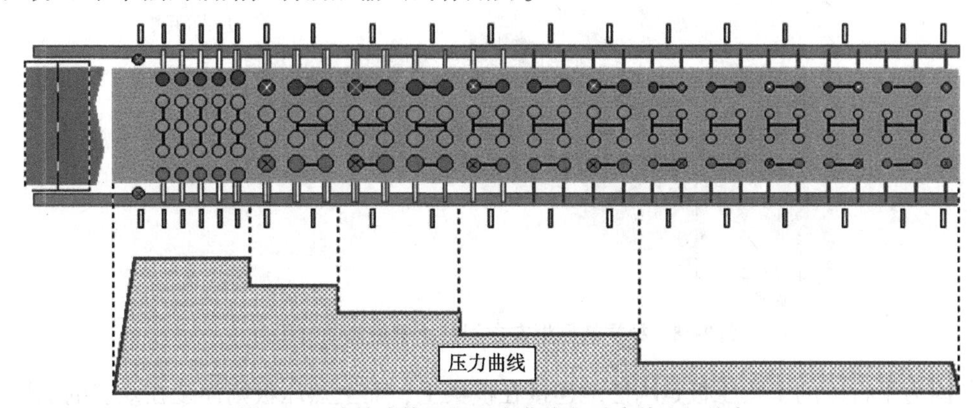


**图 7-16 连续式热压机压力曲线和对应的油缸分布**

如图 7-17 所示，在最外侧油缸处设置有位移传感器记录上热压板与设定的热压机框架某点的实际距离。如图 7-18 所示，外侧油缸的压力依据测量记录的实际距离与设定值比较，调整单独控制，内部油缸的压力根据外侧油缸压力按比例来控制，内部油缸供油回路相互连接，同步供油。

在一个框架上有数个加压油缸支承着下热压板，如油缸产生同样的压力，则所热压板坯的板厚就会不均匀。因为板坯加热时，内部会产生蒸汽压力，虽然铺装均匀的板坯，压缩时产生的弹性恢复力在宽度上的分布是均匀的，但蒸汽压力却不相同，板坯中间的蒸汽压力最大，两边侧蒸汽压力最小，因此导致板坯内的总压力在宽度上的分布也不是均匀的，与蒸汽压力分布同理，中间大，两侧小。

**图 7-17 连续式热压机油缸和上热压板位移测量系统**

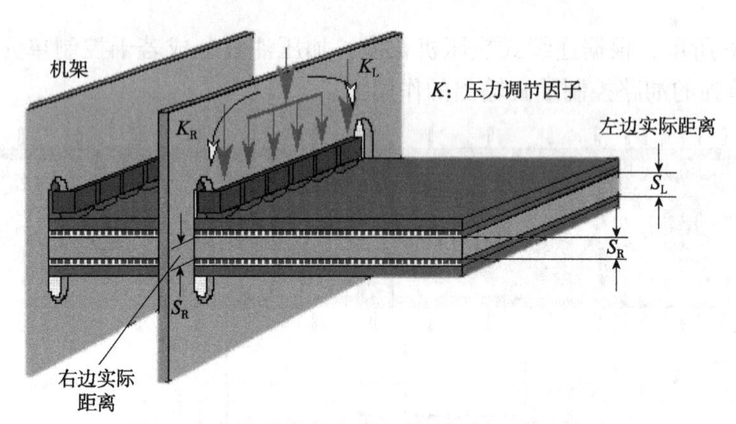


**图 7-18 根据热压板左右间隙比例控制油缸压力**

因为平行段的下热压板是刚性地连接在横梁上，而上热压板则浮装在众多的加压油缸柱塞上，为使上热压板在宽度方向保持平直且是水平状态，加压油缸的压力分布必须与板坯内的总压力相平衡。由于一个框架中所有的油缸压力相同，横向压力分布的不同，所以只能通过液压缸加压面积的不同来实现。

连续式热压机外侧的油缸是可调压型油缸，中间三排油缸是标准型油缸。根据连续式热压机不同的使用要求，可以选择其他形式油缸或排列方式。

图 7-19 所示为几种典型的横向压力分布曲线，可通过调节油缸的压力来获得。

如图 7-20 所示，连续式热压机出口沿压制出板材宽度方向上设置一组电阻位移传感器或非接触的激光位移传感器可以测量板材的厚度，将获得的出口板材厚度值反馈到热压机出口倒数组五框架校准区，调校最后5组油缸的压力，校正成品板材的厚度偏差，以减小后期砂光线的砂光量。

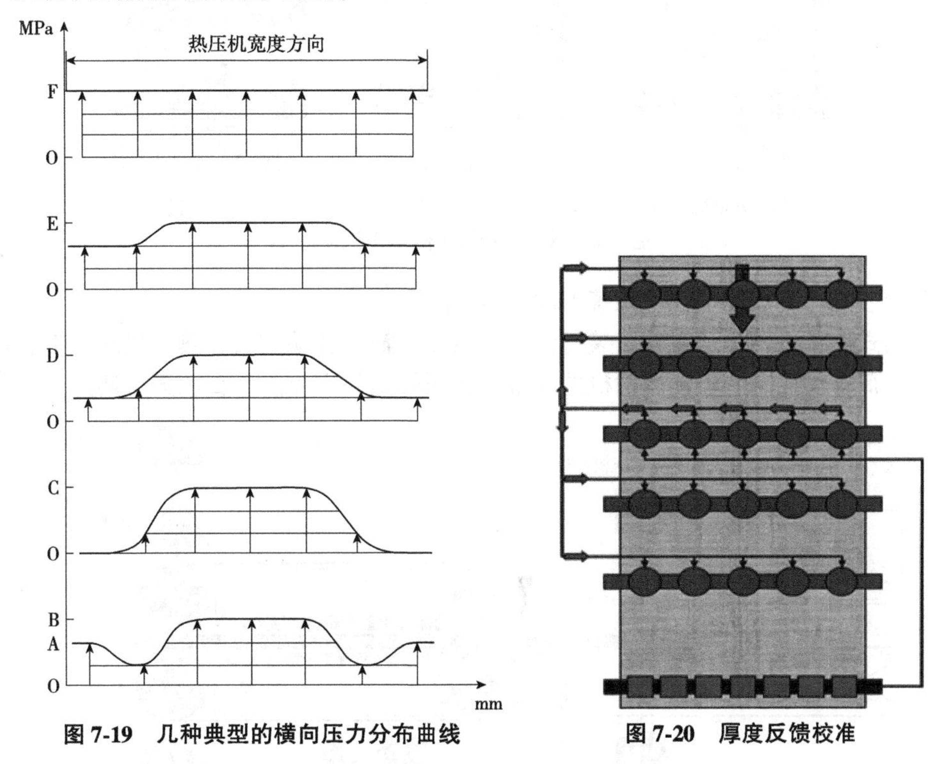


图7-19　几种典型的横向压力分布曲线　　图7-20　厚度反馈校准

#### 7.3.4.5　钢带、钢带驱动和纠偏系统

(1)钢带

钢带标准宽度有：2370mm、2670mm、2820mm、3020mm、3320mm和3970mm，同一条钢带宽度最大允差为1.5mm。钢带标准厚度为2.3mm，实际应用推荐优选钢带厚度为2.7mm，压制定向刨花板连续热压机钢带厚度为3.0mm，表面光亮压轧制，单面砂光或两面砂光。

厚钢带具有较高的断面模量和力学强度，抵抗破坏性能较好，同时具有较高的稳定性，以及优良的纠偏性能。

钢带材料为马氏体，由低碳含量、耐腐蚀的铬镍合金钢组成，抗拉强度约1500MPa，钢带边缘磨圆。钢带焊接呈封闭无端环形，焊缝在钢带横向上相对钢带边缘呈80°的角度，沿钢带纵向上，钢带两边留有100~250mm的余量。

(2)钢带驱动机构

上、下钢带由连续式热压机前后安装两组鼓轮张紧并驱动，驱动轮和张紧轮位于钢带的前后端。电机通过行星轮减速箱驱动鼓轮，可实现无级调速。根据产能调节钢带的运行速度。如图7-21所示钢带可以通过双电机、三电机或四电机驱动。

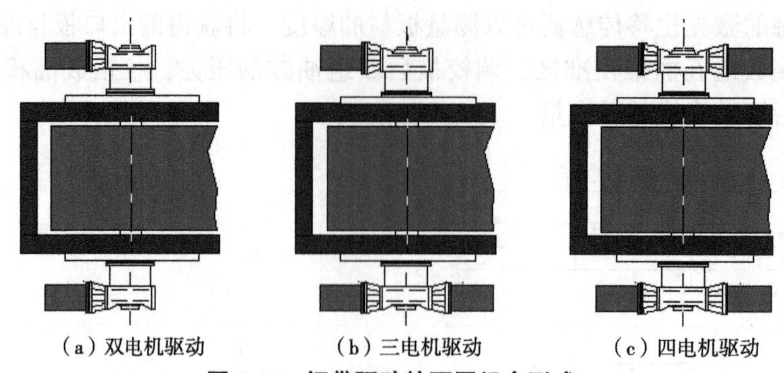


**图 7-21 钢带驱动的不同组合形式**

钢带、辊杆链毯驱动控制系统如图 7-22 所示。

连续式热压机钢带运行与铺装机铺装，板坯运输机联动控制，热压机的钢带、辊杆链毯是载荷补偿控制，板坯运输机的皮带、预压带是数字控制、直流无级调速。

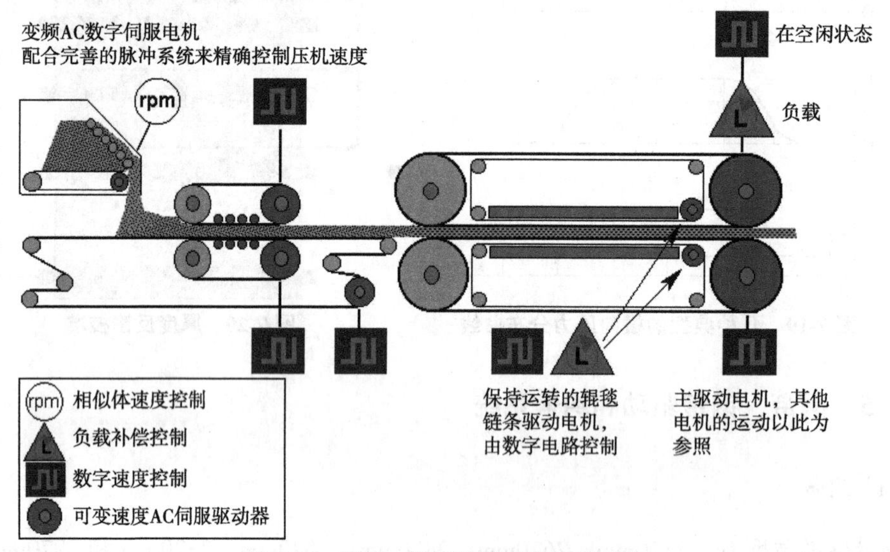


**图 7-22 钢带、辊杆链毯驱动控制系统**

(3)钢带纠偏系统

钢带在前后鼓轮张紧驱动下运行，驱动钢带运行的驱动力是钢带与鼓轮表面的摩擦力，钢带在鼓轮表面产生摩擦力的前提是钢带在鼓轮表面必须具有足够大的正压力，这个正压力就是钢带的张紧力。而钢带在足够张紧的条件下，由于钢带厚度、内周长的误差，可能沿鼓轮长度方向上张紧力不一致，由于不一致的张紧力，可能导致钢带逐步偏向一侧运行，所以钢带在运行中必须设置纠偏系统，以保证钢带在鼓轮上在一定的范围内移动，保持动态的平衡。

如图 7-23 所示，张紧钢带的前后鼓轮不能完全刚性安装，前鼓轮是刚性安装，后鼓轮设计成可以绕鼓轮平面中心点由液压缸推动且可以前后移动，鼓轮中心轴线相对前鼓轮轴线倾斜一定角度的机构。这样可避免钢带单侧张紧力过大，防止钢带跑偏，保护钢带边缘不与机架碰撞摩擦。

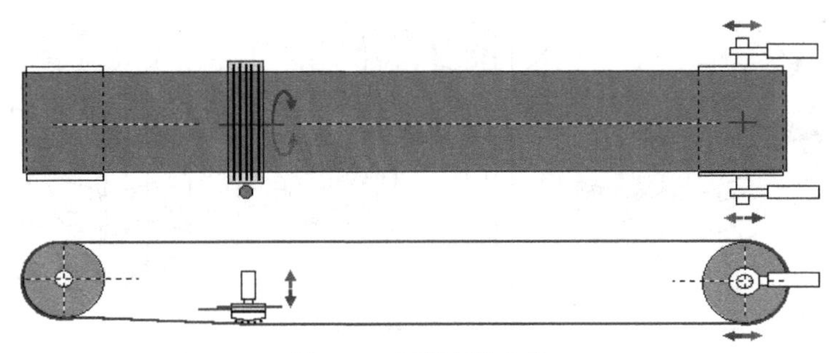

图 7-23　钢带纠偏机构

如图 7-24 所示为钢带纠偏控制摇杆，摇杆上钢带支撑辊被设计成与钢带鼓轮圆周半径一致的圆弧面。A 为支点，H 为液压油缸，当钢带张紧力沿钢带宽度方向出现偏差时，油缸抬起或落下，调节钢带支撑辊对钢带的张紧力，起到防止钢带跑偏的作用，同时保证钢带张紧力始终一致。

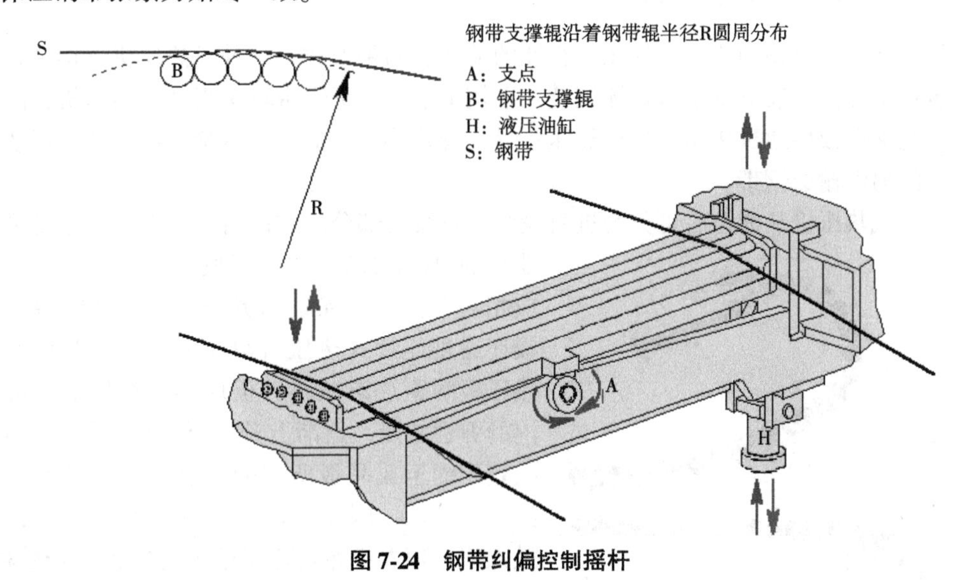


图 7-24　钢带纠偏控制摇杆

(4)钢带清洁

钢带压制人造板过程中，表面会黏附纤维、刨花等散碎物料或污物，对钢带运行产生不利影响，所以钢带的外表面和内表面设置有钢带清洁机构。外表面是在前后驱动鼓轮外设置反向回转的钢丝刷辊，内表面设置为刮板链。钢丝刷辊和刮板链的位置和结构如图 7-25 和图 7-26 所示。

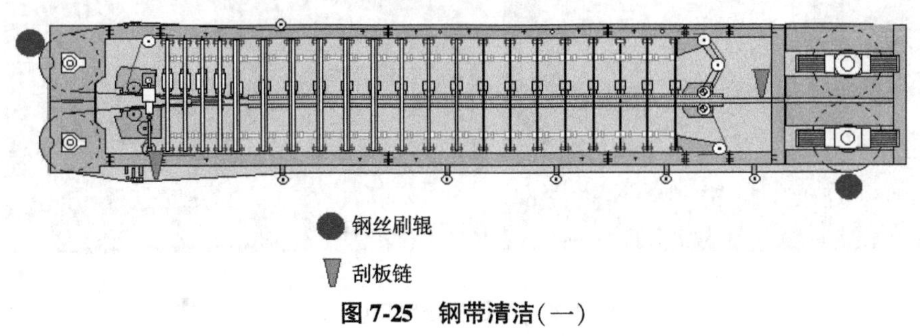


图 7-25　钢带清洁(一)

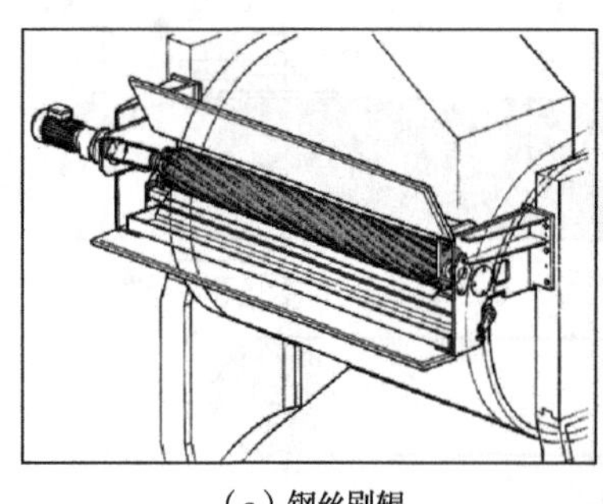

（a）钢丝刷辊

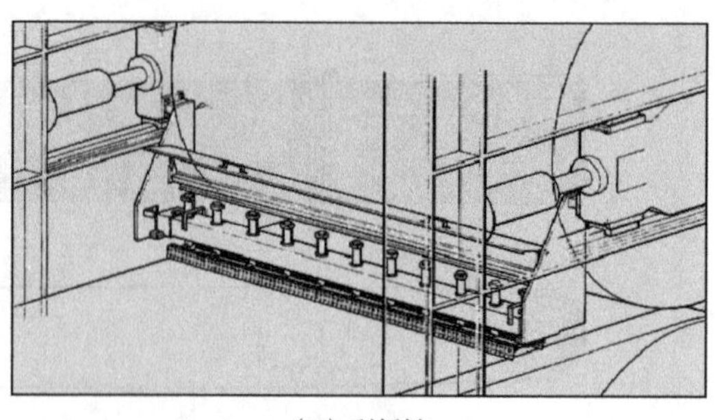

（b）刮板链

图 7-26　钢带清洁（二）

在钢带运行中，钢丝刷辊刷除钢带外表面上黏附的纤维和刨花，刮板链刮除钢带内表面上黏附的纤维和刨花。

### 7.3.4.6　连续式热压机入口

从板坯铺装成型到热压机热压，板坯的输送有两种形式：一种是热压机下钢带延伸至铺装机下部，铺装机直接将板坯铺装在下钢带上，由下钢带输送板坯至热压机，同上钢带一起夹送板坯通过热压机进行热压；另一种是热压机的上下钢带长度一致，铺装至热压之间另设输送钢带。

连续式热压机从前至后可分为进料段和平行段两部分。在进料口，上热压板是呈弯曲状的（图 7-27），在平行段，则上、下热压板应相互平行，以保证所热压板子的厚度精度。板坯通过连续式热压机热压时，在进料段，因热压板间距逐渐减小，板坯逐渐被压缩，板坯内的弹性恢复力逐渐上升，至热压板平行段时，板坯压缩至成品板所需的厚度，此时板坯内的温度又较低，因此板坯内的弹性恢复力将达到最大值。随着板坯在热压板平行段进一步后移，温度逐渐上升，板坯逐渐软化，要保持板坯达到成品板所需的厚度，板坯内的弹性恢复力逐渐降低，至热压机后部，胶黏剂开始固化，板坯内的弹性恢复力降至平行段中的最低值。

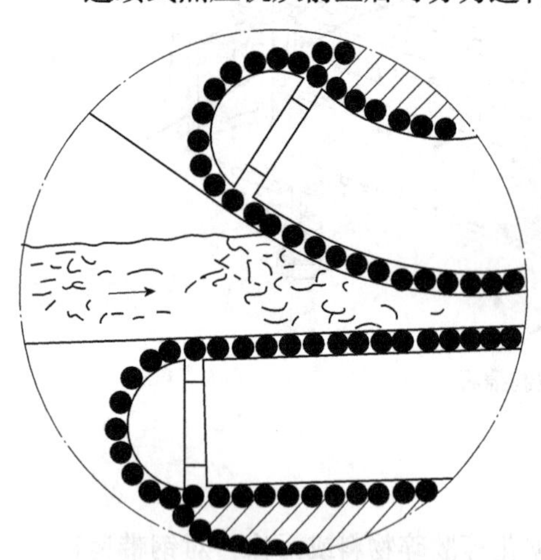

图 7-27　热压机进料口（一）

（a）

（b）

图 7-28　热压机进料口（二）

在辊杆链毯转入热压机的入口处，有引入链可确保辊杆链毯顺利进入热压机。上、下储热槽分别把上、下辊杆链毯及上、下钢带的空回程段封住，以防辊杆链毯与钢带在回程时因降温而降低板坯的升温速度。

为了保证板坯进入热压机时上、下钢带与板坯同时接触，需要根据板坯厚度及尺寸的变化，调整入口开口量的大小，如图 7-29 所示，热压机下热压板和钢带位置保持不变，上钢带在压料器的作用下依据板坯厚度及尺寸调整下压的高低位置。

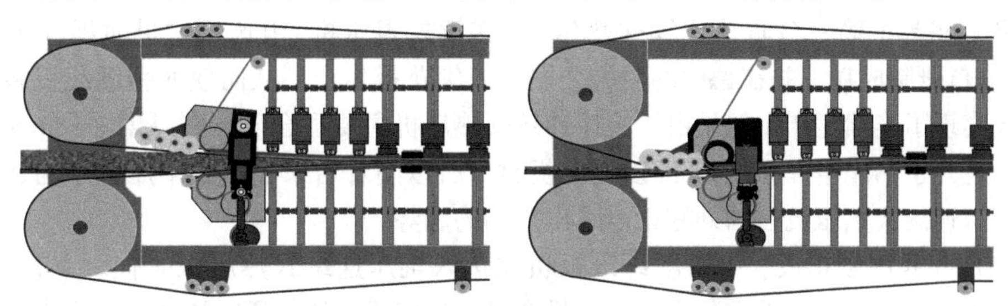

图 7-29 压制不同厚度板坯热压机进料口的状态

为适应进料口的调整，所以进料段使用的是挠性热压板，上、下热压板具有可以向上或向下弯曲一定的弧度的特性，一般情况下是热压板向上弯曲，因此热压板的间距可以变大。板坯经过初压缩后，进入平行段后热压板的位置和形状保持不变。目前连续式热压机板坯进口段热压板可选择两种调节方式，即将上热压板弯曲调整到一定曲率半径，或上下热压板同时弯曲调整。上热压板向上弯曲调整的最大弯曲半径为 35m，上热压板向下弯曲调整的最大弯曲半径可与下热压板的弯曲半径一致，下热压板弯曲调整可依据压制产品不同，调整到固定弯曲半径，压制刨花板时下热压板调整的弯曲半径为 150m，压制纤维板和定向刨花板时下热压板调整的弯曲半径为 75m。由于热压板是挠性的，所以上下热压板的变形量还与热压板材料和长度有关，上热压板的可变形量为 4mm/m，下热压板的可变形量为 10mm/m，如图 7-30 所示。

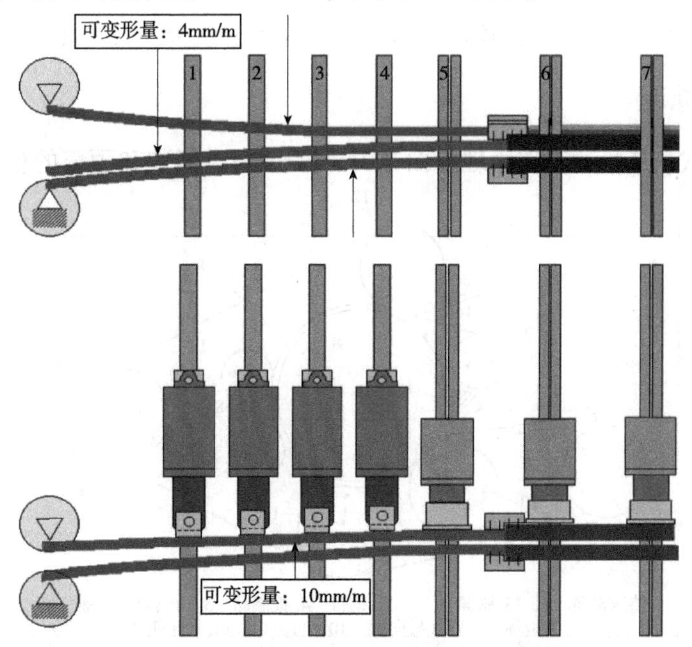


图 7-30 连续式热压机进料口热压板调整示意

# 7.4 辊压连续式热压机

## 7.4.1 用途

辊压连续式热压机，主要用于生产 2～12mm 厚的薄型刨花板或薄型中密度纤维板。1970 年，世界上第一台辊压连续式热压机（连续式辊压机）由德国的贝尔斯托夫公司（Berstorff）研制成功，并在德国的门德公司投入刨花板生产，从而使薄型刨花板和纤维板首次实现了连续生产。但是由于辊压连续式热压机主要适合于压制厚度 2～8mm 的板材，并且几乎不能生产厚度 8mm 以上的板材，所以随着后来连续式平压技术的逐渐成熟，辊压连续式热压机在国外有逐渐退出市场的趋势。

2003 年我国刨花板、中密度纤维板机械进入辊压连续式热压机时代。究其原因：一是由于市场对薄板的需求猛增；二是投资平压连续式热压机所需资金过于巨大；三是国产辊压连续式热压机技术已经成熟。

## 7.4.2 类型和特点

与单层平热压机和多层平热压机相比，辊压连续式热压机具有以下特点：

①生产过程连续化　铺装、运输、热压各环节速度一致，使整条生产线实现了连续化作业。

②生产效率高　热压过程不存在装卸板、热压机开闭等辅助工序，节省了辅助时间。

③节约能源　热压过程中各压辊几乎不移动，液压系统一直处于保压状态，整机装机容量远小于平热压机。

④生产线简短　省去了装卸板机、加速运输机、储存运输机等设备，缩短了生产线长度，节省了土建投资。

⑤节省原材料　产品厚度均匀，减少了砂光量，长度方向几乎无裁边损失。

## 7.4.3 工作原理

辊压连续式热压机的工作原理如图 7-31 所示，经过铺装和预压的板坯，由钢带运

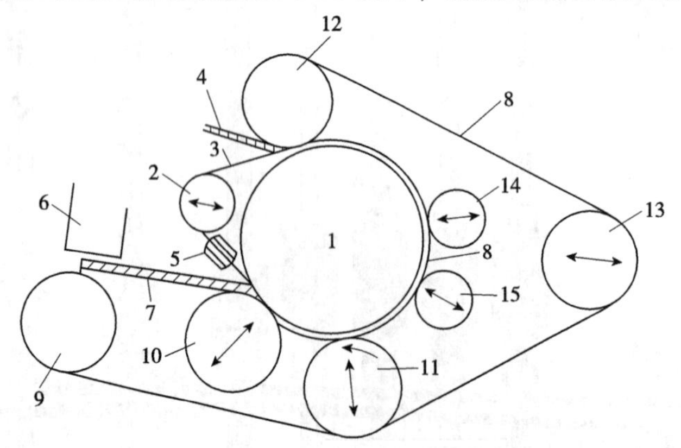


1. 热压辊筒　2、13. 张紧辊　3、8. 钢带　4. 板制品　5. 加热器　6. 铺装机
7. 板坯　9、12. 导向辊　10、11、14、15. 加压辊

图 7-31　辊压连续式热压机的工作原理

输至加压辊和热压辊筒之间，在此处被迅速压缩和加热，在钢带和加热辊筒的带动下，板坯一边前进一边被连续加热、压缩，直至固化成型为板制品。

### 7.4.4　辊压连续式热压机结构

辊压连续式热压机曾经主要用于压制薄型刨花板（即门德系统），现在也用于压制薄型中密度纤维板。与平压连续式热压机相比，辊压设备结构简单，投资少，占地面积小，安装费用及维修保养费用低，并可在板坯热压的同时，直接进行覆贴处理。

图 7-32 所示为辊压连续热压生产线，用于生产厚度为 2～10mm，宽度为 1300～2600mm 的中密度纤维板。该生产线主要由成型机 20、预压机 16、纵向裁边机 17、磁选装置 21、高频预热装置 18，辊压连续式热压机及纤维板运输装置 19 等部分组成。成型机 20 将纤维均匀地铺装在运输带上形成板坯带，经预压、裁边、预热等工序后输送至辊压机，由辊压机将板坯热压成连续的板子带。再经由磁选装置 21 清除板坯内的铁质杂质，以防损坏热压机。

辊压连续式热压机由一个大直径的主热压辊 6，两个加压辊 2、3，三个导向辊 1、4、5，加压钢带 8、机架 7 及清扫辊 9、10 等部分组成。

钢带张紧在导向辊 1、4、5 及大热压辊 6 上，由导向辊 5 两侧的张紧液压缸保持钢带一定的张紧力。工作时，钢带由导向辊 4 驱动，拖动大热压辊 6 一起运行运输带上的板坯从导向辊 1 处的热压入口转入钢带与大热压辊之间，随同钢带与大热压辊一起运转。

在大热压辊 6、加压辊 3 及导向辊 1 的筒壁内钻有加热孔道或辊筒内壁焊有加热管道。在孔道或管道内通有加热介质（通常是热油），对板坯进行加热。另外，在热压区域内各辊之间，还设有辅助加热装置，以保持加压区钢带温度不变，使板坯两侧受热均匀。

加压辊 2、3 与导向辊 1 对大热压辊 6 保持一定的间距，以使板坯通过时得到加压。板坯转入热压区域后，首先在导向辊 1 与大热压辊 6 之间得到初步压缩，随后先后在加压辊 2、3 与大热压辊 6 之间，分别受到进一步加压压缩。在热压区域内各辊之间，通过钢带的张紧力对板坯保持一定的加压力。压制后的成板从热压机上部的热压出口处引出，经成板输送辊从成型机上部被送到纵横锯进行裁边并根据需要长度截断。

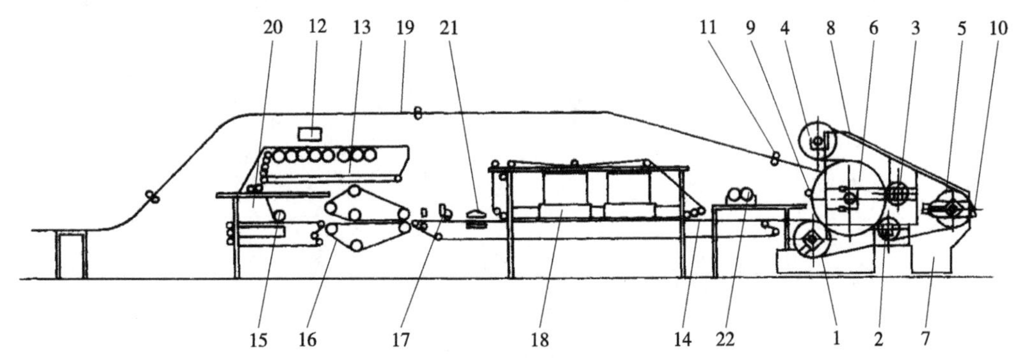


1、4、5. 导向辊　2、3. 加压辊　6. 大热压辊　7. 机架　8. 加压钢带　9. 大热压辊清扫辊　10. 钢带清扫辊　11. 成板输送辊　12. 纤维输送装置　13. 料仓　14. 板坯运输带　15. 均平辊　16. 预压机　17. 纵向裁边机　18. 高频预热装置　19. 纤维板运输装置　20. 成型机　21. 磁选装置　22. 放纸架

**图 7-32　辊压连续热压生产线**

大热压辊直径有 3m、4m、5m 三种，辊径越大所压的板子越厚，如具有 3m 直径大热压辊的辊压机能生产的板厚为 2.5~6.4mm，具有 4m 直径大热压辊的辊压机能生产的板厚为 3~12mm。大热压辊对板子表面质量起着决定性的影响，因此要求大热压辊不仅要有一定的强度、刚度，而且还应具有一定的圆柱度、表面加工精度及均匀的表面温度。大热压辊表面通常焊有 6~8mm 的硬化层，这样可以加工表面质量极佳的薄型板，并可在一次成型热压机实施二次加工作业。大热压辊端面设有绝热材料，以降低热量的损失。

加压钢带由高强度不锈钢制成，表面经研磨处理以提高板子的表面质量。为增强钢带的传热性能及在整个宽度上的温度均匀性，在钢带背面进行过特殊处理。加压钢带应始终在大热压辊和导向辊中间正常运行，并设置跑偏监测装置对钢带边缘进行监测，一旦跑偏，热压机尾部的导向辊在垂直平面内会自动进行调整纠偏。

清扫辊 9、10 能在热压机运行中连续清扫大热压辊及钢带的表面，以获得光滑的板面。辊压连续式热压机的前侧设有放纸架 22，可实现在生产薄板时对板的表面进行覆贴处理，使制板和贴面工艺一次完成。

# 参考文献

埃尔文·托夫勒, 2018. 未来的冲击[M]. 北京: 中信出版社.
毕承恩, 丁乃建, 1991. 现代数控机床[M]. 北京: 机械工业出版社.
别尔沙德斯基, 1959. 木材切削学[M]. 北京: 中国林业出版社.
陈光伟, 花军, 2014. 液压传动与人造板机械[M]. 哈尔滨: 东北林业大学出版社.
顾继友, 胡英成, 朱丽滨, 2009. 人造板生产技术与应用[M]. 北京: 化学工业出版社.
花军, 陈光伟, 贾娜, 2020. 连续动载作用解离木纤维机理与建模[M]. 北京: 科学出版社.
金菊婉, 2018. 人造板生产质量管理与检验[M]. 北京: 中国林业出版社.
金维洙, 贾娜, 冯莉副, 2005. 木材切削与木工刀具[M]. 哈尔滨: 东北林业大学出版社.
李伯民, 赵波, 2003. 现代磨削技术[M]. 北京: 机械工业出版社.
李黎, 2012. 木材切削原理与刀具[M]. 北京: 中国林业出版社.
李黎, 刘红光, 罗斌, 2021. 木工机械[M]. 北京: 中国林业出版社.
刘红光, 罗斌, 2017. 木工机床进料机构优化配置研究[M]. 北京: 中国水利水电出版社.
刘晓刚, 徐劲力, 黄丰云, 2022. 传动系统的现代设计与智能制造[M]. 北京: 清华大学出版社.
卢艳光, 2014. 人造板及其制品质量监督检验实务[M]. 北京: 中国林业出版社.
罗斌, 2015. 木质材料砂带磨削理论研究[M]. 北京: 中国水利水电出版社.
马尔金, 2002. 磨削技术理论与应用[M]. 哈尔滨: 东北大学出版社.
孟庆午, 2008. 木材锯切技术的发展[J]. 林业机械与木工设备(9): 4-9.
盛振湘, 2021. 人造板工业创新技术之路探讨[J]. 中国人造板, 28(2): 1-7.
汪子卜, 朱兴微, 何盛, 等, 2012. 数控木工机床发展综述[J]. 林业机械与木工设备, 40(11): 8-13.
王家瑞, 刘士孝, 1986. 板式家具生产技术[M]. 北京: 中国轻工业出版社.
王先逵, 孙凤池, 2008. 机械加工工艺手册: 钻削、扩削、铰削加工[M]. 北京: 机械工业出版社.
严谨, 2011. 中国刨花板产业国际竞争力影响因素分析[M]. 北京: 中国林业出版社.
张晓坤, 2014. 胶合板生产技术[M]. 2版. 北京: 中国林业出版社.
周定国, 梅长彤, 2019. 人造板工艺学[M]. 北京: 中国林业出版社.
ETELE C, ENDRE M, 2013. Mechanics of Wood Machining [M]. Berlin: Springer.
RUDKIN N, 1998. Machine Woodworking [M]. London: Taylor and Francis.